AF611206

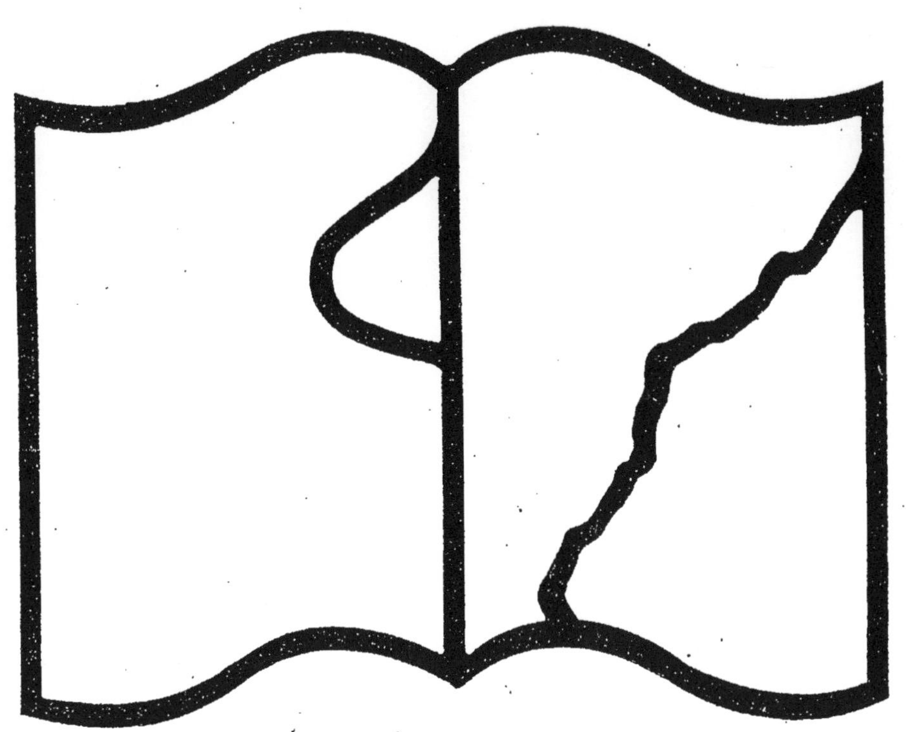

Nos Fils et nos Filles en voyage

DU MÊME AUTEUR

La France africaine. Reims, 1879. *(Épuisé)* . . . . . 1 fr. »

Petite Géographie de la Marne. Reims, 1880. Martin-Vatin, édit. . . . . 1 fr. »

Les Français à Madagascar. Paris, 1884. Delagrave, édit. 3 fr. 50 *(Épuisé)*.

La France et ses Colonies. Paris, 1892. Quantin et Picard, édit. *(Épuisé)* . . . . 2 fr. 50

Brins de verveine. Chez l'auteur. Paris, 1909. . . *(En impression.)*

A.-L. LEROY
Ancien Professeur au Lycée Janson-de-Sailly.

Nos Fils et nos Filles en voyage

PRÉFACE DE M. E. BOUTY
Membre de l'Institut.

PARIS
VUIBERT ET NONY ÉDITEURS
63, Boulevard Saint-Germain, 63

AUX ÉCOLIERS ET AUX ÉCOLIÈRES

DE FRANCE ET D'ALGÉRIE

AU CLUB ALPIN FRANÇAIS

Hommage bien cordial.

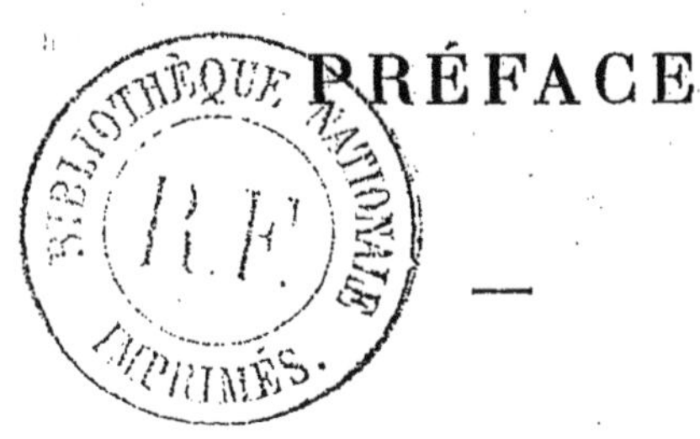

PRÉFACE

Ce livre a pour objet de présenter au public les caravanes scolaires du club alpin français. M. Leroy, l'un des fondateurs de ces caravanes, le président de la commission des caravanes scolaires de jeunes filles, était, mieux que personne, désigné pour l'écrire. Il unit à une vieille expérience, une fraîcheur d'impressions, une vaillance d'âme incomparables. Poète à ses heures, érudit, doué d'une verve franche et saine, tantôt conteur, tantôt historien, il cause, il instruit, il émeut. Un charme souriant se dégage de tout ce qu'il écrit. Tel il nous est connu de longue date, tel il apparaîtra au public, et je ne sais pourquoi sa modestie a jugé qu'une préface écrite par un autre pouvait être ici de quelque utilité. Elle ne saurait que retarder le plaisir de ceux qui s'arrêteront à la lire.

Nous vous demandons de nous confier vos enfants, pour leur apprendre à voyager. Est-ce vraiment bien nécessaire ? Et ne suffit-il pas d'avoir dans sa malle un Bædeker ou un Joanne et dans son sac de voyage un indicateur des chemins de fer ? Vous y trouverez des trains rapides pour vous transporter en quelques heures d'un bout de la France à l'autre, et au besoin à Constantinople ou à Moscou. Vous connaîtrez le prix des hôtels ; vous saurez même ce qu'il convient d'admirer : ici de beaux rochers, plus loin une cathédrale, un tableau de Raphaël, de Velasquez ou d'Albert Dürer. Les agences vous fourniront billets circulaires et coupons d'hôtel, et si vous le désirez, un guide, bon compagnon des plus serviables, qui prendra sur lui tous les petits ennuis du voyage et vous dispensera de songer à rien. Vous serez libres de ne pas regarder sur votre chemin, de jouer aux cartes de Paris à Madrid, si cela vous amuse mieux que de lire des journaux ou quelques pages pimentées du dernier roman-feuilleton. Et de fait, bien des gens voyagent ainsi et, comme cet Anglais légendaire, feraient le tour du monde sans rien voir.

Il faut apprendre à voyager. — Ne faut-il pas une étude spéciale, même pour jouer au billard ? — Cela ne s'apprend guère dans les livres.

Sans doute l'hérédité nous fait défaut. Nos ancêtres voyageaient peu pour leur plaisir. Plus que nous, ils étaient sensibles au charme du vieux foyer familial, à la douceur des habitudes dès longtemps contractées. Un voyage même médiocre était périlleux. On ne le tentait qu'à bon escient, pour affaires urgentes. Qui rencontrait-on sur les grandes routes ? Des négociants, des soldats, parfois quelque compagnon du tour de France, son léger bagage au bout de son bâton enrubanné ; plus souvent, des malandrins, des vagabonds sans asile, tout une gent affamée et pillarde de bohémiens déguenillés, de bandits, d'aventuriers. Tant de pittoresque était bien un peu effrayant. Les routes avaient donc fort vilain renom. Il y a moins d'un siècle, quand on voulait en établir de nouvelles, les villages intéressés protestaient ; ils pétitionnaient pour demeurer à l'écart.

Aujourd'hui le danger a changé de nature; bicyclettes et automobiles rendront bientôt les grands chemins aussi redoutables au piéton ou au villageois qu'ils pouvaient l'être quand Égyptiens et soudards les infestaient. Heureusement il reste la montagne, les sentiers des bois, les pentes herbeuses où paissent les vaches, où fleurissent la gentiane et l'aconit; les grands sapins, les déserts de glace ou de sable, et de cela, un bon alpiniste peut se contenter.

Pour voyager avec plaisir, avec fruit, il faut avoir contracté de bonne heure le goût de la nature. Or beaucoup de citadins n'ont jamais eu l'occasion de l'acquérir. On voyage par mode, par snobisme, sans étude préalable, sans entraînement. Partout où l'on va, on transporte ses habitudes mondaines, ses goûts dispendieux ou frivoles, tout un attirail incompatible avec le genre de plaisir qu'on doit espérer du voyage. Le spleen vous chasse de la ville; il vous poursuit dans les casinos des plages fréquentées, dans les somptueux hôtels de la Suisse : vous y retrouvez même monde, mêmes plaisirs, même ennui.

Oui sans doute, on admire conventionnellement ce qu'il serait malséant de ne point admirer : le premier éveil du printemps ou les dernières rougeurs de l'automne. Mais qui rencontrerez-vous au cœur de l'hiver dans la forêt embrumée ou neigeuse? Quels admirateurs trouvera la mélancolique cantilène du vent dans les arbres dépouillés dont les ramures projettent sur le ciel gris leur fine dentelle? Et pourtant un rayon de soleil, filtrant à travers la nuée, allume des émeraudes aux vieux troncs d'arbre verdis par les lichens, et de purs diamants aux cristaux de givre. La forêt sourit sous sa parure d'hiver. Elle a pour ses adeptes des coquetteries intimes, des rayonnements imprévus. Les hâtives floraisons des mousses, plus vertes, se marient aux guirlandes rougeâtres des ronces, dernières frondaisons automnales qui, au seuil du printemps, rejoignent la délicate et presque grise verdure des chatons de saule ou de châtaignier. La sève est déjà près d'éclater aux bourgeons qui se gonflent, et sous vos pieds les feuilles mortes étendent un tapis rose encore faiblement odorant.

Dans ces bois, morts en apparence, sommeille toute la richesse des étés futurs. Ici la mort même se pare de grâces ; elle dépouille l'effroi dont elle s'environne parmi les choses laides, dans l'affreux détritus des grandes agglomérations humaines.

> There is a pleasure in the pathless woods,
> There is a rapture in the struggling floods.

Qui de nous n'a goûté la volupté de la lutte contre le vent et l'orage, des lentes escalades sur la neige ou sur le rocher, des marches de nuit à la lueur tremblotante d'une lanterne, sous les noirs sapins, ou bien aux lueurs indécises de l'aurore, dans l'air glacé des hautes prairies ? Qui ne connaît ces émotions n'a jamais senti pleinement la joie de vivre, de se sentir libre et fort dans la libre et puissante nature, tantôt amie, tantôt indifférente ou hostile, toujours également superbe dans sa sérénité resplendissante ou dans ses colères.

— Mais quoi ? Allez-vous donc exposer nos enfants à toutes les intempéries, à tous les périls de la montagne ? — Rassurez-vous. Dans nos caravanes, on n'affronte pas les escarpements formidables de la Jungfrau ou du Cervin, on ne se hasarde pas sur les glaciers dangereux, on ne traverse pas, sur de frêles ponts de neige, des crevasses glauques, on ne se suspend pas au bout d'une corde au-dessus des abîmes béants. Nous voulons seulement apprendre à la jeunesse à connaître et à ménager ses forces, à ne pas reculer devant des dangers imaginaires, des obstacles insignifiants dont on triomphe sans peine si l'on est prudent et avisé, si l'on est physiquement et moralement équipé pour leur faire face.

N'oubliez pas que la ville aussi a ses dangers, plus redoutables pour un jeune homme que la plus redoutable montagne. Et sans insister sur les périls variés qu'on peut rencontrer sans quitter l'asphalte des boulevards, ne savez-vous pas qu'on s'épuise, qu'on s'anémie à respirer l'air confiné de nos maisons urbaines, que les microbes, si redoutés, n'ont pas de plus dangereux ennemis que l'exercice et le grand air? On contracte au coin du feu, en visite, au spectacle, la grippe qu'on évite sûrement si on ne craint pas de s'aventurer à la campagne, au risque d'un peu de pluie ou de vent.

Ce sont là vérités banales pour nous qui en avons fait cent fois l'expérience, non pour la plupart des mamans : elles hésitent à nous confier leurs chers petits. Les caravanes de jeunes filles, dont M. Leroy a été l'un des principaux initiateurs, nous préparent pour l'avenir des mères moins timorées. Ce livre apprendra à toutes celles qui le liront bien d'autres choses que je ne saurais leur expliquer si bien.

Vous remarquerez peut-être que, sur sa route, M. Leroy et ses compagnons ne rencontrent que d'excellents hôtels. Cela tient sans doute au soin avec lequel le club les choisit. Mais ne pensez-vous pas que la marche au grand air, la bonne fatigue, qui procurent appétit robuste et bon sommeil, jouent là aussi leur petit rôle? O tendres mamans qui vous alarmez de voir vos enfants si pâles, si chétifs, mous au travail, vite lassés des jeux de leur âge, qui vous ingéniez à les préserver du moindre courant d'air, à chercher le remède qui leur rendra de bonnes joues roses, des épaules plus larges, des jarrets moins inquiétants, essayez donc de nous les envoyer. Qu'ils viennent d'abord à nos plus petites promenades et progressivement à de plus longues courses, enfin à nos voyages alpestres. Vous serez surprises du résultat. Au retour, leur regard sera plus vif, leur pouls mieux réglé, leur respiration plus large. Ils trouveront exquis les plats dont ils goûtaient à peine. Ils dormiront d'un sommeil paisible. Le lendemain, ils s'intéresseront à leur classe. Ils trouveront les leçons moins difficiles, les devoirs moins arides et moins longs. Leur esprit sera plus éveillé. Désormais ils travailleront et ils s'amuseront mieux.

Nous n'aspirons pas seulement à fortifier la santé de vos enfants. La nature est par elle-même la grande éducatrice. Elle fait les grands artistes ; elle inspire les nobles cœurs. En elle est toute beauté et toute poésie. Nul ne le sait mieux que M. Leroy et ce n'est pas seulement quand il s'exprime en vers qu'on sent vibrer en lui l'âme d'un poète.

Soit qu'il nous conduise dans le bois de Boulogne ou sur les sommets du Jura, qu'il nous promène d'Alger la blanche aux rochers rouges et aux vertes palmeraies d'El Kantara, des ruines de Timgad à Tunis et à Carthage, qu'il s'attarde avec nous parmi les paysages tempérés de l'Ile de France, si gracieuse, si jolie, avec ses coteaux, ses riches prairies et ses grands bois, on ne peut résister au charme qui s'exhale de ses pages si simplement écrites, à la sincérité émue de descriptions où se reflètent les aspects les plus fugitifs du paysage. A fréquenter la jeunesse, à travailler, à vivre pour elle, on gagne de conserver, même sous des cheveux blancs, la jeunesse du cœur qu'elle nous infuse, à son insu, nous rendant, par un heureux échange, plus que nous ne lui donnons sous forme d'un peu de savoir ou d'expérience.

M. Leroy enseigne depuis plus de quarante ans l'histoire

et la géographie. Mais dans une âme comme la sienne, ces sciences ne pouvaient demeurer les choses mortes et livresques qu'elles ont été jadis pour beaucoup, qu'elles sont encore pour plusieurs. L'histoire est pour lui le présent. Pas un village, pas un donjon, pas une rivière, une plaine de France ou d'Algérie qui ne lui rappelle des souvenirs intéressants. C'est un nom de lieu qu'il explique en nous révélant de vieilles coutumes abolies ; ce sont les mœurs du moyen âge, la vie du paysan, celle du seigneur, qui s'éclairent pour nous d'un jour nouveau. C'est une bataille à laquelle nous assistons, dont nous suivons sur place les péripéties. Ne dirait-on pas à entendre notre guide qu'il était là ? Il a vécu à la cour du roi Soleil, il a connu personnellement Saint-Simon, et quand on parcourt avec lui le château ou le parc de Versailles, quand il vous décrit la réception d'un ambassadeur ou le petit lever du roi, ce qu'il dit prend un tel relief, qu'on serait à peine surpris de voir les portraits se détacher de la tapisserie, et le roi lui-même, devenu aussi accessible qu'un souverain moderne, faire à une caravane de jeunes filles les honneurs de son parc et de ses salons.

Étonnez-vous après cela du succès des courses ou voyages dirigés par M. Leroy, de l'aimable entrain des jeunes gens, des jeunes filles qui l'accompagnent. Il est pour tous le grand-papa idéal, toujours gai, toujours dispos, jamais à court d'histoires plaisantes ou terribles dont on ne se lasse pas.

Nos jeunes filles surtout lui doivent une reconnaissance qu'elles ne peuvent encore bien mesurer. N'y avait-il pas un vrai courage à braver le ridicule que certains ont voulu jeter sur les caravanes de jeunes filles, comme ils avaient essayé antérieurement, et sans plus de succès, de discréditer leurs lycées ? Soutenu par l'approbation de quelques hommes de bien, membres du club, pères de famille qui, les premiers, nous ont fait l'honneur de nous confier leurs filles, aidé par des collègues convaincus et dévoués dont les noms sont, parmi nous, très populaires — professeurs, magistrats, médecins auxquels M. Leroy rend un juste hommage, et dont vous verrez l'image sur ses clichés —, il a vu le petit noyau primitif s'accroître incessamment de nouvelles et gracieuses recrues. Par un effort persévérant, habile à multiplier, à varier les attractions, nos chefs de caravanes, les dames qui veulent bien nous seconder, ont forcé le succès à répondre à leur zèle, à leur persévérance. Les préjugés s'effacent; l'esprit nouveau triomphe. Les mamans nous ont accompagnés et se sont laissées convaincre. Elles conquises, la victoire était à nous. A quoi bon citer ici des chiffres? Lisez seulement le livre et vous serez édifiés.

Les éditeurs ont mis tous leurs soins à la belle exécution typographique du volume. Le texte est émaillé d'innombrables photographies, toutes originales, toutes empruntées à nos courses. En même temps qu'à votre esprit, c'est donc à vos yeux qu'on s'adresse. Voilà les paysages eux-mêmes et devant vous défilent nos caravanes, insouciantes et joyeuses.

Quand vous aurez commencé la lecture du volume, vous irez d'un trait jusqu'au bout, et si, l'œil accroché par les images, vous avez par malencontre sauté quelques pages de texte, vous en sentirez aussitôt tant de remords que vous recommencerez, comme moi, tout le livre.

Et quand vous l'aurez lu et relu, l'alpinisme, non celui des grimpeurs qui, ne rêvant que sommets inaccessibles, mesurent exclusivement leur plaisir aux dangers courus, mais l'alpinisme des vrais amis de la nature, de ceux qui ne demandent au voyage que plaisir, instruction et réconfort, l'alpinisme enfin de nos caravanes aura conquis un nouvel adepte. Vos garçons et vos filles seront des nôtres. Ceux d'entre vous qui ont le loisir nécessaire apprendront même à se passer de nous. Nous ne sommes pas jaloux de nos méthodes ; nous n'en réclamons pas le privilège exclusif. Il suffira à M. Leroy d'avoir fait œuvre utile et durable, « Pour la patrie, par la montagne » suivant la belle devise du club alpin.

E. Bouty.

NOS FILS ET NOS FILLES
EN VOYAGE

I

DES CARAVANES

Ver es saber.

Aux fondateurs du Club Alpin.
A DURIER.

Caravane!... Caravane!... mot sonore, évocateur de l'Orient, de sa lumière éclatante et pure, de son ciel étoilé! Évocateur aussi des déserts arides sur l'affreuse nudité desquels se détachent les noires silhouettes des chameliers et de leurs chameaux bossus, tanguants, chargés de tapis et d'étoffes soyeuses, de bijoux et de parfums, d'ivoire, de parures, d'armes, de dattes, etc.!

C'est ainsi assurément que notre esprit s'est longtemps figuré et se figure encore une caravane. Vision rendue poétique par le lointain des lieux ou des âges, mais fort incomplète et, partant, un peu inexacte.

« Une caravane, dit Littré, est le nom donné en *Orient* et en *Afrique* aux troupes de voyageurs qui s'assemblent pour traverser les *déserts* ou les *mers* avec plus de sûreté... Familièrement, c'est une troupe de gens allant de compagnie... Ce mot vient du persan *Karouan*, troupe de voyageurs... ». Le sens de ce vocable est donc très étendu. Il y a des caravanes sur terre; il y en a sur mer. Ordinairement, on appelle *caravanier* le conducteur des bêtes de somme d'une caravane : ainsi, Mahomet fut caravanier; et *caravaniste*, mot peu employé aujourd'hui, toute personne qui fait partie d'une caravane. Le *caravansérail*, c'est la maison, le grand bâtiment (*seraï*, palais) avec cour intérieure bien fermée de murs, où voyageurs et bêtes de somme trouvent approvisionnements, logement et sécurité pour la nuit.

Telle est la vue ancienne et restreinte des caravanes.

En voici une autre plus moderne et plus large :

Nos chalets et *refuges* du C. A. F. sont, dans les Alpes et les Pyrénées, de petits, tout petits caravansérails, où l'on trouve abri la nuit, et asile, le jour, contre la tempête ou le brouillard. Le confort en est absent... et les microbes aussi. Ils offrent sécurité et santé à l'alpiniste intrépide. — Les *hôtels* modernes ne sont plus que d'immenses caravansérails très chers et pas toujours très... sûrs. — Le petit navire à voiles qui, jadis, d'Échelle en Échelle dans le Levant, portait les denrées et produits d'Europe ou d'Orient, s'appelait un *caravaneur*. Celui qui, aujourd'hui, charge 15 ou 18 000 tonnes de marchandises, comme la *Provence*, le *Deutschland*, la *Lucania* (23 000 tx.) (1), et les porte du Havre, de Liverpool, de Hambourg à New-York, est-il, lui aussi, autre chose qu'un caravaneur, qu'une énorme caravane flottante?

Ce rapide qui, de Paris à Calais ou à Bruxelles, fait du 100 ou du 120 à l'heure, — cette rame de 60 wagons, chargés chacun de 15 000 kilogrammes, traînée par « *une quatre mille* » de l'Est, masse noire roulante de 300 à 400 mètres de long, allant de Nancy à Lille à l'allure de 40 à 50 kilomètres, — ces innombrables trains qui circulent nuit et jour en tous les coins de la terre ne sont que d'étranges, de colossales et toutes modernes caravanes.

Leurs caravaniers s'appellent ingénieurs, chefs de train, mécaniciens, capitaines de navire, pilotes, etc... Les ports, les gares gigantesques leur servent de caravansérails.

Caravanes aussi ces bandes errantes, silencieuses et mornes que

(1) Le 8 mai 1907 est parti de Liverpool pour New-York l'*Adriatic* (25 000 tonneaux), de la *White Star line*. La *Lusitania*, la *Mauritania* de 30 000 et 35 000 tx. de la *Cunard line* sont entrées en service en septembre et octobre 1907. La tonne est une mesure de poids invariable valant 1 000 kilogrammes ; le tonneau métrique en France est une mesure de capacité égale à un mètre cube.

Cook et ses émules promènent en tous les coins du monde, munies de tickets, de bons d'hôtels, d'argent, de suffisance parfois encombrante et de cicerones si gourmés en leurs habits et discours faits sur mesure !

Ces *globe-trotters* souvent plus baroques qu'intéressants, un peu parents de Tartarin; — ces congressistes innombrables, si bruyants, si affairés, joie des hôteliers, aubaine des journalistes en mal de copie, effroi ou amusement des gens paisibles ; — ces bergers transhumants qui vont du sud au nord, de la plaine à la montagne, et *vice versa*, suivant les saisons et les besoins de leurs troupeaux ; — ces alpinistes escaladant les monts avec des piolets, des cordes, des souliers ferrés et des guides, allant comme des Titans — leurs ancêtres — braver Zeus en son Olympe ; — ces orphéons, ces sociétés de gymnastique aux pas redoublés et aux accords parfois si discordants ; — ces longues files de piétons et de charrettes courant des champs aux foires et aux marchés des villes... tous ! tous, qu'ils le veuillent ou non, appartiennent au monde des caravanes (1).

Les pèlerinages eux-mêmes ne sont qu'une des formes — la forme religieuse — de la caravane. Pèlerins de Saint-Martin de Tours ou de Notre-Dame de Chartres, de Rome ou de Saint-Jacques de Compostelle, de Lourdes ou de Troïtza, de Jérusalem ou de la Mecque, de Bénarès ou d'Hardwar, de Lhassa ou du Chantoung, de Palenque ou de Mexico, du Puy-de-Dôme, de Delphes (2), de Délos, d'Olympie, d'Ephèse ou

. . . . de Thèbes aux cent portes

en allant invoquer ou remercier leur Dieu, demander guérison,

(1) La flottille qui, en avril, fait la pêche des huîtres sur le banc de Cancale, s'appelle la *caravane*. — Le thé en briques apporté jadis — avant le Transsibérien — en Sibérie et en Russie par 60 ou 70 000 chameaux chaque année était connu sous le nom de *thé de la Caravane*. — Un des principaux journaux catholiques a pour titre : la *Caravane* et s'édite à Lourdes. Ce mot de caravane a donc un sens très étendu.

(2) « Le Teutatès des Celtes, semblable à l'Hermès grec et au Mercure romain..., *protégeait les voyageurs et guidait les caravanes* ; c'était le *dieu des sentiers paisibles*, des ateliers actifs, des foires populeuses... le bon gardien des routes ; ... il était plus vif et plus gai que le Jupiter romain... Grand dieu des Gaulois, il habitait sur l'âpre sommet du Puy-de-Dôme. » C. Jullian, *Vercingétorix* ; 1908 ; 4e édition, p. 22 (Hachette, édit.). Teutatès-Mercure devrait donc être le vrai patron des alpinistes français, et les ruines grandioses de son temple, un lieu de pèlerinages annuels pour tous les touristes.

santé, fortune, paix ou paradis, se groupent tous en caravanes. De là, sur le chemin des *villes saintes*, sur toutes les routes du globe, tant d' « hostelleries », de « maisons-Dieu », de « bungalows », de « khans », de « chambres des Hôtes », de « couvents », de « caravansérails », etc.

Et qu'est-ce donc qu'Abraham, ce « père des multitudes en marche » ? que Moïse, ce conducteur d'un peuple vers les « terres promises » ? que Rhamsès écrasant le « vil Khéta » et l'Asie sous les roues de ses chars de guerre ? que Bacchus allant aux Indes ? que Sardon, Cyrus, Alexandre « devant qui la terre se tut » ? que les Césars maîtres du « monde », auquel ils donnèrent la « paix romaine » ? Qu'est-ce que Charles, que Roland et Olivier façonnant des peuples nouveaux à coups de Durandal, de Haute-Claire, de Flamberge ? qu'Attila, Gengiskan, Timourlenk, Baber traversant l'Asie et l'Europe au galop de leurs chevaux, ou les foulant de leur pied boiteux et sanglant ? que Napoléon, ce « dieu de la guerre », jetant bas la vieille Europe et le vieux monde ? Qu'est-ce ? sinon les chefs les plus fameux des *caravanes militaires*, les plus retentissantes de toutes, les seules, presque, dont nous parle l'histoire

Mélangeant tout, peuples et nations,
Trônes, sceptres et dominations.

On peut donc dire en réalité que tout est caravane en ce monde, et qu'écrire l'histoire universelle, c'est écrire celle des caravanes ou des migrations successives de l'homme.

L'homme naît *voyageur*; et aussitôt qu'il se met en route, il devient caravanier ou *caravaniste*. Boutade, paradoxe ! dira-t-on. C'est la simple vérité; car c'est la nature elle-même qui a fait l'homme, comme toutes les autres espèces, voyageur et pérégrin. C'est nécessité, l' « impérieuse », et aussi la prudence « mère de la sûreté » qui le groupent en caravane. Les nations ne sont que de grandes caravanes arrêtées pour de longs siècles en des formes sociales et religieuses toujours changeantes, dans un caravansérail naturel appelé « pays », « patrie », et dans lequel, au prix de prodigieux efforts, elles peuvent s'épanouir, donner la mesure de leur valeur propre. Il n'y a qu'Hercule (1), c'est-à-dire un voyageur nouveau, une caravane plus forte ou plus nombreuse, qui puisse les en déloger ou les amener au partage, à la vie en commun sous une forme nouvelle.

Les deux grands faits naturels qui forcent l'homme à se déplacer sont le *froid* et le *manque d'eau* (2).

La plante suit l'eau, l'eau courante surtout. L'animal court après la plante et après l'eau. L'homme cherche l'eau, la plante et l'animal qui lui sont presque également nécessaires pour sa nourriture, sa boisson et son travail. C'est là toute l'histoire de l'espèce humaine au point de vue purement naturel. Le reste vient, quand il vient, par surcroît, et nous l'appelons civilisation.

Et comme traverser les monts, les forêts, les déserts, les marécages, les fleuves, les mers ; braver les frimas, les fauves, l'ennemi enfin est chose difficile, dangereuse, l'homme se groupe; il se concerte ; il se donne des chefs, les plus forts, les plus intelligents ; il s'unit en *caravanes* de l'une ou de l'autre sorte pour diminuer les risques et faciliter le voyage forcé.

*
* *

Voilà, dira-t-on, bien des sortes de caravanes : religieuses,

(1) « Dans l'antiquité, on fit gloire à Hercule d'avoir, en Gaule, ébréché les Alpes au *col du Genèvre*, et les Pyrénées au *défilé de Perthus*, « pas » victorieux du demi-dieu, voies permanentes des migrations et des armées humaines, des *caravanes* et des pèlerinages ». (Aristote, Pline, Silius, etc.). C. Jullian, *Histoire de la Gaule*, p. 46, 65. (Hachette, 1908.)

(2) Que l'on place, avec de Quatrefages ou de Saporta, le premier habitat de l'homme dans les terres polaires nord, vers l'embouchure de la Léna où existèrent d'abord une flore et une faune tropicales, mais où le thermomètre descend aujourd'hui jusqu'à — 63° (à Verskoïansk) ; dans l'Asie Centrale avec beaucoup d'autres savants ; dans l'Yémen avec Schweinfurth ; dans l'Afrique méridionale avec Piette, ou en Australie, ou sur les bords de la Méditerranée, etc., etc., il est évident que l'homme dut, par force, émigrer vers des régions au climat plus hospitalier, aux terres habitables et *fertiles*. Il évolua donc à la fois du nord au sud, et de haut en bas devant le froid stérilisant. Il alla aussi des plateaux et des pays devenus *déserts* par l'abaissement de la nappe d'eau souterraine, par l'éloignement de la mer, la direction des vents, l'évaporation, le déboisement, etc., vers les contrées, proches ou lointaines, où l'eau continuait à ruisseler à la surface, c'est-à-dire vers les plaines et le bord de la mer. Quand les mers intérieures et les lacs des hauts plateaux de l'Asie (Mongolie, Tartarie, etc.) devinrent des *Han haï*, des mers desséchées, comme disent les Chinois, les Huns et les Mongols se ruèrent sur la Chine, l'Inde et l'Europe. Ils cherchaient de l'eau et des herbes pour eux et pour leurs troupeaux ; ils cherchaient des pays moins froids et plus riches que les leurs.

commerciales, militaires, scientifiques, continentales, maritimes, alpines, etc., etc., régulières, périodiques ou intermittentes, proches ou lointaines, sérieuses ou vaines. Mais... et les caravanes scolaires?

— « Ah, oui!... Töpffer!... Voyages en zigzag! » répond aussitôt quelqu'un.

— Non, Monsieur! » Et l'ombre de Töpffer n'en frémira pas assurément, mais seulement l'esprit de quelques lecteurs attardés en sera un peu contrarié, tant nous aimons les opinions simplistes, toutes faites, lits bien douillets où se repose notre paresse naturelle. Non, car les caravanes scolaires sont elles-mêmes aussi anciennes que l'homme; car si les pères ont toujours été, par force, voyageurs au long cours, les enfants, plus remuants, infatigables, mais à la vue et aux jambes plus courtes, le furent, eux, aux rives prochaines, dans les jardins, le long des haies et des ruisseaux, à l'orée des bois, sur les collines et dans les vallons.

La *première excursion... scolaire* fut faite par le premier homme encore adolescent dans le jardin merveilleux de l'Eden, à l'aurore du monde. La Bible donne un nom au voyageur : *Adam*, homme. Il eut une compagne dans les courses suivantes : *Ève*, femme; et leurs promenades furent comme le prototype des caravanes mixtes faites aujourd'hui par les écoliers et écolières suisses sous la direction commune de leurs maîtres et de leurs maîtresses.

Jeunes et beaux, « innocents », c'est-à-dire sans soucis, sans malice, Adam et Ève, « âmes vivantes », se promenaient au bord des « quatre fleuves » sinueux de leur « paradis », admirant « l'herbe verte », les troupeaux paissants, les « bêtes des champs » auxquelles ils « donnaient des noms », les « oiseaux du ciel », les arbres couverts de fleurs et de fruits, et l' « or » et l' « onyx » qui brillaient aux flancs des monts. Le jardin d'Eden était tourné vers l'Orient. Il était fleuri, frais, parfumé. Le ciel n'y était jamais voilé de nuages, et il n'y pleuvait point. Là, les « *premiers scolaires* » du monde vécurent « leurs années de bonheur » pour parler comme Mistral parle de son enfance et de son adolescence.

Mais l'aube candide, l'aurore souriante et les joies exquises du matin s'éteignirent. Le « vent du jour souffla » brutal sur ce rêve enchanteur ; et

Tous deux furent bannis du Jardin de l'Eden.

Tel est le bref et légendaire récit des premières caravanes humaines et « scolaires » (1). Poétiques images, symboles charmants et vrais des joies de l'enfance et de l'adolescence; fictions que l'on retrouve à l'origine de tous les peuples, de toutes les religions, de l'humanité même! Chacun de nous, pendant que nos parents inquiets et bons peinaient pour nous épargner le moindre souci, est allé courir, gamin heureux et pétulant, dans les prés, les champs et les bois, le long des ruisseaux babillards, autour des vergers. Chacun de nous est allé saluer l'aurore, voir grandir le jour, aspirer l'air pur du matin et les parfums des jardins, faire des bouquets de pâquerettes, de primevères ou d'aubépine pour sa mère, ses sœurs ou ses petites amies. Chacun de nous a renouvelé pour son compte la première, l'éternelle caravane; chacun de nous, au printemps de la vie, a fait ce voyage enchanté, paradisiaque.

Les écoliers d'Our, de Babylone, pour se reposer des fatigues de l'écriture cunéiforme, et des calculs ardus de leurs savants traités d'arithmétique dont les feuillets lapidaires sont aujourd'hui entassés au *British Museum*, allaient chanter, jouer, canoter, faire des promenades sur les rives et les eaux de l'Euphrate, à l'ombre des palmiers de la Chaldée.

Les dieux si beaux de la Grèce, tout semblables aux jeunes hommes de l'Ionie ou de l'Attique, escaladaient les monts, y élisaient domicile. Ils voguaient aussi sur les mers. Pour réjouir, guider et instruire les hommes, Apollon, Neptune, Hercule se firent chefs de caravanes. L'une de celles-ci vint même en Gaule où, sans l'aide de Jupiter, elle eût péri dans les plaines de la Crau. Hercule, son chef, voulut franchir le col de Tende — d'autres disent du Genèvre — mais il disparut... dans les nuages. Un accident sans doute. Il n'y avait point alors de refuge du Club alpin. Pareille aventure n'est jamais arrivée à aucun de nous. D'où il faut

(1) *La Genèse*, chap. I, II, III.

conclure que les caravanes scolaires en étaient à leur début en Gaule, ou qu'Hercule, auprès de nous, ne fut qu'un apprenti.

Un maître d'école étrusque ou latin essaya de livrer sa ville aux Romains qui l'assiégeaient, en conduisant, en promenade, par des chemins détournés, ses élèves au camp des assiégeants. Outré de son infâme procédé, le général romain renvoya les enfants à leurs familles, livra le traître aux parents irrités qui le mirent à mort. La ville ouvrit aussitôt ses portes à un ennemi si généreux. C'est l'unique exemple d'une caravane scolaire qui ait mal tourné.

Les « *galopins* » de l'hôtel de Charles VI furent envoyés en caravane, aux frais du roi, au « *Mont Saint-Michel* », où vinrent également en groupes scolaires, au début du XVe siècle, des étudiants de *Montpellier*, juste cinq cents ans avant que mon ami Feuillié et moi eussions à y conduire aussi 18 scolaires parisiens. Les omelettes célèbres de Mme Poulard n'étaient pas encore inventées ; mais les « hostelleries » ne manquaient point à cette époque lointaine où l'on ne pouvait accéder que par des barques à « Saint-Michel en péril de mer » (1).

*
* *

Il y eut donc en tous les temps, en tous les pays des « caravanes scolaires ». Il fallut pourtant attendre la Renaissance et l'illustre Rabelais pour en faire voir la nécessité, en tracer le programme et en montrer la haute vertu éducative.

Il suffit, pour s'en convaincre, de lire les admirables chapitres consacrés par lui à l'éducation de Gargantua après que Ponocrate (2) l'eût « purgé canoniquement » et eût « nettoyé toute l'altération et perverse habitude du cerveau » créées ou entretenues par l'ignare ou routinier prédécesseur de Ponocrate.

Levé à quatre heures, Gargantua faisait d'abord la toilette de son corps et de son âme, observait « l'état du ciel » au point de

(1) Les 50 ou 60 étudiants de Tournai qui, au XIIIe siècle, venaient suivre les cours de l'Université de Paris, arrivaient ensemble fin octobre, et s'en retournaient de même au début de l'été. — Il est probable que les autres étudiants européens des XIIe et XIIIe siècles se rendaient à Paris de la même façon.

(2) Homme laborieux.

vue astronomique, récitait les leçons de la veille. Puis pendant « trois bonnes heures lui était faite lecture expliquée ».

On allait ensuite « ès-prés » jouer à la balle, à la paume pour exercer « galantement les corps, comme ils avaient les âmes auparavant exercées ». Tout leur jeu n'était qu'en liberté ; car ils laissaient la partie quand cela leur plaisait. C'était la récréation.

Cependant « *Monsieur l'appétit venait* ». A table on devisait joyeusement ensemble du pain, de l'eau, du sel, des viandes, poissons, fruits, herbes, racines, etc., qui leur étaient servis. Après le repas « on se lavait les mains, les yeux et la bouche de belle eau fraîche ».

Pour aider à la digestion, on apportait les cartes « non pour jouer, mais pour étudier la combinaison des chiffres ou les mathématiques » ; ou bien on « s'esbaudissait à chanter musicalement à 4 ou 5 parties... à plaisir de gorge ; — à jouer du luth, de l'épinette, de la harpe, de la flûte, de la viole ».

La digestion parachevée, on se remettait à l'étude pour trois heures ou davantage.

Cela fait, Gargantua et ses amis « issaient » de leur hôtel avec *Gymnaste*. L'équitation, la chasse, le jeu de la « grosse balle » que l'on faisait « bondir en l'air autant du pied que du poing », la natation, les haltères, les barres, le saut, le cri « pour exercer le thorax et le poumon » occupaient une partie de l'après-midi. Remarquons qu'il n'y avait pas classe l'après-midi, mais seulement jeux, promenades, visites, etc.

« Le temps ainsi employé, lui frotté, nettoyé, rafraîchi d'habillements, *tout doulcement retournaient et passans par quelques prés ou autres lieux herbus, visitaient les arbres et plantes, et en emportaient leurs pleines mains au logis, desquelles avait charge un jeune page nommé Rhizotome, ainsi que des marrochons, pioches, cerfouettes, bêches, tranches et autres instruments requis à bien arboriser.* » (Livre I, chap. 23.)

Le « dîner » avait été sobre et frugal ; le souper était copieux et large. La conversation roulait sur les faits de la journée, ou « en bons propos tous lettrés et utiles ». — Puis on chantait, on jouait d'instruments harmonieux, « s'esbaudissans aucune fois jusques à l'heure du dormir ; — quelquefois allaient visiter les Compagnie de gens lettrés, ou de *gens qui eussent vu pays estranges* (étrangers) ».

Les jours de pluie, ils demeuraient en la maison ; et, en manière d' « apothérapie », « *bottelaient du foin, fendaient et sciaient du bois, battaient les herbes en granges ;* ou ils allaient... voir travailler les métaux, fondre l'artillerie, ouvrer les orfèvres, les imprimeurs, les teinturiers, et aultres sortes d'ouvriers, et *partout donnaient le vin ;*... ouïr leçons publiques, plaider les avocats... visiter les salles d'escrime, les boutiques des herbiers et apothicaires, etc. »

Écoutez la conclusion. Oyez merveille !

« Toutefois Ponocrates [1] pour le séjourner (reposer) de cette véhémente intention des esprits, advisait *une fois le mois* quelque jour bien clair et serain, auquel *bougeaient au matin de la ville et allaient à Gentilly, ou à Bouloigne, ou à Montrouge, ou au pont de Charanton, ou à Vanves, ou à Saint-Cloud.* Et là passaient *toute la journée* à faire la plus grande chère dont ils se pouvaient adviser, raillans, gaudissans, beuvans, jouans, chantans, dansans, se voytrans en quelque beau pré, dénicéans des passereaux, prenans des cailles, peschans aux grenouilles et écrevisses. — Mais encore que icelle journée feust passée sans livres et lectures, point elle n'était passée sans proffict, car en beau pré ils recoloient par cueur quelques plaisans vers de l'agriculture de Virgile, de Hésiode, etc., descrivoient quelques plaisans épigrammes en latin, puis le mettoient par rondeaux et ballades en langue françoise. » (Livre I, chap. 24.)

Et ainsi Gargantua apprit plus en quelques mois qu'il n'avait fait auparavant en plusieurs années par des méthodes absurdes ou surannées. Quant à *Pantagruel,* élevé comme son père, il « voyagea », non seulement pour aider son ami Panurge à se marier, mais pour « *voir tous pays et toutes gens* ».

Les voilà nos Caravanes scolaires ! Seulement nous allons plus loin que Boulogne, Saint-Cloud et Gentilly. Nous allons voir la France entière ; nous allons en « tous pays » : Angleterre, Belgique, Allemagne, Suisse, Italie, Espagne, Algérie, etc.

(1) Nous avons ici respecté l'ancienne orthographe.

Quel magnifique programme d'éducation que celui de Rabelais, et que nous sommes loin encore de l'avoir réalisé aujourd'hui! Tout y est combiné, ordonné, mélangé avec un art merveilleux, un sens profond des besoins inéluctables, impérieux du corps, de l'âme et de l'intelligence. Rien n'est oublié : ni le *lever matinal*, ni les ablutions fréquentes, ni les récréations en liberté, ni les promenades, ni la marche, ni les jeux en plein air, ni le travail manuel, ni les visites utiles ou agréables, ni la musique, ni le *chant*, ce merveilleux instrument d'éducation.

Et pourtant il n'y a rien de trop. Si le corps est toujours en mouvement, l'esprit n'est jamais absent. Le contact avec la nature est constant ; mais c'est un contact averti, intelligent, où l'écolier apprend surtout par les yeux, le toucher, l'action. Il visite les ateliers et les boutiques en ville ; mais il fait de la botanique par les prés et les bois. Il fréquente les gens lettrés, les avocats ; mais aussi les voyageurs et les simples artisans. Gladstone abattait à grands coups de hache des arbres dans son parc pour se reposer des soucis de la politique. Gargantua bottèle du foin, scie du bois pour rendre aux muscles leur souplesse, à l'esprit fatigué sa fraîcheur. Écolier modèle, il goûte ainsi toutes les joies de l'action, de la vie au grand air ; il sent — joie saine et profonde — couler en ses artères des torrents de sang vermeil, en tout son être « *les ruisseaux d'or* » — saluons ! c'est Rabelais qui parle ainsi — de la santé, de la force, de la franche gaîté.

A remarquer que le couronnement de ce système d'éducation si naturel, si rationnel, c'est la « caravane scolaire » ; c'est le voyage en tous pays et chez toutes gens.

Combien aujourd'hui qui, jadis, ont résolu tant bien que mal, quelques équations, ou fait quelques centaines de thèmes et de versions, se croiraient déchus s'ils imitaient Gargantua ou Gladstone ! « Marcher à pied, aller aux champs, toucher un marteau, une scie, une hache, etc., fi donc ! Pour qui nous prend-on? » Et pourtant, c'est ainsi seulement que l'on donne au corps et à l'esprit leur plein épanouissement ; et que, dans la vie universelle, on ne devient point un « laissé pour compte », un raté.

Le XVIIe et le XVIIIe siècles en leur beauté, en leur sécheresse classiques n'entendirent rien à ce langage nouveau. Il fallut l'avènement des sciences naturelles, une révolution politique et littéraire, pour que les idées de Rabelais prissent corps et place, avec Rousseau et le XIXe siècle, dans l'éducation moderne. On se mit à aimer les eaux, les plantes, les insectes, les oiseaux, les forêts et les monts, la nature entière. L'homme sortit de lui-même et alla vers tous les êtres. Il se promena dans son jardin. Dans les *Rayons et les Ombres*, un grand poète exprima en vers magnifiques, la formule qui flottait vaguement encore dans les esprits :

Enfants ! aimez les champs, les vallons, les fontaines,
Les chemins que le soir emplit de voix lointaines,
Et l'onde et le sillon, flanc jamais assoupi,
Où germe la pensée à côté de l'épi.
Prenez-vous par la main et marchez dans les herbes,
Regardez ceux qui vont liant les blondes gerbes...

Le poète, en sa douce enfance, avait eu trois maîtres : sa mère, un vieux prêtre, un *jardin*.

Le jardin était grand, profond, mystérieux,
Semé de fleurs s'ouvrant ainsi que des paupières
Et d'insectes vermeils qui couraient sur les pierres.

Et la mère, heureuse de voir s'ébattre gaiement son enfant, fleur entre les fleurs, devint inquiète quand on lui parla du collège avec

Sa grande cour pavée entre quatre grands murs.

Elle consulta son cœur et sa raison ; elle écouta

Les cent fleurs du buisson, de l'arbre, du roseau
Qui rendent en parfums ses chansons à l'oiseau.

Ils lui disaient tout bas :

. . . . Laisse-nous cet enfant ;...
Nous sommes la nature et la source éternelle
Où toute soif s'épanche, où se lave toute aile...
. . . .
D'enfant nous le ferons homme et d'homme poète.

Il verra comment

La vie aux mille aspects rit dans les plaines.

Et au moment où jaillissaient, éblouissants, ces beaux vers sur la nécessité de laisser ou de mettre l'enfant en contact continuel avec la réalité afin de n'en point faire un malade, un ignorant, un déraciné, Töpffer vint qui, le premier, réalisa pratiquement les vues si profondes et si humaines du médecin et les rêves charmants du poète. Rabelais fut le précurseur de l'idée. Victor Hugo la chanta. Töpffer la réalisa (1).

*
* *

Tout le monde a lu les *Voyages en zigzag*. Töpffer a donné là, et avec quel accent sincère, quelle bonhomie souriante, quelle finesse pénétrante, l'une des formules des caravanes scolaires. Mais il n'a point épuisé son sujet. Car, dans le monde, il n'y a pas que la montagne à voir ; il n'y a pas que les Alpes ou les plaines de la Lombardie qui soient belles ou intéressantes à gravir, à parcourir. Tout est vivant, tout est instructif dans la nature pour qui sait regarder et comprendre. Ce n'est donc plus seulement un « jardin », si grand, si fleuri fût-il, ou un « pré herbu », ou les Alpes suisses, savoisiennes, italiennes qui sont champs et matières à promenades, à jeux, à caravanes scolaires. C'est, pour les écoliers, la Terre entière. Pour nous Parisiens et Français, pour nous professeurs, magistrats, savants, médecins, parents et toutes gens de bonne volonté, c'est, aujourd'hui, grâce aux chemins de fer, chaque jeudi et chaque dimanche, chaque petite ou grande vacance, avec nos 20, 30, 60, 80, 100, 250 jeunes touristes, la *banlieue de Paris* si belle ; c'est l'*Ile-de-France* tout entière avec ses collines, ses rivières et ses forêts, au charme exquis, divin

Et *leur* grâce plus belle encor que la beauté ;

c'est la *doulce France*, avec ses 30 000 ruisseaux babillards, ses vallons ombreux, ses monts gracieux, son ciel bleu si tendre, sa fine lumière perlée ; c'est la *mer*, la vaste mer et les *contrées étrangères* ; c'est « tous pays et toutes gens ».

(1) Pour être équitable, il faut dire que Gerlach avait essayé ce que Töpffer a systématisé après lui.

Nous avons amplifié le programme de Töpffer et de Victor Hugo; et nous en sommes presque arrivés à réaliser celui de Rabelais : apprendre en jouant et en respirant l'air pur librement; fortifier le corps, meubler l'esprit, ennoblir l'âme.

C'est que la vue du Monde s'est prodigieusement élargie depuis trois quarts de siècle. Combien la géographie scientifique, la géologie, la botanique, la physique, etc., sciences encore timides et bégayantes, tiennent peu de place dans les récits de Töpffer! Son livre est une date pour l'alpinisme scolaire. Longtemps flottante, l'idée vient de se cristalliser : c'est la période primaire. Sur ce granit solide, mais un peu maigre, vont, peu à peu, longtemps après — un demi-siècle — se déposer, en des aspects très variés, des formes nouvelles, immenses, plus souples. La caravane restera un jeu et deviendra une leçon, une leçon de choses admirable.

« Qui a dressé ces monts? jeté ces glaciers sur leurs épaules? empli ces lacs à leur base? — Pourquoi des cols, des pics, des dents, des aiguilles, des tables, des falaises abruptes, des gradins formidables et des cavernes immenses? — Qui a creusé ces combes, ces cluses; élargi ces vallons, ces vallées; comblé ces lacs, ces golfes et fait reculer la mer? — D'où viennent ces eaux ruisselantes, impétueuses, irrésistibles et belles? ces alluvions fertiles?

« Pourquoi des forêts, des pâturages et des troupeaux sur les flancs des monts? — Pourquoi des usines près de ces chutes d'eau? des puits d'extraction ici et non point là? — Pourquoi des blés en tel endroit; du seigle, de l'avoine, de l'orge, du riz, des plantes industrielles en tels autres? — Pourquoi la culture est-elle maraîchère en cette plaine, et fruitière sur ces coteaux? etc., etc.

« Pourquoi une grande cité, une capitale en ce point; des villages bien agglomérés, ou des habitations disséminées en cet autre? — Pourquoi des monuments superbes, innombrables dans telle région et non ailleurs? en Grèce, en Italie, en France, et si peu dans les contrées septentrionales?

« Pourquoi ce peuple s'habille-t-il, se loge-t-il, se nourrit-il ainsi? et pourquoi différemment cet autre? — Pourquoi l'un est-il gai, bavard, léger, expansif; l'autre froid, muet, lourd, concentré, etc.? »

Voilà les questions — et mille autres encore — qui surgissent en foule aujourd'hui dans l'esprit, se pressent sur les lèvres des « scolaires », et auxquelles on peut répondre, — il faut répondre. Gamme prodigieuse, symphonie immense, dont Töpffer et ses contemporains, plus lettrés que savants, ne pouvaient donner, et n'ont donné, en effet, bien timidement, que les premières notes, une sorte de prélude ! On ne pourrait plus écrire — le talent de l'écrivain mis à part — les « *Voyages en zigzag* » tels que Töpffer les a écrits, pour deux raisons principales :

La première, c'est qu'à l'*impression* humoristique qui domine dans son œuvre, il faut joindre l'*explication* abondante et précise, variée et complète, savante et claire, et simple, et amusante aussi. Il faut de tout aux entretiens, dit La Fontaine ; or nos courses ne sont parfois que de longs entretiens sur mille choses diverses.

La seconde, c'est que Töpffer voyageait avec des « scolaires » qui étaient pendant des années, et entièrement, sous son exclusive direction. Avant de se mettre en route, il connaissait très bien leur allure habituelle, leur caractère et les traits distinctifs du caractère de chacun d'eux suivant sa nationalité : Français, Anglais, Américain, Allemand, Suisse, Grec, etc. De là, la possibilité pour Töpffer de mettre en action, au moment favorable, chacun de ses compagnons, et bien en évidence leurs qualités natives ou leurs petits travers. Cela paraît primesautier, tant l'écrivain a de talent, tant la mise en scène est adéquate au milieu. Mais le fin moraliste, l'excellent pédagogue avait, à l'avance, amassé des trésors d'observations qu'il semait le long du chemin en des récits intéressants.

Il n'en va pas tout à fait de même aujourd'hui pour ses imitateurs. On a bien vu en France Talbert, à Rollin, l'abbé Barral, à Arcueil, conduire aussi *leurs* élèves en montagne, au loin, à l'étranger ; même de simples directrices d'école tenter en Dauphiné des caravanes de Jeunes Filles. Mais leur exemple ne fut point contagieux. Disparu l'homme, morte l'œuvre, en France, du moins.

Il était réservé au *Club alpin français*, fondé en 1874, de donner aux caravanes scolaires une forme, une ampleur, une durée et un éclat qu'elles n'avaient pas eus encore jusque-là en aucun pays, en aucun temps; de grouper des bonnes volontés actives; d'attirer à l'œuvre des professeurs, des savants, des médecins, des magistrats, des « parents » surtout, et plus encore... des scolaires; — car s'il faut des fleurs pour faire un bouquet, il faut des écoliers et des écolières pour constituer une caravane... scolaire; — d'y intéresser l'Université parfois un peu lente à se mouvoir vers des idées et des horizons nouveaux. Elle attend — avec raison souvent — que les novateurs aient fait la preuve irréfutable de l'excellence de leurs systèmes.

Les statuts du Club alpin indiquaient au troisième rang, parmi les buts essentiels de l'Association : « *l'organisation des caravanes scolaires* », parce que, disait le préambule, sous la plume de E. Cézanne, en juin 1875, elles « arrachent les jeunes gens à l'énervante oisiveté des villes, et laissent dans la mémoire de ceux qui y ont pris part un souvenir ineffaçable ».

C'est que parmi les fondateurs du Club se trouvaient de vrais montagnards, des artistes, des savants qui connaissaient la beauté de la montagne, sa sublime grandeur, son influence salutaire et bienfaisante sur l'esprit et le corps. Ce fut sous leur impulsion que *Talbert* et *Barral, Douliot,* de Langres, et *Feuillié,* de Dijon, organisèrent en des milieux scolaires, il est vrai très limités, leurs excursions en montagne et à l'étranger.

Toutefois, c'est à Durier si vivant, si savant, si aimable aussi, à Durier âme de feu, esprit étincelant, volonté de fer cachée sous un sourire, que l'on doit le mouvement initial, la mise en train définitive. D'abord et longtemps, lui, Vice-Président, puis Président du Club, il fut, à lui seul, tout le Comité des Caravanes scolaires modern style. A

Lui seul formant un régiment,
Soldat, tambour et commandant,

il cherchait des chefs, traçait des programmes d'excursion et des itinéraires, faisait écrire aux hôteliers, se multipliait en tout, engageait hardiment la responsabilité du Club alpin, rayonnait pour tout dire (1).

(1) En 1877, Durier publia son beau livre *le Mont Blanc,* œuvre d'un savant doublé d'un artiste et d'un lettré, couronnée par l'Académie. — « Durier (1830-1899), a écrit

M. Ch. Durier. *Page 16.*

M. l'abbé Barral. *Page 17.*

M. Feuillé. *Page 16*

M. Ch. Cayla. *Page 18.*

En 1887, six mois après mon arrivée à Paris, j'étais enrôlé sous sa bannière, enflammé de son zèle ; et, je ne sais comment, chef de caravane. Je rencontrais alors assez souvent, au Club, Cayla, de Rollin, devenu percepteur de Neuilly-sur-Seine, le calme et intrépide abbé Barral, d'Arcueil, mort depuis dans son cher Dauphiné, et nous discutions caravanes, si haut, que l'écho en alla sans doute jusque dans le cabinet du vice-président. Il me dit un jour : « Voilà un beau programme, un voyage magnifique et pas cher. Nous allons être vos fourriers ; vous serez le chef... Si les scolaires veulent bien venir, ce sera parfait. » — Hélas ! qu'il y a loin de la coupe, même enchantée, aux lèvres même assoiffées ! Le voyage devait durer 16 jours, coûter 260 francs seulement. On devait aller au *Mont-Blanc,* rien que cela ! et parcourir les régions et

M. Schrader, était un *apôtre* ; et sa vie dans le Club était une vie d'apostolat... A l'apparition de cet homme doux et vibrant, souriant et ferme, délicatement poli et intrépidement sincère, tout différend s'aplanissait, toute susceptibilité se changeait en union et en amitié solide... Vice-Président en 1882, puis *Président* en 1895, puis, en 1898, Président Honoraire et *Secrétaire général du C. A. F.*, il semblait en être l'âme. Qui a connu Durier n'oubliera jamais à quelle hauteur s'élevait sa pensée sous une forme toujours aimable et simple, quelle gravité passait à travers son sourire... » (*Annuaire,* p. XIV et XV). — En 1891, Durier organisa les *excursions dominicales* des membres du C. A. F. (section de Paris) dont les programmes, l'esprit et l'organisation servirent un peu de modèles aux C. Scolaires *renaissantes.* — L'Annuaire de 1901, sous la plume de *M. Boursier,* appréciait ainsi la part de Durier dans l'œuvre des C. Sc. : « Si Ch. Durier s'intéressait à toutes les aspirations de notre Société, s'il payait de sa personne à toutes les manifestations de sa vie et de son expansion, il en est une surtout qu'il *affectionnait par-dessus toutes,* qu'il a *vu naître et se développer,* c'est celle des C. Sc. à laquelle il consacra *tout son esprit et tout son cœur,* et à laquelle il donna une impulsion qui ne s'est point ralentie La Direction Centrale continuant son œuvre n'a jamais perdu l'occasion d'affirmer sa sollicitude pour l'institution des *courses* et *des C. Scolaires.* » (*Annuaire,* p. 531). Enfin Durier présagea, pour ainsi dire, les C. S. de Jeunes Filles. Le 30 mars 1883, dans le Grand Amphithéâtre de la Sorbonne, au cours d'une conférence faite par lui à la demande du Ministre de l'Instruction publique, il plaida chaleureusement la cause des C. Sc. de Jeunes Gens ; et il ajouta que « le Club alpin patronnerait volontiers l'organisation de *Caravanes de Jeunes Filles,* auxquelles les mêmes avantages seraient assurés qu'à celles des J. G., en particulier la réduction des tarifs de chemins de fer. Nous voulons espérer que cette idée intéressante sera reprise et aboutira à d'heureux résultats... » (*Annuaire,* 1899, p. 410 à 444 : *Les Caravanes Scolaires,* par J. Bregeault). Elle a été reprise, en effet, cette *idée* ; et l'auteur de cette magistrale étude sur les C. Sc. en a été dès le début, en est resté depuis l'un des plus dévoués et des meilleurs ouvriers. Il lui faudrait aujourd'hui ajouter une page « charmante » à son premier et savant travail. En réalité, il l'écrit tous les ans en deux ou trois petits chapitres dans *la Montagne.* Durier créa, en 1885, notre première *Commission des C. Sc.,* dont un seul membre survit : M. Guyard (voir plus loin). — Enfin c'est sous sa direction, à son école, que s'est formé M. De Jarnac le « Surintendant général », « l'infatigable fourrier » de nos C. Scolaires de Jeunes Gens. Durier doit être fier de son œuvre et content de son élève.

admirer les sites ou endroits suivants : *Dijon*, Pontarlier, la *Dent de Vaulion,* Lausanne, *Vevey,* Bex, Sixt, le *Col d'Anterne,* Chamonix et le Mont-Blanc, la Tête Noire, Evian, *Genève,* Ferney, etc.

On en informa tous les Lycées et Collèges de Paris. Que pensez-vous qu'il arriva ? Que nous dûmes refuser du monde ?... En trois semaines, *trois* élèves s'inscrivirent : deux de Janson gagnés par moi ; un de Versailles qu'avait décidé mon cher ami E. Fontaine, grand voyageur aux rives lointaines. On ne partit naturellement pas ; je dirais aujourd'hui : ce fut un tort. Cayla en fut tout triste. Durier, cessant de sourire un instant et relevant la tête, dit : « On recommencera. » On devait recommencer, en effet [1]. Moi, je pris mon sac, mon bâton et mes souliers ferrés, et m'en allai « zigzaguer » tout seul dans les Vosges, de Belfort au Donon. Le Club alpin tenait là, justement cette même année, son congrès annuel.

Des vallons, je contemplai « la ligne bleue des Vosges ». Des « Ballons » et des « Chaumes », je regardai longuement et en silence l'Alsace féconde et le Rhin à la robe verte que le père et les fils triomphants avaient jadis et maintes fois traversé ; j'entendis bruire comme une rumeur sourde et brutale semblant répondre à une longue et plaintive souffrance... J'en rapportai les éléments d'une conférence pour nos réunions d'hiver, et l'ardent désir de conduire là-bas, un jour ou l'autre, des scolaires, afin qu'ils vissent la même ligne bleue, pour qu'ils entendissent la même plainte douloureuse et le même bruit sinistre.

On sait quelles passions, quels événements politiques secouèrent la France en 1888 et 1889. Les esprits étaient montés à un degré d'exaltation qui ne laissait point de place pour songer à une œuvre scolaire aussi pacifique que la nôtre. Mais on y revint en 1890 quand la bourrasque fut apaisée. L'*École alsacienne,* avec ses propres moyens, fit cette année-là une excursion dans les Vosges. Le succès du voyage ne répondit pas entièrement sans doute aux

(1) L'*Annuaire de 1887* enregistra cette nouvelle tentative de la façon suivante par la plume de M. G. Forni : « L'organisation des C. Sc. constitue plus que jamais pour la Direction Centrale un labeur ingrat soumis à de continuels recommencements qu'aucun espoir nouveau n'accompagne...... L'exemple si souvent invoqué de l'École d'Arcueil ne trouve pas d'imitateurs. *En 1887, nous avons essayé encore,* et *encore une fois nous avons fait appel aux caravanes.* Notre voix s'est perdue dans le désert » (p. 527).

La croisière en Seine (18 juin 1908) : à Marly. *Page 227*. (*Cl. Parbaud.*)

Chambord (1893 et 1899) en attendant l'ouverture du château. *Page 19.* (*Cl. Sifferlen.*)

espérances des organisateurs, car cette tentative isolée ne fut pas renouvelée par eux. Il s'en fallut de peu qu'en 1891 la direction d'un second voyage, dans les Vosges toujours, ne me fût confiée avec le concours du Dr Fournier d'Épinal qui avait déjà prêté son concours énergique et éclairé l'année précédente.

Mais il était écrit que notre première grande course de montagne, nouveau style, ne débuterait ni dans les Alpes ni dans les Vosges, si attirantes alors. Elle alla en 1892, à la Pentecôte, dans le *Jura Vaudois*.

Jules Ronjat écrivait dans l'*Annuaire du Club Alpin de 1892* ceci : « Après la mort de Talbert, l'œuvre si intéressante des caravanes scolaires subit un temps d'arrêt, et l'École d'Arcueil restait seule fidèle à la tradition des voyages de vacances : sa 16e caravane visitait l'an dernier Zurich, le Vorarlberg, la Valteline, la Haute-Italie, et revenait en France par le col du Simplon et Genève. Mais à la suite du mouvement général de renaissance des exercices physiques, la tradition de Talbert a pu être reprise dans les *grands établissements* d'instruction publique par des hommes dévoués et actifs au premier rang desquels nous devons nommer M. Richard, professeur au Lycée Charlemagne, et ses émules MM. Braeunig, sous-directeur de l'École alsacienne, et Leroy, professeur au Lycée Janson-de-Sailly...

« En avril 1892, une caravane de 25 jeunes gens visitait la Normandie sous la direction de MM. Richard, Marty et de Jarnac. En juin, M. Leroy conduisait dans le Jura Vaudois cette excursion dont il a fait le récit à l'une des dernières réunions de la Section de Paris : 24 touristes y prenaient part. En juillet-août, MM. Richard et Guillotel — assistés de MM. de Jarnac et le Dr Fournier — en guidaient 18 dans les Vosges et le Jura Suisse. En 1893, 40 élèves — en deux groupes distincts pour la direction, mais réunis pour les marches, visites, etc. — ont employé les jours gras à visiter les châteaux de la Loire sous le commandement de MM. Richard et Leroy, avec l'aide de MM. Prudent et de Jarnac ; et 21, les vacances de Pâques à explorer les bords du Rhône et le Vivarais, avec MM. Richard et Rosenweg...

« En province, une caravane d'élèves du Collège de Valence a parcouru, en juin, les Grands-Goulets ; une autre, en juillet, les gorges d'Omblèze, sous la direction de M. le professeur Rostoland. » (1)

Quelques petites et bien rares promenades autour de Paris, en 1891, avaient annoncé le réveil. En réalité, les caravanes scolaires du C. A. F. ne commencèrent à fonctionner d'une façon normale et suivie qu'à partir de 1892, avec les voyages de juin et de juillet, avec les courses d'hiver : deux par mois, le *dimanche,* à dater d'octobre.

Les débuts furent lents et plutôt difficiles. Il y eut des hauts et des bas ; mais point de découragement, ni plus d'interruption. Beaucoup de bonne volonté, de ténacité furent dépensées. L'expérience aida petit à petit au dévouement réel des chefs. L'organisation se précisa, s'affermit. Et Club, chefs, parents, jeunes gens, compagnies de chemins de fer aidant, — le temps aussi, père de la vérité, — on finit par vaincre tous les obstacles.

En mars 1893, j'eus l'insigne honneur de faire au nom du Club alpin, en la salle de la *Société de Géographie,* la première conférence sur nos caravanes scolaires. Je battis le rappel, sonnai la charge et annonçai la victoire.

Les premiers pionniers, à peu près inconnus alors les uns aux autres, arrivaient en vue de la terre promise. Ils devaient se rencontrer au Club alpin et planter leur drapeau sur son terrain d'élection.

Il a été fait depuis ces jours déjà lointains plus d'un millier de courses, voyages, visites, dimanches et jeudis, vacances petites et grandes. Des milliers et milliers d'écoliers y ont pris part à Paris ou en province (2). Ils ont visité en tous leurs recoins charmants

(1) M. Rostoland a publié un récit de ses *Caravanes Scolaires.* (Valence, 1905).

(2) Un peu de statistique. Il y eut, de 1875 à 1879, 67 caravanes en tout et pour toute la France, avec 800 jeunes gens. On trouva cela magnifique alors. L'abbé Barral conduisit 16 ou 18 caravanes d'Arcueil à l'étranger. Plusieurs institutions religieuses de Lyon et d'Orléans imitèrent son exemple ; il n'a pas été possible de connaître le nombre de leurs scolaires. — De 1892 à 1902, on compte à Paris 43 *voyages* de deux jours ou plus, 448 *excursions* d'une journée ou d'une demi-journée, avec une moyenne d'environ 29 participants par course : soit 13 000 présences. — Depuis 1903, le nombre des voyages a été de 4 par an ; mais celui des excursions a presque triplé. Ainsi 1898 en fit 40 (avec 349 présences), juste la moyenne de 1892 à 1902. — 1905 en compte 122 avec 4 394 présences ; celles-ci ont plus que décuplé depuis 1903 : soit donc environ 18 000 présences en six ans. Il faudrait ajouter à ces chiffres l'appoint considérable des sections de province : Marseille, Lille, Lyon, Nice, Alger, Canigou, Haute-Bourgogne, Valence, Embrun, Bagnères-de-B., Sectn Basque, etc. — L'abbé Le Roy, disciple et ami de Barral, a continué son œuvre et a conduit 17 caravanes à travers toute l'Europe, en Syrie, dans le Caucase, et, par l'Asie centrale russe, jusqu'à Kachgar.

(Cl. Martin-Sabon.)

Morienval (Oise) : église, côté sud-est (1902). *Page 20.*

(Cl. Sifferlen.)

Chapelle de Saint Hubert au château d'Amboise (1893 et 1899) : le Chef donnant des explications. *Page 19.*

L'École normale de Perpignan à Montbolo (près d'Amélie-les-Bains). *Page 231.* (*Cl. Paech*)

ou intéressants les environs de Paris à dix ou quinze lieues à la ronde, découvrant — Christophe Colombs en herbe — un monde nouveau pour eux, l'Ile-de-France. Ils ont parcouru la France, passé souvent la frontière et rapporté de ces promenades des « souvenirs inoubliables ». Pas un accident sérieux en tant d'années de voyages et d'excursions ! Peut-on faire un meilleur éloge de la tenue des jeunes gens, de la sagacité, de la prudence et du dévouement des chefs ?

L'œuvre vit, prospère, solidement assise. Elle est certainement aujourd'hui le rameau le plus vert, le plus vivant de notre cher Club ; elle sera demain le plus beau fleuron de sa couronne.

*
* *

Appétit et santé, force et gaîté d'abord ; confiance en soi, curiosité éveillée, goût des voyages, savoir ensuite : voilà les fruits merveilleux cueillis depuis bientôt vingt ans par nos scolaires dans leurs excursions du jeudi et du dimanche de chaque semaine, dans leurs voyages des petites et grandes vacances. Fruits que tout homme de bonne volonté d'ailleurs, *en tout pays* et *à tout âge*, peut récolter aussi sans grande fatigue, sans grande dépense, sans perte réelle de temps. Car la marche, « une des sept merveilles de l'existence », dit Carnegie, donne plaisir et force ; car un peu d'habitude et d'observation apprend à voyager à peu de frais ; car la santé et le savoir acquis, l'esprit devenu plus lucide permettent ensuite d'expédier bien plus vite la besogne quotidienne. Ce sont les gens qui savent se créer le plus de loisirs sains et naturels qui fournissent ensuite le plus de travail et le mieux fait, parce que fait avec plaisir et intérêt.

De l'appétit... de la gaîté... de l'esprit ? — Oui ; oui ! et à revendre ! Quel est le Parisien, le citadin, qui étant allé à la campagne, en voyage, ou à la chasse, un jour de repos, me contredira ? C'est donc une loi... une loi bienfaisante pour l'espèce humaine que cette obligation de marcher, d'aller au grand air, de rester en contact direct avec la nature. « Je ne dis rien que je n'appuie de quelque exemple » écrit sagement La Fontaine. Citons des exemples :

E. de Amicis visite l'Espagne (1) en 1873. Il va de Barcelone à Saragosse en longeant la Sierra de Cadi, et voici ce qu'il note comme chose digne de mémoire : « Je vis entrer dans mon wagon une troupe d'enfants accompagnés par un prêtre. C'étaient les élèves d'un Collège qui allaient faire une partie de campagne au Montserrat. Ils étaient tous Catalans : de jolis visages blancs et roses avec de grands yeux. Chacun avait un petit panier contenant du pain et des fruits ; les uns portaient des albums ; d'autres, des longues-vues ; ils parlaient et riaient tous ensemble, se roulaient sur les banquettes et faisaient un tapage du diable... Je liai conversation avec le prêtre : « Mire usted, me dit-il, aquel niño « sabe de memoria toda la poetica de Oracio... Cet autre résout « des problèmes d'arithmétique à vous étonner ; celui-ci est né « pour la philosophie, » et ainsi de suite en m'indiquant le talent de chacun.

Tout d'un coup il cria : « Beretina ! » Tous les enfants tirèrent de leur poche, en poussant de grands cris de joie, leur bonnet rouge à la catalane et se le mirent sur la tête, l'un tout en arrière, lui tombant sur la nuque ; l'autre en avant, jusque sur le bout du nez ; et le prêtre leur faisait des signes de désapprobation. Alors ceux qui l'avaient sur la nuque se le mirent sur le nez, ceux qui l'avaient sur le nez se le reportèrent sur la nuque ; et des rires, et des exclamations, et des applaudissements !... Coup de sifflet. Cri : « Olesa ! » C'était le village d'où l'on va à la montagne. Le prêtre me salue, les enfants se précipitent hors du wagon, le train repart. Je mets la tête à la portière pour crier : « bonne promenade ! » et l'on me répond : « Adieu ! »

On rira d'entendre rappeler de tels enfantillages. Ce sont pourtant les plaisirs les plus vifs qu'on éprouve en voyageant... »

Tels aussi sont nos élèves à nous, un peu moins bruyants peut-être... et encore ? Si donc vous les rencontrez un jour, ne vous étonnez pas trop de leur exubérance : elle est naturelle. Les enfants ont besoin de mouvement, de cris, de changements : ceux de race latine et gauloise particulièrement.

Le caractère d'une loi physique ou morale est d'être constante.

(1) E. de Amicis, *L'Espagne*, traduction de Mme J. Colomb. (Hachette, édit.).

Passons donc des pays de la lumière, de la chaleur sèche à ceux de la brume et du froid. Allons du midi au nord.

Nous sommes, en août 1894, sur le quai de la gare de la gentille et très pittoresque ville de Luxembourg. L'auteur de ces notes fait les cent pas et cause amicalement avec M. J... chef de gare, et un peu aussi ministre des chemins de fer du minuscule duché. Une troupe de gamins de 8 à 10 ans, marchant assez tristement deux à deux, le teint pâle, le regard atone, les vêtements gris et uniformes comme semble l'être leur petite âme, arrive sans bruit, sans parole dans la gare sous la direction de religieuses et de dames patronnesses. Ce sont des orphelins ou des enfants trouvés. Le soleil luit clair et beau, et c'est l'époque des vacances. Hélas ! ces pauvres petits n'ayant plus ou point de famille ne savent guère ce que c'est que les vacances. Pourtant il leur faudrait un peu d'air, un peu de joie de temps en temps. On voudrait donc les conduire aussi loin que possible de la ville pour leur donner l'illusion d'un voyage, pour qu'ils eussent aussi leur grain de poésie dans l'âme, leurs contes à eux à dire aux autres. Or on n'a que 4 ou 5 sous à dépenser par enfant pour le voyage. Peut-on aller quelque part... loin, bien loin pour 4 ou 5 sous ?...

Le chef de gare appelé pour décider du sort de l'humble requête s'excuse et s'absente un instant... Peu après les enfants avec leurs guides montaient dans un train se rendant à l'une des jolies stations du voisinage... à 20 kilomètres de là... loin, bien loin ! L'allure des petits était déjà changée. Les dames souriaient. Et il sembla bien que le chef de gare était plus joyeux en venant renouer la conversation interrompue... Il dut y avoir un supplément de gâteaux et de gâteries ce jour-là pour les petits abandonnés... Le soir, au retour, on pouvait constater *de visu* que si les habits étaient toujours gris, ils étaient devenus presque beaux, pittoresques à force d'avoir été chiffonnés ; que les tailles s'étaient redressées, les langues déliées, les yeux et les visages animés d'une flamme nouvelle ; qu'un peu de joie chantait en ces petites âmes endolories... C'est que tous ils avaient entendu bruire le vent, gazouiller les oiseaux et les ruisseaux ; ils avaient vu voler des papillons, butiner des abeilles ; ils avaient cueilli des fleurs et respiré leurs parfums ; pendant quelques heures, ils avaient été libres de courir, sauter, grimper crier, — fête sans pareille ! — de se « voytrer » eux aussi, comme Gargantua, comme des princes, dans l'herbe, de se rouler, heureux, sur le sein de l'unique et douce mère qui leur restait, et qui venait de leur donner à tous son grand baiser d'amour maternel.

En quittant la gare pour les suivre, je serrai plus fort ce soir-là la main de l'homme de bonne volonté, de discrète générosité, qui avait rendu ce miracle possible : faire éclore une fleur de gaîté dans un milieu si triste.

Et je songeais, en rentrant à l'hôtel, qu'il faudrait à des centaines de milliers de petits Parisiens, de petits Français de nos grandes villes et centres industriels, des centaines et des milliers de jardins, de squares, de pelouses fleuries, verdoyant *autour de leurs écoles*, ou *dans la ville* même pour respirer à l'aise, pour courir et s'ébattre librement pendant leurs récréations à l'ombre des arbres qu'ils apprendraient ainsi à aimer, à respecter. Je pensais qu'il faudrait à l'énorme cité qu'est Paris une large ceinture de verdure et de fleurs à la place de ses tristes remparts, et non d'autres kilomètres de meurtrières et laides « maisons de rapport » au rez-de-chaussée ou dans les cours humides et sombres — des puits ! — desquelles vivent un jour, pâles, anémiés, de pauvres petits — des éphémères ! — qui le lendemain mourront de la fièvre, de la bronchite ou de la méningite tuberculeuse, et qui sont sûrement plus abandonnés des dieux, des hommes et de leurs parents que les orphelins luxembourgeois dont il vient d'être question. Et, souriant à un avenir prochain, je voyais déjà dans la banlieue gracieuse, saine de la capitale, à Clamart, à Saint-Cloud, à Saint-Germain, à Montmorency, à Sceaux, à Sénart, etc., etc., à Fontainebleau, à Chantilly, ou plus loin encore, cent petits parcs réservés, où, par des « trains » et des « bateaux scolaires », deux ou trois fois par semaine, l'après-midi ou toute la journée, petites filles et petits garçons, collégiens, lycéens et primaires, enfants du pauvre et du riche, iraient respirer, courir, crier, grimper, sauter, se rouler en toute liberté. La maladie reculerait ; le terrible mal qui nous affaiblit serait vaincu. Il y aurait du sang plus vif dans les veines et moins de haine dans les cœurs.

Donner le jour à de petits êtres chers et fragiles et ne point

(Cl. Bregeault.)

Dans la combe de Lavaux, près Gevrey-Chambertin (Côte-d'Or), mai 1902.
Section de la Haute-Bourgogne (Dijon). *Page 20.*

Longpont (près Soissons) : porte fortifiée à l'entrée du village. — Voyage de la Pentecôte 1902. Page 20.

(Cl. Bregeault.)

Devant l'abbaye de Longpont (1902). Page 20.

leur assurer le rayon lumineux, le souffle pur qui les ferait vivre, quelle stupidité ! quel crime monstrueux ! Bâtir des maisons qui tuent ou empêchent de naître de futurs habitants, quelle folie ! C'est proprement travailler à s'exterminer soi-même.

Ô Paris ! tu ne vis, tu ne grandis plus que du flot que t'apportent les campagnes. S'il tarissait, tu mourrais. Tes poussières dangereuses, tes senteurs malsaines, tes maisons de pierre trop hautes, trop lourdes et trop sombres, tes rues encombrées, trépidantes, sans arbres, finiront par étouffer la vie, la joie et la beauté qui ont fait ta grandeur et ta gloire. De l'air, des arbres, des fleurs pour les enfants, pour tous... ou la mort ! Pourquoi donc, ô Parisiennes, mères ou jeunes filles ! n'imitez-vous pas vos sœurs de la grande République qui nous regarde de l'autre bord de l'Atlantique ? Pourquoi, comme les courageuses femmes de *Denver City* (1), ne pas forcer vous-mêmes, seules, les édiles parisiens à décréter la création de jardins et de parcs uniquement pour vous et vos petits ? Ils vous obéiraient, et les pères et les frères paieraient, comme ils ont obéi et payé là-bas. Là serait le salut de Paris. Là est le vrai féminisme.

...Nous voici encore au delà de la frontière, mais plus à l'est : à Fribourg au pied de la Forêt-Noire, ou à Dresde au bord de l'Elbe.

A Fribourg, en août... 80 gamins des écoles primaires de Waldkirsch débarquent du train à la gare de Fribourg porteurs de boîtes vertes pour botaniser, de petits paniers d'osiers, de sacs en bandoulière contenant leur déjeuner et leur goûter. En rangs, ils traversent la voie et vont monter dans les wagons de l'embranchement conduisant au *Titisée* et à Neustadt par le *Himmelsreich* et le *Höllental* (Val d'enfer), route suivie par Moreau dans sa célèbre retraite de 1796, suivie trente ans avant lui par Marie-Antoinette dans toute la fleur de sa jeunesse, venant en France chercher et ceindre une couronne qui devait, si tragiquement, lui tomber de la tête.

Ils descendirent au *Sternenwirthschaft*, au centre même du défilé, et

(1) *Tour du Monde*, 1907. (Hachette, édit.).

gravirent sous la conduite de leurs maîtres les flancs ombragés de forêts du *Feldberg* (1 495 mètres), où ils déjeunèrent gaiement et se reposèrent. De là, ils dévalèrent vers le lac, et, le contournant, vinrent s'asseoir et goûter autour des tables rondes du jardin d'une des *Restauration* du Titisée. En route, ils avaient chanté quelques *lieds*; ils payèrent l'hospitalité gracieuse de l'hôtelier et l'attention bienveillante des villégiateurs par quelques chants nouveaux. Puis, tout émoustillés d'une si belle journée, d'une excursion si intéressante qui ne leur avait coûté que deux marks amassés pfennig par pfennig — et qui n'avait lieu qu'*une fois l'an*, à titre de récompense ou de fête champêtre —, ils reprirent très vivants, non fatigués, le train qui allait les ramener à Waldkirsch, éblouis d'avoir vu les Alpes et d'avoir bu dans leurs mains, à l'une des sources de la *Wutach*, quelques gorgées d'eau bien fraîche qui, sans eux, seraient allées grossir le Rhin et déposer un ou deux grains de sable de plus dans la Mer du Nord.

A Dresde... c'est le fleuve qui sert de route habituelle aux excursions scolaires. Là, je vis en 1896 2 ou 300 enfants des écoles primaires, filles et garçons ensemble, s'embarquer sur l'un des nombreux bateaux de voyageurs montant ou descendant l'Elbe vers Meisen ou la Bohême. Un groupe descendait à *Lœchnitz*, un autre à *Pirna*, un troisième à la *Bastei*, le dernier plus loin encore; et tous montaient à travers les bois et les prairies pour courir, jouer, manger, chanter, revenir au fleuve et rentrer le soir en ville contents et joyeux, leurs petites boîtes vertes garnies de plantes ou d'insectes, leurs paniers emplis d'herbes et de fleurs.

Heureux enfants !

Lorsqu'en avril 1903 j'emmenai en Algérie 12 scolaires parisiens, je constatai, au départ, des mains molles et moites, des yeux cernés ou fiévreux, des teints trop pâles, des accès d'une toux légère chez deux ou trois de mes compagnons. Au retour, les mains étaient fermes, le regard vif et franc, les visages bronzés, la respiration aisée, le corps droit, l'esprit gai, l'allure endiablée chez tous. Je serais allé sans peine au bout du monde avec mes douze gaillards retrempés de soleil, de lumière et d'air marin.

Voilà pour les enfants. Voici pour les hommes, pour les dames, pour tous. Avez-vous lu « *la Grande Bretagne, jugée par un Américain* » de Carnegie? Lisez ce livre : auteur et texte méritent votre attention (1).

Des amis, des parents, hommes et dames (jeunes filles, jeunes femmes mariées, sa mère, *âgée de 73 ans*), en l'été de 1881, pendant *sept semaines,* accompagnent le célèbre milliardaire, allant en phaéton et à pied, à travers l'Angleterre et l'Écosse, de *Brighton à Inverness,* revoir son village natal, *Dumferlines,* qu'il a, jeune et pauvre, quitté trente ans auparavant. L'étape quotidienne des caravanistes américains, en voiture et *à pied,* atteint 48 à 50 kilomètres en moyenne. La pluie ne les arrête point, ni le vent, ni le temps incertain : on part tous les matins. Ils suivent les routes, les chemins de traverse, les sentiers rustiques, cheminant par groupes sympathiques de 2, 3, 4 ou 5 personnes suivant l'humeur des gens et du jour ou la couleur du temps. La verdure des prairies et des parcs anglais, la bruyère rose des coteaux ou des monts écossais, les glens, les lacs, les chutes d'eau les enchantent. Ils causent avec tous : bergers et manufacturiers, ouvriers et grands seigneurs. Ils vont saluer la maison de Shakespeare et celle de Burns; ils dissertent d'architecture, de poésie et de musique. Ils déjeunent et lunchent le plus souvent en plein air, sur le gazon, avec des vivres emportés. Ils rient de tout et de rien, cueillent des glycines, des roses sauvages au lieu d'en acheter, arborent chaque soir dans leurs chambres d'hôtel ou d'auberge le drapeau étoilé, chantent... chantent... et ne sont jamais malades ou de mauvaise humeur, les « Joyeux touristes », comme les appela leur chef. Et ils arrivent au terme du voyage, à Inverness, « pimpants et durs comme les chevaux de leur char à bancs », prêts à n'importe quel travail, prêts à recommencer. Lisez Carnegie.

*
* *

Il y a trois siècles environ, l'un des plus puissants maîtres du monde à qui obéissait la moitié de l'Orient « adorant jusqu'au bruit de sa faveur », le Grand Mogol, vivait dans son féerique

(1) Traduit par A. Savine, 1904. (Chez Dujarric et Cie, Paris).

palais mauresque de Delhi ceint d'un mur de granit rouge. Là, ministres, courtisans, esclaves, pour assurer leur pouvoir, leur fortune ou leur vie, s'ingénient à ne point laisser franchir au prince les portes de la merveilleuse demeure, immense mosaïque où l'or, le marbre, l'albâtre, l'onyx, le porphyre, le jaspe, le lapis et l'ivoire divinement travaillés, les tapis et tentures d'une beauté et d'un prix inestimables, les meubles de bois précieux incrustés, mille fleurs rares, des eaux jaillissantes et parfumées, des paons et des oiseaux au plumage fabuleux, rivalisent à qui flattera le mieux l'esprit ou les yeux du maître. Dans des salles, des cours, des jardins de paradis, se déploient des *durbars* fastueux, défilent des processions d'éléphants et de chevaux caparaçonnés de soie, d'or et de diamants, dansent les divines bayadères, combattent des lions et des tigres, ou jonglent des charmeurs de serpents, se renouvellent sans fin les festins et les fêtes pour passer le temps et tuer le mortel ennui, fils du désœuvrement et de la satiété. Et pourtant l'ennui vint et le prince blasé... tomba malade.

Grand émoi ! Aussitôt prières furent ordonnées en toutes les mosquées de Delhi, pèlerinages envoyés en toutes les villes saintes du vaste empire mongol, dons et charités distribués aux temples et aux pauvres pour fléchir Allah et tous les dieux adorés par les sujets du descendant de Timour, de Baber, d'Akbar... Et le spleen grandissait ; et le malade ne guérissait point. On consulta astrologues, somnambules, tireurs d'horoscope ; on appela les plus célèbres médecins du monde islamique ou bouddhique. Conjurations, exorcismes, remèdes infaillibles, rien n'y fit, rien ne chassa le mal ni ne guérit le spleen.

Le premier médecin de la cour — un malin qui, avant d'agir, avait laissé tous les autres guérisseurs épuiser les ressources de leur art ou de leurs artifices — intervint alors et dit : « Seigneur ! asile des nations ! roi des rois ! (1) j'ai découvert enfin le remède à tous vos maux. Plus d'insomnie, plus de mélancolie ni d'inappétence, plus de maladie ! A deux lieues d'ici, au sommet d'une colline, se dresse un *arbre magique* qui guérit tout, et qui vous rendra sommeil, appétit, santé et joie à cette seule condition d'aller

(1) Termes du *Sélam* imposés par l'étiquette à la cour de Delhi.

chaque matin *à pied* du palais au faîte du monticule et de réciter, en saluant l'arbre enchanté, la formule que voici, et que le génie caché dans le tronc, les branches et le feuillage peut seul comprendre. Dans 40 jours, seigneur, vous serez guéri. »

Le prince crédule crut à la parole du médecin. Il alla à pied chaque matin gravir la colline et visiter l'arbre. Bien avant la fin du terme fixé les forces étaient revenues. En reprenant goût à la vie le prince prit aussi celui des voyages et la guérison alors fut radicale ; car, en voyage, on n'est jamais malade. Assurément l'arbre et la formule n'avaient guère aidé à la chose. La marche, l'air frais et pur du matin, les splendeurs inouïes de l'aurore, de la nature et du ciel hindous avaient suffi à opérer le miracle inespéré.

Pour chacun de nous, Parisiens, citadins de France, il y a sur nos monts hautains et nos gracieuses collines des millions d'arbres magiques qui peuvent sans frais nous rendre ou nous conserver la santé, ce précieux bien sans lequel « la vie n'est point vie ». Nos jeunes gens depuis bientôt vingt ans, nos jeunes filles depuis trois ans leur font visite tous les jeudis et tous les dimanches : ils s'en portent à ravir. Puissent, pour le bien commun et le profit de chacun, parents, professeurs et tous les *écoliers de France* bientôt les imiter ! Quelle joie ! quelle fête ! quelle résurrection !

Mai 1909.

II

UNE CARAVANE SCOLAIRE DANS LE JURA VAUDOIS

(4-8 juin 1892.)

> *Faire* les choses, c'est n'avoir vaincu qu'à moitié... Être en état de *raconter* au monde ce que vous avez fait, voilà la perfection complète.
>
> A. Carnegie.

Première journée : 4-5 juin.

A M. A. de Jarnac.
A mes élèves de Janson.

Notre premier dessein avait été d'aller dans les Vosges vers lesquelles tous les yeux et tous les cœurs étaient alors tournés. Le Dr Fournier, de Belfort, qui en connaissait les plus humbles brins d'herbe, nous invitait, nous attendait presque. Mais la brièveté de notre congé, la plus grande commodité des communications par voies ferrées, puis l'ardent espoir de voir les Alpes et le Mont-Blanc nous décidèrent pour le Jura.

Je m'occupai du recrutement des touristes, grosse affaire ! M. de Jarnac, secrétaire du Club, qui allait devenir notre « fourrier » habituel, écrivit aux hôteliers, aux compagnies, aux voituriers, à tous ceux qui pouvaient nous aider à réussir. De cruels soucis l'empêchèrent de nous assister jusqu'au bout dans la préparation du voyage. Aidé de M. Durier, je le suppléai. Nous débutions ; la division du travail existait à peine aux caravanes scolaires, et il fallait être souvent à la fois chef, fourrier, trésorier, secrétaire, etc. C'était le cumul des fonctions, non celui des agréments.

Mais on apprend vite ainsi à se tirer d'affaire. On est pionnier ou on ne l'est pas, que diable ! Nous l'étions.

..... Donc, à 7 h. 40 du soir, 4 juin, veille de la Pentecôte, gare de Lyon, nous sommes 24 au départ du train de Pontarlier : 16 élèves de Janson, 3 de Charlemagne, 1 de Condorcet, 1 de l'École alsacienne, 1 libre et 2 professeurs : mon ami Guillotel et moi.

Deux de nos compagnons ont 12 à 13 ans ; cinq en ont 17 ; les autres comptent 14, 15 et 16 printemps. Chacun porte allègrement son sac ; chacun arbore coquettement les insignes du C. A. F. Deux ont des appareils photographiques ; quelques-uns, des longues-vues. Tous sont gais, dispos, bien en forme. La présence des parents, venus pour un dernier adieu, n'attriste aucun de ces jeunes et futurs alpinistes, dont bien plus de la moitié n'ont jamais vu la montagne.

Le départ est bon : le voyage sera heureux.

Trois compartiments de seconde nous ont été réservés. Les grands montent dans l'un ; les moyens se hissent dans l'autre ; les petits et les pacifiques occupent celui du milieu. On se groupe suivant les affinités. D'ailleurs le wagon étant à couloir, nous sommes en famille.

La foule, énorme ce jour-là, retarde le départ d'une demi-heure. « ...Et cela s'appelle un express ! Les montagnes seront usées avant notre arrivée !... » La montagne n'a qu'à se bien tenir. Heureusement le sifflet retentit ; le train s'ébranle... un peu plus, il était conspué.

Jusqu'à *Dijon,* on cause, on rit, on joue aux devinettes, à la main chaude. Pour tuer le temps, on regarde la campagne assoiffée par une longue sécheresse. La chaleur est étouffante ; la poussière suffocante. Personne ne se plaint. La brise ne venant pas à nous, nous allons à elle. Tel Mahomet allait à la montagne qui n'avait pas voulu venir à lui.

De Dijon à Mouchard... on dort. D'abord la fraîcheur de la nuit calme les nerfs. Puis on songe qu'il faudra enjamber tout à l'heure 25 kilomètres à pied et gravir la Dôle avant d'arriver au gîte. Or personne ne veut rester en arrière... On dort les trois dernières heures de la nuit.

A *Mouchard,* la ligne commence à escalader la falaise occidentale du Jura. La rampe est forte : 2^{cm} par mètre. Les belles forêts de Mouchard, d'Arbois couronnent les sommets ou dévalent sur les pentes. Les vignes, au piccolo célèbre, se haussent au-devant des sapins. Tout est verdure. Les tunnels succèdent aux tunnels. On entre, on sort ; on rentre, on ressort... huit fois. La voie ferrée suit le bord même de la falaise, ouvrant, entre les tunnels, des échappées de vue magnifiques sur la vallée de la *Cuisance* où s'élève Arbois.

Arbois ! L'on m'a fait promettre d'avertir quand on le verrait. Je demande insidieusement pourquoi. L'on me répond : « C'est le pays de M. Pasteur ! » Je ne rectifie pas, je me tais, désireux d'observer un phénomène moral intéressant.

Le génie ! Comme la jeunesse l'admire volontiers et sans réserve ! quelle belle fraîcheur au cœur ! quelle franchise dans l'esprit ! Pendant une minute qu'a duré la vision du val, de la petite ville allongée dans un verdoyant vallon, de son clocher qui marque 5 heures du matin, on n'a pas entendu un souffle, rien. 22 regards ardents ont dévoré prés, bois, maisons, comme si

L'*homme* était là, *puis* allait apparaître.

Elle a, la science de Pasteur, la chimie — ou plutôt la microbiologie — de fervents adeptes autour de moi. Un instant, j'ai craint de voir le wagon verser à droite tant la poussée des 22 était forte aux portières. On dit souvent : le génie est méconnu. Erreur ! Vilipendé, oui, par les envieux, les impuissants, les petits, petits. Méconnu, jamais ! Demandez à Pasteur, à Victor Hugo et à tous les puissants créateurs d'âmes, qui ont eu ou qui possèdent encore les nôtres. Vivants, l'ardente admiration de la jeunesse, des hommes de cœur, — qui restent toujours jeunes ceux-là, — comme une brise rafraîchissante, embaumée, a ranimé ou soutenu leur grande âme, allégé leur énorme labeur. Elle fera flotter un jour aussi le drapeau de la gloire sur leur... tombe. Morts, ils seront comme les cimes neigeuses que nous allons contempler de loin, demain et après-demain. Ils resplendiront aux rayons du soleil divin de la vérité ; ils donneront encore, réservoirs inépuisables, avec les eaux fraîches et vives de leurs pensées, la vie, la beauté, la consolation aux plaines, aux foules d'en bas. La tempête d'hiver les a furieusement assaillis ; mais la tourmente en passant les a vêtus de gloire et de majesté.

Au delà d'*Andelot*, de belles forêts — où le hêtre mêle son vert tendre et soyeux au velours noir du sapin — ombragent les étroites et tortueuses vallées de l'*Angillon*, de l'*Ain*, de la *Laime*. Des scieries, des forges, des tréfileries, des clouteries, etc. utilisent les chutes puissantes, nombreuses de ces rivières. *Champignole* (4 000 hab.), au sud des escarpements du *Rivel* (789^{m}), leur doit sa fortune industrielle.

A *Saint-Laurent-du-Jura*, le chemin de fer s'arrête. Il nous dépose là, à 6 heures du matin, tous presque aussi noirs que les sujets de Behanzin. Mais les Jurassiens sont de bonnes gens. Eux, — ni nous non plus, — n'avons envie de tuer personne, fût-ce même des Français. Au lieu de fusils anglais à tir rapide et de poudre allemande nouveau modèle, les Amazones françaises, c'est-à-dire des dames bienveillantes, nous offrent, au restaurant Théophile, un lait exquis pour remettre nos estomacs, une eau pure pour rafraîchir nos mains ou reblanchir nos figures. Cela nous rend très propres, très dispos, mais certainement un peu moins glorieux que les valeureux soldats du général Dodds (1).

Quelques-uns de nos jeunes compagnons courent au télégraphe pour rassurer leurs familles. Le train n'a point déraillé.

Et maintenant : « Sac au dos ! En avant, marche ! » Deux heures et demie de marche joyeuse et facile, par le très agréable *Col de la Savine* (990^{m}) nous conduisent, musant, photographiant, botanisant, à *Morbier*, gros bourg bâti sur une terrasse de 885^{m} donnant vue, au sud, sur un panorama tout semblable à ceux que notre grand Poussin aimait à fixer dans ses toiles un peu sombres. Une coursière, vrai chemin de poète ou de touriste, embaumé des parfums qu'exhalent des prés fleuris ou des haies d'aubépine, nous fait gagner deux ou trois kilomètres et nous conduit à *Morez*, ou plutôt Morel, du nom de son fondateur.

Le paysage devient austère ; la population, sérieuse. Les eaux de

(1) La conquête du Dahomey avait lieu en ce moment-là. On accusait des maisons anglaises et allemandes de fournir des armes et de la poudre aux Dahoméens.

la *Bienne* bruissent aux parois verticales des roches grises, aux galets du lit de la rivière. Elles meuvent 157 usines, en chantant, avec les pesantes roues hydrauliques, avec les scies stridentes et les limes grinçantes, avec les mille bruits du labeur humain, l'hymne sonore du travail auguste. Quand la tempête et l'hiver s'abattent sur ce canton, le vent doit mugir d'une façon étrange, formidable dans le couloir de la Bienne, vrai « bout du monde ».

C'est à Morez qu'est née la grand'mère de Lamartine. Cela expliquerait peut-être le goût du poète pour la montagne. Les Suédois ont détruit cette petite ville en 1639 pendant la Guerre de Trente ans. Les Prussiens l'ont visitée en 1871.

Comme la victoire, l'appétit se gagne avec les jambes. Nous dévorons donc littéralement l'excellent déjeuner qui nous est servi à l'Hôtel de la Poste.

A 1 heure et demie, nous sommes aux *Rousses* (1 240^{m}). La montée est rude; mais la route est bonne, la vue très belle à l'ouest vers *Prémanon,* sur les à-pic gigantesques qui bordent le sillon étroit creusé par la Bienne. On aperçoit encore par-ci, par-là des pans de forêts jetés à terre par le cyclone du 19 août 1890. Des oiseaux de proie planent au-dessus de la grande crevasse dans le ciel bleu; de petits nuages, avant-coureurs du mauvais temps, s'assemblent autour des crêtes voisines.

Le vieux *Fort des Rousses* est pittoresque. Le nouveau est formidable, avec ses glacis dangereux, semés de pierres aiguës et de chausse-trapes, avec ses canons casematés. L'ouverture carrée par laquelle ces monstres peuvent cracher la mélinite est fermée par un châssis en verre ou en zinc reluisant au soleil. On dirait l'œil d'un cyclope invisible en train de forger ses foudres souterraines. Le fort commande un carrefour important de cols et de routes : la *Faucille, Saint-Cergues,* le *Marchairu, Vallorbe,* etc. Le village des Rousses l'avoisine à l'est.

La tôle de zinc tend ici, comme dans toutes ces montagnes, à se substituer de plus en plus aux pavillons en bois pour la couverture ou le revêtement des maisons. Ce n'est pas beau, mais c'est autant d'enlevé aux risques d'incendie si grands dans les régions montagneuses en général. Le paysage est sévère; on sent que le climat devient rude sur ces hauteurs. Quel séjour ce doit être en hiver! Les aigles y passent sans doute; mais pas un microbe n'oserait se hasarder par là, assurément. Les hommes y restent cependant. Un sang vermeil, bien fouetté d'air pur, circule librement dans leurs veines, colorant leur figure, donnant à leur regard un calme limpide, à leur esprit un équilibre parfait, à leur corps la robustesse élégante des arbres de la sylve jurassienne. Heureux montagnards!

Nous entrons en Suisse à *la Cure*. Devant nous, au S.-S.-E., se dresse la *Dôle* (1 680^{m}). De larges plaques de neige s'étendent encore sur son flanc N.-O. « De la neige! vite, vite! Elle pourrait fondre avant notre arrivée là-bas! » s'écrient les plus jeunes de la troupe. « Hop! hop! » Et parmi des bouquets d'arbres vénérables, sur des pelouses plus douces, plus vertes que velours vert, par des sentiers fleuris et sinueux, au bout desquels Montaigne eût placé la vertu, nous gagnons, en laissant un peu à l'ouest la *vallée des Doppes*, très fréquentée par les contrebandiers, la base même de la montagne. Hélas! le soleil clair et gai qui nous a lui depuis ce matin se cache derrière de gros nuages. La pluie tombe, nous cinglant la figure et les mains, rendant l'ascension plus pénible. En montagne, comme en mer, on n'est jamais sûr du temps qu'il fera deux heures plus tard. Sept de nos camarades, essoufflés, suffoqués par le vent et la pluie, s'arrêtent; ils se décident à attendre notre retour à l'abri derrière un rocher, près d'un tas de bois. Les dix-sept autres persistent. Ma foi, tant pis pour la pluie : en avant!... 25 minutes après nous foulons le sommet de la Dôle. On ne voit rien à 50 mètres; c'est une déception complète.

Un touriste qui vient de la Faucille, sortant du brouillard, nous dit qu'il attend là vainement une éclaircie depuis plus d'une demi-heure. Il nous engage à gagner Saint-Cergues au plus tôt. Toutefois, quelques-uns s'avisent de creuser un trou, d'y jeter leurs cartes avec les noms de tous leurs camarades, de dresser dessus un petit menhir bien calé de pierres sèches et de terre. La Dôle se souviendra de nous demain, quand il fera clair à son sommet. Peut-être l'un ou l'autre de ces jeunes gens, escaladant plus tard quelque Gaurisankar ou quelque Rouvenzori inconnu, se souviendra-t-il aussi, en lui laissant sa carte de visite, d'avoir salué jadis, avec moi, une cime maussade et minuscule.

Il nous faut redescendre par la même route pour reprendre nos compagnons. Plusieurs glissent et tombent. « Est-il possible d'aplatir la Suisse de cette façon-là ! » dit l'un ; et tous de rire. On surnomme « César » l'un de ces malchanceux.

A droite et à gauche de la route, cherchant abri sous les grands arbres, des bandes de vaches, veaux, taureaux nous regardent passer. Ces troupeaux montent à la montagne ; ils ont l'air fort étonnés du mauvais temps, peut-être aussi de voir des gens si allègres, car le chef, pour combattre l'effet attristant de la pluie, entame le *Chœur des soldats* de Faust, ou d'autres marches. Hélas ! il chante seul. Personne ne lui répond. En France, dans nos écoles, on n'apprend point assez aux enfants à chanter, à chanter en chœur surtout. A tous les points de vue cela est bien fâcheux ; car le chant est un merveilleux exercice pour la voix et pour les poumons. Il est aussi, ou serait, un instrument de concorde, d'union entre les hommes.

Une compensation nous attend à Saint-Cergues (1016 m) où nous arrivons à six heures et demie, tous mouillés, mais chantant pour narguer le mauvais temps.

Un aimable et savant architecte parisien qui, avec sa famille, passe tous les ans l'été dans ce merveilleux nid de verdure nommé Saint-Cergues, M. Bercioux, membre du C. A. F., pourrait bien dire sans doute à qui nous devons

Bon souper, bon gîte... et le reste,

c'est-à-dire une entrée presque triomphale en musique, un dîner en musique, des attentions et des soins charmants à la « pension Auberson » sans que la note en fût enflée d'un liard.

Oui, la fanfare nous attend bel et bien à l'issue du long col boisé, près de la première maison du village. Elle prend la tête de la colonne en jouant un pas redoublé. Cela nous interloque un peu tout d'abord. Mais, bast ! nous sommes peut-être sans le savoir des gens d'importance. C'est notre premier pas vers la gloire. « De la musique !... *j'en sons* ! » dit le plus facétieux de la bande, se permettant ainsi un horrible calembour.

(Cl. Bougault.)

Jura vaudois : col de la Savine. *Page 33.*

A Saint-Corgues, chez M. Bercioux. *Page 37.*

Malgré nos 435 kilomètres de chemin de fer et une nuit presque blanche, malgré 12 kilomètres en voiture et 27 autres à pied, malgré la pluie qui tombe à verse à ce moment-là et qui a souillé, alourdi nos habits, nous serrons les rangs, emboîtons crânement le pas, et c'est d'un air martial, comme de vieux grognards, que nous faisons notre entrée à Saint-Cergues, puis à l'hôtel Auberson. Nous sommes aussi graves que les excellentes gens qui nous regardent défiler. Il n'eût pas fait bon d'ailleurs de rire au nez de la petite troupe ; ah ! mais non !

Chacun de nous prend possession de sa chambre. On change de vêtements ; on se frictionne vigoureusement sur les conseils du chef. Et trente minutes après, dans la tenue la plus parfaite, on fait honneur au dîner copieux qui nous est servi.

A la fin du dîner, le chef porte un toast au colonel Portes, membre du C. A. F., qui a bien voulu venir s'asseoir à notre table, à la très grande satisfaction de nos jeunes braves. Il paie d'un speech la musique de la fanfare qui nous a joué quatre ou cinq morceaux durant notre repas. C'est, paraît-il, l'usage de remercier ainsi ces aimables gens.

A dix heures tout le monde dort à poings fermés pendant que le vent et la pluie font rage au dehors. Et voilà quelle fut notre première journée... vers la gloire.

Saint-Cergues. La Vallée de Joux.

2e journée. 6 juin.

A MM. Portes et F. Bercioux.

Tout le monde est sur pied au petit jour.

Notre première visite est pour M. Bercioux qui nous a ménagé la réception d'hier soir. Il nous reçoit comme des amis. De la terrasse de son très beau chalet de la *Croizette,* construit sur le modèle des vieux chalets suisses du XVIe siècle, nous jouissons d'un panorama merveilleux. Au-dessus de nous, à l'ouest, se dressent les escarpements nus et verticaux de la Dôle, au pied desquels, sous un vent furieux, ondule en énormes vagues d'émeraude la forêt de pins et de hêtres qui habille le Jura jusqu'à 14 ou 1500 mètres d'altitude. Au-dessous de nous, le ravin, où bondissent les eaux amenées par le col de Saint-Cergues à la fonte des neiges ou après les orages, possède une belle cascade, un *gogant* ou géant, arbre plusieurs fois séculaire, et des *avens* aspirants très curieux, non étudiés. Devant nous, à l'est, le *Mont-Blanc* (4810^{m}) paraît dans toute sa majesté. Les verts penchants de la Savoie servent comme de glacis au grand mont ; ils viennent se mirer dans le tranquille et lumineux lac de Genève. Entre les rives enchantées du Léman courent, avec des airs, avec des allures de monstres antédiluviens, des bateaux à vapeur ou à voiles, noirs et blancs. Nous admirons sans rien dire. Le silence est souvent très éloquent.

Notre seconde visite est pour le colonel Portes, autre membre de la nombreuse colonie estivale de Saint-Cergues, qui nous a dit, la veille, en venant toaster et causer avec nos futurs alpinistes : « Mme Portes attend ces jeunes gens demain matin avant leur départ. » Le colonel, alpiniste de première force, a créé un jardin botanique où s'épanouit toute la flore alpestre admirablement groupée et cataloguée. Le *sabot de Vénus* y fait la moue, dans sa beauté, au *rhododendron nain* qui ne croît que dans les terrains granitiques, et que, par une bizarrerie botanique curieuse, l'on trouve à la Dôle, ainsi que l'*edelweiss*, mais seulement sur la face qui regarde les Alpes, d'où leurs semences ont été sans doute apportées sur les ailes des vents ou des oiseaux. Dans un coin réservé trône la petite *gentiane bleue*, d'un bleu si pur, du « seul vrai bleu » qui faisait dire à Alphonse Karr, cet ami passionné des fleurs, que « la violette et les autres fleurs bleues sont toutes, en comparaison, teintes au bleu d'épicier ».

De petits rosiers des Alpes, des mousses variées, cent autres plantes auxquelles il faut l'air pur d'en haut, croissent dans la rocaille, ou dans un terreau convenable apporté là et arrangé soigneusement autour d'elles.

Beaucoup de ces plantes frêles et jolies gèlent dans la plaine, où elles ne sont point protégées par l'épais manteau de neige des hivers rigoureux. Elles bénéficient aussi dans la montagne, très souvent, du phénomène météorologique — appelé par les physiciens *inversion de température* — qui rend le froid moins vif sur les hauteurs que dans les plaines ou sur les collines.

L'une de ces petites fleurs — la personne qui m'a raconté cette anecdote plaisante ne m'a pas dit laquelle — a son histoire qui fait songer tout de suite à la pervenche de Rousseau.

M. et Mme Portes, celle-ci aussi intrépide touriste, aussi passionnée botaniste que son mari, trouvèrent, dans une de leurs continuelles promenades aux environs de Saint-Cergues, une fleur rarissime dans la flore jurassienne, une fleur longtemps cherchée. Cris de joie ! victoire ! butin ! Joie intime d'ailleurs, victoire pacifique, butin scientifique et parfumé. « Ah ! enfin, nous l'avons trouvée ; nous l'aurons dans notre jardin, sous nos yeux tous les jours, cette perle des monts calcaires... Petite sauvage ! petite cachottière ! vous viendrez chez nous et vous y serez bien ! » — Mais comment emporter le butin? L'on n'avait pris ni la boîte verte, ni la bêche, ni la serfouette du botaniste, rien. Car justement ce jour-là la promenade, étant sans but précis, devait être courte. Mais le temps était si beau ! L'occasion, l'herbe verte, la pelouse veloutée, la brise odorante, la musique des grands pins aidant, l'on avait marché, marché, et l'on était très loin de Saint-Cergues... quand on découvrit la fleur tant souhaitée.

N'avez-vous pas remarqué, lecteur, qu'en montagne cette mésaventure est fréquente? On part pour une promenade d'une heure ; on fait un voyage d'une journée, sans piolet, sans manteau, sans souliers ferrés, au risque de se casser vingt fois le cou. Mais le temps était si beau !... Ainsi encore dans la vie. Quand, par hasard, la fortune se présente à nous, nous ne sommes pas prêts. Alors elle passe, la capricieuse déesse, à moins que l'on ne fasse comme M. et Mme Portes.

Laisser là cette plante que peut-être jamais on ne rencontrerait plus, que peut-être d'autres passants enlèveraient ce soir ou demain... quel désespoir ! On n'y songea même pas une minute. Cueillir seulement la fleur pour la mettre dans un herbier, la voir sèche, non vivante ; l'arracher avec un bâton ou avec les mains, c'est-à-dire fouler les racines, mutiler les feuilles, impossible. Quelle profanation, quel sacrilège ! Alors...

... Alors, Mme Portes proposa héroïquement, ce n'est pas trop dire, de rester seule, au milieu de ces bois et de ces rochers, en sentinelle vigilante auprès de la petite fleur, pendant que son mari, exposé à ne point trouver à son retour fleur et gardienne, irait à Saint-Cergues chercher serfouette, bêche, boîte de botaniste. Il alla, revint... et la fleurette, pieusement cueillie, plus chère sans doute que toutes les autres à ses heureux propriétaires, figura triomphalement dans le petit jardin botanique (1).

Le colonel nous avait fait lui-même les honneurs de son jardin. C'était pour autre chose que Mme Portes attendait notre visite. Un lunch... un vrai lunch matinal nous était préparé : chocolat brûlant, vin blanc, lait, thé, gâteaux... gâteries à profusion s'entassaient, fumaient dans la salle à manger. Et Mme Portes, en vraie maman, allait de l'un à l'autre, regardant bien, s'assurant vigilamment si ces jeunes gens en prenaient, en reprenaient, en rereprenaient. Je crois même qu'elle dut en glisser discrètement dans la poche des tout petits... des gâteaux s'entend... « Il faisait un peu frais, disait-elle, le matin, à ces hauteurs ! » Elle voulait les réchauffer ; et sa main allait comme son cœur. Ah ! les mamans qui nous confient leurs fils peuvent être tranquilles ; quand une occasion comme celle-ci se présente, une seule les remplace toutes.

Les cœurs maternels toujours, partout, conspirent avec ensemble pour leurs petits. La sainte conspiration réussit partout et toujours. Au C. A. F., où l'on se sent un peu de la même famille, on conspire simplement un peu plus qu'ailleurs. Un peu plus ?... j'exagère. Quand nos petits soldats de France, faisant leurs grandes manœuvres, passent dans mon village — un village de l'est — les mamans disent : « Il faut bien les traiter ; les nôtres sont bien reçus aussi quand ils vont là-bas... là-bas, par chez eux ». A côté de la fraternité — si précaire — des hommes, il y a, et plus haut encore, la sainte maternité des cœurs... de femme. Nous le vîmes bien à Saint-Cergues.

(1) Depuis notre passage M. et Mme Portes sont morts, et leur jardin botanique est devenu le Jardin public de St-Cergues aujourd'hui station d'été et d'hiver très fréquentée.

Bourrés de bonnes choses, de bons souvenirs,

Eux, dorlotés, choyés, *ils s'en vont à l'essor.*

Ils partent enchantés. Guêtré, chaussé, vêtu en touriste, tout rajeuni, le colonel nous fait conduite pendant trois kilomètres jusqu'à la sortie du col.

Quels braves gens, Suisses et Français, nous trouvâmes à Saint-Cergues !

A midi, nous sommes aux *Rousses.* La marche, l'air pur ont singulièrement aiguisé notre appétit. Aussi les flacons, les plats de l'hôtelier se vident comme par miracle et c'est avec une bonne humeur gauloise que nous reprenons le sac de voyage pour achever l'étape.

Nous partons vers deux heures pour le *Brassus* par la *Vallée de Joux,* l'une des combes les plus élevées, les plus remarquables du Jura. Elle a 24 kilomètres de long sur 1 à 2 de large entre le *Noirmont* et le *Mont-Tendre* (1640^{m}) à l'est, le *Risoux* boisé, à l'ouest, la *Dôle,* au sud, la *Dent de Vaulion,* au nord-est.

On ne peut rêver, pour de jeunes touristes, un exemple plus frappant, plus parlant de ce que l'on appelle une combe. Il suffit de leur dire : « Voyez, regardez ; voilà un des accidents géographiques caractéristiques de la chaîne du Jura, coupée en 150 chaînons très nets par des *cluses* et des *combes.* »

La route court sur la droite de l'Orbe, issue du petit lac des Rousses à 1000 ou 1100^{m} d'altitude. Des Rousses au Brassus, on descend légèrement. Les rebords de ce large et long fossé sont vêtus de résineux ou de pâturages ; le fond est couvert d'alpages, de lacs, de marais. La Combe, ou *Vallée de Joux,* déserte encore il y a sept siècles, a aujourd'hui plus de 8000 habitants. Elle possède des industries prospères, variées : scieries, horlogeries, lapidaireries, fabriques de vélocipèdes, de rasoirs, de lunettes, etc., qui, presque toutes, demandent peu de matière première, mais une grande habileté professionnelle chez l'ouvrier. C'est qu'en montagne les transports sont difficiles, coûteux d'abord ; ensuite, que l'artisan reste isolé complètement, ou à peu près, pendant les longs mois de l'hiver. Donc peu de matière, beaucoup d'art.

Les troupeaux qui paissent, en été, les herbages des croupes voisines ou du fond de la vallée produisent annuellement à peu près 300 000 kilogrammes de gruyère, expédiés en France principalement. Élevage, industrie, voilà les deux grandes sources de richesse du Jura franco-suisse.

Les maisons sont alignées à la base même des deux talus de la Combe, isolées, en outre, par crainte des incendies, et pour la facilité de l'exploitation des propriétés. Il n'y a de groupements véritables que sur les chutes d'eau, ou près du fort : tels sont *les Rousses, le Brassus, Rocheray, le Lieu, le Pont.*

Mais voilà qu'en cheminant, notre humeur, si gaie tout à l'heure, s'assombrit tout d'un coup. Nous avons sous les yeux pendant 7 à 8 kilomètres un spectacle lamentable.

Le cyclone qui, le 19 août 1890, détruisit en partie les deux villes françaises de Dreux et de Saint-Claude, a laissé des traces, des souvenirs lugubres dans la Vallée de Joux. Voici comment les habitants nous racontèrent eux-mêmes l'événement :

« La chaleur avait été torride toute la journée. Pas un souffle dans l'air : on pouvait à peine respirer. Le soir, le ciel s'obscurcit ; un calme effrayant régna partout. Soudain, un tonnerre épouvantable, des éclairs aux reflets sinistres firent trembler ou illuminèrent toute la vallée, suivis aussitôt après d'un cyclone terrifiant. L'anxiété dura à peine une seconde. D'horribles craquements retentirent de tous côtés. On crut que c'était la fin du monde ! Les maisons oscillèrent. Tous les toits furent emportés, les chalets mis en pièces, des roches énormes déplacées, et la forêt jetée par terre. Cinq minutes après, aucun bruit, plus d'orage. »

Au jour, on vit l'étendue du désastre. Personne, heureusement, n'avait péri. Mais le Risoux, les monts d'alentour étaient chauves ; ils le sont encore, et il faudra cinquante ans pour reverdir les flancs osseux de la montagne. De nombreuses scieries s'efforcent de débiter en planches, en poutres, etc. les centaines de milliers et millions d'arbres tombés, — les uns en ligne d'une régularité géométrique, comme des soldats stoïques foudroyés au poste de combat, — les autres en amas, tordus, enchevêtrés, broyés en miettes, impropres à tout usage industriel, comme des fuyards emportés par la peur et venant s'étouffer en troupeaux aux portes des villes où ils espèrent un arrêt, un refuge, troupeaux que le canon ennemi met en bouillie. Après avoir ainsi traité le Risoux, le cyclone traversa la vallée à la frontière même, à 20 mètres du poste de la douane suisse.

Pendant que les douaniers examinent nos sacs, dont le contenu leur dit bien vite que nous ne sommes point des contrebandiers, mais de braves garçons très amateurs des beautés de la montagne, e lis — et je note — sur une planche de $1^{m},20$ de long, de 12 à 15 centimètres de large placée au-dessus de la porte du bureau, cette brève inscription faite à l'encre et à la main : « *Dieu a sauvé : 19 août 1890.* » Nous entrons évidemment en pays protestant. Le chef du poste à qui nous montrons l'écriteau ajoute : « Monsieur, j'étais là, à quatre pas de la cabane ; j'ai senti vraiment pendant une minute la mort passant à côté de moi... »

Le cyclone escalada ensuite le *Mont-Tendre* ($1\,680^{m}$), renversant les chalets, cassant, emportant comme fétus de paille les plus grands arbres dont quelques-uns sont là couchés sous nos yeux. Un dernier bond le lança du sommet du tendre dans les couches supérieures de l'atmosphère d'où il était descendu, où il alla se perdre. Né en Normandie, ou venu d'Amérique, il s'évanouissait en Suisse n'ayant fait de réels dommages qu'en France.

Mais les impressions vives sont, en général, de courte durée, chez les jeunes gens surtout. Aussi, à peine avons-nous laissé derrière nous les derniers vestiges de la tempête que nous devisons d'autre chose en enjambant les quelques kilomètres qui nous séparent du gîte, c'est-à-dire du Brassus.

Cependant une question, écho lointain de l'ouragan sans doute, m'est posée par l'un de mes petits compagnons : « Le monde, Monsieur, ne pourrait-il point finir par un cyclone ? » Je rassure mon jeune ami sur la puissance destructive du vent. Puis, lui montrant les lacs, les ruisseaux, les torrents limpides qui rendent si vivant, si beau ce coin de terre reculé : « La terre, ou plutôt la vie à sa surface, finira, mon ami, quand les monts, les arbres, les fleurs, les étoiles lointaines, les oiseaux et les hommes, Narcisses éternels, ne pourront plus se regarder au clair miroir des mers, des lacs et des fleuves, c'est-à-dire quand l'eau aura disparu de la surface de notre globe terrestre. »

...Nous sommes au *Brassus*, gros bourg qui s'enrichit par l'horlogerie, la taille des pierres fines, la fabrication de rasoirs renommés, de bicyclettes, etc. La vie industrielle y paraît fort active.

C'est l'étape. Le temps est redevenu très beau, très doux. Cinq ou six des plus intrépides d'entre nous vont, sous la conduite de M. Guillotel, au col du *Marchairu* contempler la Suisse au soleil couchant. Les autres se répandent dans les boutiques en quête d'objets curieux ou indigènes. Je fais comme ceux-ci ; et, pour ma part, j'achète une paire de rasoirs en allant faire une visite obligatoire au barbier de l'endroit.

Tous sont exacts quand sonne l'heure du dîner. Quelle bonne chose que des jambes et un estomac de quinze ans !

A dix heures, avant de nous livrer au repos, il nous est donné de goûter un dernier et très calme plaisir. Involontairement, tant la scène est délicieuse, nous restons quelques minutes dans la cour de l'hôtel à contempler la sérénité parfaite du firmament, le pur éclat des étoiles, ces

Tristes larmes d'argent du manteau de la nuit.

La lune épand une lumière blanche, très douce, sur la vallée où règne un silence profond, presque solennel. Seul, le gros ruisseau qui meut les usines du Brassus nous apprend que ce silence n'est point celui de la mort, mais de la nuit. Le chant mélancolique de l'eau qui bruit légèrement aux barrages, aux cailloux, aux racines, aux rives gênant ou retardant sa course, nous berce... et bientôt nous endort.

Le sommeil est sain. Il rend au corps fatigué la force et la souplesse, à l'esprit alourdi la netteté de la pensée, la fraîcheur des impressions.

Après avoir donné des instructions à l'hôtelier pour le réveil du lendemain, après avoir mis mes comptes en ordre, prêté l'oreille aux derniers bruits — un chef, même la nuit, a toujours une oreille et un œil ouverts —, m'être assuré que tous dorment d'un profond sommeil, je goûte pleinement aussi pour quelques heures le plaisir d'un repos bien gagné. Pourtant, quand le garçon vient au matin frapper à ma porte, je me réveille en sursaut, en proie à un cauchemar d'ouragan. C'est l'impression de la veille qui me revient à l'esprit sans doute ; je me surprends à rêver tout haut du vent et de sa formidable puissance.

L'OURAGAN

Je suis le vent;
Je viens souvent

Mustang de l'Amérique,
Prompt et fier ouragan,
J'accours vers l'Armorique
Pays du Korrigan.

Sur l'Océan
Dit Atlantique,
Sans frein, ni mors,
Je cours, je vole,
Je caracole,
Semant les morts
En tout parage
Sur mon passage.
Mon dur galop
Lève les vagues,
Brise le flot;
Et tu divagues
Ô gouffre amer !
O large mer !

Au cœur de l'homme,
Ta grande voix
Jette l'effroi.
Et toi qu'on nomme,
— Ne sais pourquoi, —
Le Pacifique,
Comme en la crique,
Comme au détroit,
Sous ma décharge
Tu geins au large,
Et père, et fils
Sont engloutis.

Pâles, livides,
En les Kers vides,
En les hameaux,
Tu laisses seules
Mères, aïeules
Dans les sanglots.

Les gros navires,
Coques de noix,
En fer, en bois,
Tu les chavires,
Frêles esquifs
Pour les récifs !
Pauvres nacelles,
Ou balancelles,
Jouets d'enfant
Pour l'ouragan !

Hautains, farouches,
Les continents
Sont par tes dents,
Par tes cent bouches
Tous démolis.
Leurs éboulis,
Bornes très louches,
Réduits en grains,
Vont, sables fins,
S'étendre en plages,
En doux planchers
Sur les rivages,
Ô vieux nochers !
Pour les pieds roses
Fins et légers
De vos fillettes,
Aux gentes poses
Au frais minois,
Sœurs des mouettes
Aux grêles voix.

Puis quand je quitte,
Coursier divin,
L'urne où s'abrite
Ton flot sans fin,
Je tords les arbres
Et les genêts ;
J'insulte aux marbres
Des vieux palais.
Tout fuit, tout tremble.
Je mêle ensemble,
Sous mes balais
Raclant la terre,
Et la chaumière,
Et les chalets,
Le pin robuste,
Le frêle arbuste.

Car en mon vol,
Onde rapide,
Je rends le sol
Souvent aride.
Mon dur sabot,
Rude semelle,
Comme un rabot,
Une truelle,
Pèle les monts.
De mes poumons,
Lorsque je souffle,
Le feu jaillit.
Tout s'assainit
Sous le grand souffle
De mes naseaux.
Je vais, je crie ;
Je purifie
L'air et les eaux ;
J'accours, je gronde.
. . . .

Je suis le vent ;
Je viens souvent.

Le Brassus. — La Dent de Vaulion.

3e journée : mardi 7-8 juin.

A mon collègue et ami GUILLOTEL.

Nous quittons le *Brassus* de bon matin par un clair et blond soleil de juin qui verse à longs flots sa chaude lumière dans la vallée. Il boit les légères vapeurs blanches de l'aube et ramène la vie dans le bourg, sur les routes, dans les champs. Tout se met en mouvement : usines, voituriers, hôteliers, ménagères, bergers, troupeaux, oiseaux, insectes, papillons et... caravane scolaire. Nous rencontrons dans la cour même de l'hôtel, dans les rues, et, quelques heures plus tard, sur les flancs du Vaulion, des *herdes* de vaches, de veaux, de bouvillons, de génisses, de taureaux de toutes tailles et de robes variées montant au pâturage.

Chaque année, la Pentecôte est le signal de la *montée à l'alpe.* C'est un spectacle bien intéressant que de voir ces bêtes magnifiques, de race bernoise ou franc-comtoise, portant chacune une sonnette ou plutôt une cloche grosse, moyenne ou petite, suivant la taille du sujet très fier

De faire sonner sa sonnette.

Les timbres, les sons sont naturellement très différents. A chaque mouvement, à chaque pas de l'animal, l'instrument vibre, sonne, retentit, grave ou léger ; et l'on entend, rapproché ou éloigné par la brise, auprès, au loin, venant d'un orchestre dispersé ou groupé, le *rou, rourou* sourd du tambour, la *cliquotte* des sonnailles, le *digue din don* de la cloche joyeuse, la note argentine et ténue, le *dingue dingue* du triangle.

Quand le troupeau marche régulièrement, on dirait, sous les arbres, dans les clairières, le long du chemin, un chœur rustique sans paroles, égrenant ses notes emmi les prés émaillés de mille fleurettes, éveillant doucement l'écho du vallon ou des grands bois de sapins et de hêtres silencieux. C'est d'un charme exquis, berceur, plein de rêveuse poésie.

Puis tout d'un coup il vous vient au cœur comme un grand soupir, à la gorge comme un sanglot étouffé, à l'esprit comme un regret amer et lointain de la vie pastorale et nomade des tribus primitives où les ancêtres buvaient du lait pur seulement, prenaient chaque matin, à l'aurore, des bains de rosée fraîche plus efficaces que les *bains Kneipp,* ne respiraient que l'air sain, embaumé des monts et des plateaux. Heureux ancêtres ! Soupir, sanglot, regret sont des vestiges, des preuves ataviques que les hommes, les peuples passèrent, à un moment de leur évolution historique, par la vie pastorale, qu'ils furent les compagnons des bêtes et les hôtes des champs. Ils s'en souviennent doucement, à regret quelquefois.

Ces bêtes si belles, si fières de leurs sonnailles ne sont point farouches du tout. Elles vous regardent avec de bons gros yeux sans malice ; elles se laissent approcher sans crainte, ou même viennent familièrement à vous comme pour vous souhaiter la bienvenue et vous demander si vous n'auriez pas un peu de sel

(*Cl. Bougault.*)

Le Brassus : la montée à l'Alpe. *Page 48.*

(Cl. Bougault.)

La caravane au Pont. *Page 51*

(Cl. Bougault.)

Au sommet de la dent de Vaulion. *Page 54.*

— dont elles sont très friandes, — à leur service. Si vous leur tendez la main, elles la lèchent ; mais aucune n'a l'idée de vous donner un coup de corne ou de patte. Le taureau seul est à craindre, gardien jaloux de sa smala. On l'éloigne aisément en lui lançant quelques pierres, ou en faisant semblant de vouloir lui en jeter, ce que nous dûmes faire en escaladant la Dent de Vaulion l'après-midi du même jour.

Le caractère pacifique si remarquable des troupeaux suisses est dû à ceci : on ne frappe jamais les animaux, ou très rarement; on ne les rudoie pas non plus.

Pour fêter la montée des bêtes, la vie nouvelle, la prise de possession de la montagne, les bouviers, *melker* (trayeurs) ou marcaires, sont en habits de fête : sarreaux neufs bien lustrés, chapeaux ornés de bouquets de fleurs, parapluies en bandoulière, en fusil de chasse derrière le dos, souliers ou bottes luisants, bien graissés. Ils sont suivis d'un petit chariot à quatre roues portant leurs vivres, leurs vêtements enfermés en des coffres de bois, leurs ustensiles de travail. Ces braves gens vont rester quatre ou cinq mois dans la montagne à garder les bêtes, à traire le lait, à le cuire, à fabriquer le fromage de gruyère, le beurre aussi, qu'ils envoient tous les huit jours sur Paris, Londres, Bruxelles, etc., en mottes de 50 à 100 kilogrammes et plus. C'est un vrai régal de gourmet que de goûter frais beurre ou fromage au chalet même où il est fabriqué.

La montée, la descente des troupeaux sont comme le baromètre vivant marquant l'éclosion du printemps, ou le retour de l'automne et de l'hiver dans la montagne.

En devisant sur ces questions, en regardant les monts rajeunis par le matin, la large combe fleurie où il semble que toutes les étoiles de la nuit précédente sont tombées, pour le plaisir des yeux et de l'odorat, en tapis immense de fleurs roses, blanches bleues, violettes, rouges : en neige, en émeraudes, en rubis, en saphirs ; — en respirant un air frais, fort, délicieux qui nous met tous en bonne humeur, nous arrivons sur la rive occidentale du *lac de Joux*, rappelant un peu celui de Gérardmer, mais avec un bassin plus ouvert, un horizon plus vaste et à proximité de plus hautes montagnes et de panoramas plus grandioses. Toutefois, les forêts voisines sont moins belles que celles des bords de la Vologne.

La troisième journée a été d'ailleurs le clou de notre voyage. Le temps est superbe ; le ciel, d'un bleu pur admirable, profond, tendre. Personne ne se plaint des fatigues de la marche. Nous avons des ailes aux talons; nous sommes gais comme des pinsons. Le lac à droite, par des sentiers sinueux, ombragés de noisetiers, de frênes, etc., nous allons légers, rapides, tel Achille, nous arrêtant à peine un instant pour regarder couler, bruire, bouillonner un fort ruisseau souterrain qui a fini par ronger sa voûte en quelques endroits, ménageant ainsi des *regards* aux touristes, aux géologues et spéléologues curieux. La masse calcaire du Jura est pleine de cours d'eau, de lacs souterrains. C'est l'un des traits caractéristiques de sa géographie interne.

... « Halte ! halte !... Monsieur, le bateau n'est pas là ! » accourent me dire ceux qui tenaient la tête de la colonne. Hélas ! cela n'est que trop vrai. Le bateau que nous devons prendre à Ronceray pour gagner le Pont par le lac n'est point là. Nous sondons l'horizon avec nos « marines » ; nous fouillons anses, baies, criques, promontoires — rien, rien ! pas plus de bateau que dans le Sahara. Et le lac est si calme, ses rives si souriantes ! Et toujours pas de bateau ! Mais aussi, pourquoi l'a-t-on baptisé le « *Caprice* », ce bateau ? Est-ce que ce lac serait trompeur ? ou bien... ? C'est à se jeter à l'eau... tant elle est vive, limpide, narquoise. Oui, elle rit, elle sourit, la perfide... « Une si belle traversée !... Une mer d'huile !... un lac !... » Puis, tout à coup, la déception, la colère aidant, l'on entend des apostrophes, des imprécations : « Patache ! Vieux coche poussif !... sabot ! » C'est du bateau qu'il s'agit. Ou bien : « Mare aux grenouilles !... vil *laquet* !... » Ce mot a beaucoup de succès. Il désarme même un instant les colères... « Quelle flotte ! quels services maritimes, bon Dieu, en ce pays-là ! A quoi songe donc... l'amirauté ! »

Le lac bien conspué...

O lac ! t'en souviens-tu ?

notre indignation apaisée, nous gagnons la grande route, résolus à faire à pied le reste du chemin. Le lac ne se fâcha point ; il resta limpide et souriant. Le génie de ces lieux charmants, un bon génie, nous fut même secourable. Un voiturier passait, allant au Pont, avec un chariot léger et une voiture gerbière, le tout *à vide* ; je dis les voitures

. . . . . et non l'homme :
On pourrait aisément s'y tromper.

Pour 5 sous par personne — c'était pour rien ! — nous pûmes, un peu durement, mais aisément, poser sacs, appareils et nous-mêmes sur les planches, contre les ridelles, à droite, à gauche, prendre même — pas moi — avec la permission du propriétaire, les cordeaux ou guides, dire : « *hue ! dia ! hueho !* » aux bonnes bêtes pacifiques qui nous emmenèrent en trottinant, très gentiment jusqu'au Pont. Ce fut du délire. Triomphateur romain montant sur son char au Capitole et traînant les vaincus derrière lui n'entendit jamais des rires plus francs, des acclamations plus sincères que ceux qui retentirent aux oreilles de notre brave automédon quand il nous déposa au pied du Vaulion. Nous prîmes des vues de la voiture gerbière, du char triomphal et des triomphateurs, et... nous allâmes déjeuner du meilleur appétit.

Le « Caprice », unique spécimen des flottes helvétiques dans les mers occidentales de la Suisse, était là, à quatre pas, à l'ancre. Nous n'y fîmes point attention. Le « lac » et le « Caprice » étaient oubliés... pardonnés. Rien ne dispose mieux à l'indulgence qu'un bon déjeuner précédé de six heures de route dans un milieu enchanteur.

Le déjeuner fut calme, très calme comme le lac : nous avions faim et la table était bien servie. Il n'y eut bruit que de vaisselle et de fourchettes dextrement maniées. La tenue fut aussi bonne que l'appétit. Je voulus excuser, en réglant la note, la maladresse involontaire d'un des convives qui avait répandu un peu de vin sur la nappe. « Oh ! monsieur, me dit l'hôtelier, je n'ai jamais reçu chez moi des enfants si gentils, d'une tenue si parfaite ! » Tout fier de cette bonne parole — j'allais dire de cette bonne note : l'habitude ! —, désireux de donner un peu de montant aux courages restaurés, j'offre, sous la véranda de l'hôtel, en face du Vaulion, un « *mazagran* » bien chaud, bien savoureux à mes 23 compagnons. Un mazagran, c'est un café brûlant, *sans eau-de-vie*.

Nous hissons les sacs à la hauteur de nos épaules ; nous saluons l'hôtelier bienveillant, et... en avant !

La *Dent de Vaulion* (1486^{m}), isolée, à pente relativement douce à l'O.-S.-O., en à-pic de 4 à 500 mètres sur Vallorbe, au nord, est là devant nous. Cette disposition, dite *en pupitre*, est fréquente dans toutes les montagnes calcaires ; ce que je fais remarquer à mes compagnons qui en ont eu, sous les yeux, maints exemples depuis deux jours.

Une heure à une heure et demie pour la montée. Quelques secondes pour la descente... si des treillis en fer, soutenus par de forts piquets, ne gardaient du saut fatal les gens sujets au vertige, ou les imprudents.

Par suite de son isolement relatif, la Dent de Vaulion est certainement l'un des plus merveilleux belvédères du Jura et de l'Europe. Au fur et à mesure que l'on s'élève, le panorama change; il s'agrandit subitement par pans immenses. Toutes les cinq minutes on peut faire halte, tant la scène s'est diversifiée, embellie. Le Jura allonge, au nord et à l'ouest, ses chaînons parallèles. longitudinaux, aux teintes noirâtres, vagues immobiles d'un océan pétrifié, troupeau de baleines qui semblent naviguer de conserve, et que des rayons de soleil harponnent de leurs flèches d'or au travers des nuages.

La Dôle nous masque le *Pelvoux* au sud. Mais le *Mont-Blanc* surgit étincelant avec sa *Mer de Glace*, avec ses glaciers de l'*Argentière*, du *Trient*, etc., longues coulées d'argent d'autant plus admirables que la cime du géant est crêpée d'une gaze légère par de petits nuages immobiles, et que les ombres commencent à s'étendre sur les pentes opposées. Le *Matterhorn*, le *Mont-Rose* sont comme flottants dans un bain de lumière rose tendre qui me rappelle les divins levers de soleil que l'Aurès ménage et présente tous les matins aux oasis des Zibans.

Les savants disent que ces colorations superbes sont dues à des poussières impalpables en suspension dans l'atmosphère. Ce doit être un de ces champs d'or rouge de la légende, donnant l'éternelle jeunesse aux monts, aux palmiers dont il caresse ou baigne chaque jour la cime presque inaccessible. La nature est toujours jeune ; mais nos verbes humains s'usent à redire sa beauté. Il n'y a que l'homme qui vieillisse rapidement.

L'*Oberland* n'est qu'à demi visible derrière le voile mobile des nuages dorés. Les lacs de *Genève*, de *Neufchâtel*, de *Morat*, de *Joux*, des *Rousses*, miroirs qui se plaquent ou s'irisent de lumière grise, blanche, argentée, sombre, semblent de grands yeux bien clairs sur lesquels s'abaisse de temps à autre, pour tempérer l'éclat du jour, une paupière transparente, invisible, flottant par là quelque part dans l'espace.

Avec ses bouquets de bois, ses prairies, ses vergers, ses vignobles; avec ses villes et villages blancs, ramassés comme par un coup de vent, la plaine suisse s'étend à nos pieds, sourire léger, pli gracieux soulignant l'austère beauté des grands monts. Inutile de recommander l'attention. Des cris d'admiration ! Cent questions d'un coup ! Puis de longs silences ! Le soleil met un magistral coup de pinceau sur ce tableau grandiose.

Il me revient alors en mémoire ce mot du réformateur Zwingle aux Zurichois lui demandant sous quelles voûtes sacrées ils célébreraient désormais le culte nouveau : « Voilà le temple de l'Éternel ! », répondit-il, en leur montrant de la main l'Oberland et les grandes Alpes. Je ne sais si aujourd'hui un tel cri sortirait de la bouche ou du cœur d'un touriste; mais les Alpes sont si belles, vues surtout du Jura, que l'on comprend ce conseil de Reclus : « Tout homme doit une fois en sa vie faire visite aux Alpes. » Devoir plus facile à remplir, plus agréable aussi, sans doute, que le voyage de La Mecque imposé à tout bon musulman.

Un autre belvédère jurassien est peut-être supérieur à celui du Vaulion ; c'est celui du *Chasseral* au-dessus de Bienne, où sept ou huit ans plus tôt, en 1883 ou 1884, en parcourant le *Jura septentrional,* les *montagnes franches,* etc., j'eus, en août, l'inoubliable spectacle d'un lever de soleil derrière les Alpes. La plaine, la montagne, l'alpe suisses étaient entièrement couvertes de nuages que nous dominions, mes deux compagnons et moi, et qui nous semblaient une mer immense, houleuse de vapeurs grises d'où émergeaient seulement les hautes cimes, les glaciers. Partis avant deux heures du matin de Magolin, et arrivés au Chasseral avant la pointe du jour, nous eûmes cette « volupté du regard » pour parler comme E. Reclus, de voir naître les premières lueurs blondes et roses de l'aurore, de voir jaillir de longs fuseaux d'albâtre entre les cimes, par les cols, puis étinceler peu à peu comme en une traînée de feux et de diamants, un écrin de 300 kilomètres d'envergure — du Mont Blanc au Santis —, arc prodigieux de lumière, de grandeur, de magnificence. Il m'en reste encore des étincelles dans les yeux, 24 ans après. Nous admirâmes éblouis, fascinés ; nous nous tûmes longtemps ; et, après avoir repéré les cimes à l'aide du Signal, nous descendîmes. En toutes mes pérégrinations de Brest à Berlin, de Laponie au Sahara, je n'ai jamais retrouvé une pareille sublimité.

Ô montagne muette, aux rebords accroupis !
Pourquoi donc dresses-tu si haut ta haute tête?
Pourquoi trouer le ciel, défier la tempête,
Et secouer si fort nos esprits assoupis ?

Serais-tu point le dos d'un colossal Apis,
Sur lequel, au matin, Osiris est en fête ?
Où va, le soir, Isis, chercher, très inquiète,
L'époux béni de tous qui dore les épis ?

— « Du monde déjà vieux, je borde une des rides.
Mon front nage en l'azur ; mon pied, aux flots limpides.
Chez moi, le grandiose à la grâce est uni.

« J'offre asile aux vaincus contre le sort injuste.
Le savant, sur mes pics, vient sonder l'infini.
De la loi, dans mes flancs, on prend la table auguste. »

Couchés sur le gazon, nous prenons un bon moment de repos au sommet de la Dent de Vaulion (1). On fait des photographies du groupe. On regarde... on regarde surtout... Puis par des bois, des alpages, en suivant un sentier caillouteux, assez raide, nous descendons sur *Vallorbe,* gentille petite cité industrielle dans un val magnifique. A l'hôtel, nous retrouvons un de nos camarades, D., venu du Pont par chemin de fer. Pris de légères palpitations à la Dôle, il n'avait pas voulu tenter l'ascension de la Dent. En descen-

(1) En quelques mots j'explique à mes compagnons curieux la formation successive des trois grandes chaînes européennes : 1° la *chaîne Calédonienne,* la plus ancienne, couvrant les îles Britanniques et la presqu'île Scandinave, granitique, dure, usée par les glaciers, cassée en deux par la mer et les tremblements de terre, toute maritime, si curieuse par ses fiords ; 2° la *chaîne Hercynienne,* couvrant surtout l'Allemagne, gréseuse, friable, dont les débris entraînés par les eaux ont formé et couvert toute la plaine sableuse de l'Allemagne du Nord ; 3° les *Alpes,* la plus récente, la moins démolie et la plus belle des chaînes européennes.

dant, j'avais dû aussi en soutenir un autre, B., que la descente troublait beaucoup plus que la montée.

De Vallorbe, nous admirons beaucoup les escarpements gigantesques du Vaulion, du Mont-d'Or, le flot rapide, abondant de l'Orbe qui, disparue au Pont, reparaît au pied de la Dent par un jaillissement superbe.

A six heures, après un confortable dîner, nous prenons le train de Pontarlier par le long et curieux *col de la Jougne,* si étroit, si escarpé. Il fait si beau, toute la caravane est si enchantée, que l'on me sollicite ardemment de prolonger d'un jour le voyage. « On couchera à Pontarlier... on visitera les environs le lendemain. Monsieur ! Monsieur nous avons de l'argent ! Monsieur, nous télégraphierons tous à nos parents ! Monsieur... Monsieur... ! » Si j'eusse été le fort de Joux au pied duquel nous venions de défiler, je subissais l'assaut ; j'étais pris par escalade. Le programme, la raison, la prudence m'interdisaient de céder. Je tins bon ; mais on me bouda... jusqu'à Dôle.

Nous quittons le train suisse. Bientôt l'express nous emporte vers Dijon. A Dôle, « pays de Monsieur Pasteur », l'aimable président de la section locale du C. A. F., M. Jovignot, vient en gare nous saluer. Il offre un verre de bière à la caravane. Je ne sais si la pensée du grand chimiste, né là, pèse sur les esprits, mais on boit ce verre d'adieu au Jura avec une sorte de gravité recueillie, en silence.

... A Dijon, tout le monde dort si bien, si fort, que personne, sauf moi, ne descend, ni ne s'aperçoit que notre wagon est changé de voie, puis accroché à un autre express qui nous fera gagner deux heures et demie. Je remonte à ma place et m'endors enfin sans crainte de laisser personne derrière moi. Il est minuit et demi.

A cinq heures du matin, nous débarquâmes à la gare de Lyon, tous gais, dispos, le teint hâlé, les yeux brillants, pleins de bonne humeur.

Nous avions parcouru en *trois* jours et *quatre* nuits

	1 000 kilomètres	en chemin de fer (2e classe) ;	
	65	—	à pied ;
	40	—	en voiture ;
au total	1 105 kilomètres.		

Nous avions grimpé — je n'ose dire escaladé — la Dôle et le Vaulion. Nous avions fait provision de force, de gaîté, de savoir aussi. Le tout pour 56fr,85 par personne. Comme le char triomphal du lac de Joux, c'était pour rien.

Nous nous serrons la main et nous rentrons chez nous au moment où s'éveillait Paris, en répétant le vers de Du Bellay :

Heureux qui, comme Ulysse, a fait un beau voyage ! (1)

(1) Voici les noms des 22 « scolaires » qui firent le *mémorable voyage de juin 1892* : MM. Boas, Bouchet, *Bougault*, Brunarius, *Corriez*, *Decugis*, *Didier*, *Du Mont*, *Du Mont* (frère), Engerand, *Lottin*, *Marsy*, *Pépinster*, *Pidérit*, Quihou, *Sculfort*, *Stœling*, Ravenez, *Vanoni*, *Van Minden*, *Vidal*, *Yayer*. (Les noms en italique sont ceux des élèves de Janson qui prirent part au voyage.) Ils revinrent tous « émerveillés des paysages qui avaient défilé devant leurs yeux » (Q.) ; tous « reconnaissants du mal » que nous nous étions donné « pour eux », des « agréments dont nous avions été privés à cause d'eux » (B. et Q.), et « des soins dont nous les avions entourés » (B.). « Le premier voyage en montagne que j'ai fait sous votre habile et paternelle direction restera longtemps gravé dans ma mémoire... Ce que je regrette, c'est que les caravanes *commencent* justement à la fin de la dernière année que je passe au Lycée » (J. E., de Charlemagne). M. Braeunig me remerciant de la bienveillance témoignée à B. disait : « Je vous félicite de la bonne réussite de votre voyage... Ce n'était pas une sinécure, j'imagine... Mais *voilà les caravanes scolaires lancées*... tous mes compliments ! » — En cours de route, j'avais passé un télégramme à M. de Jarnac pour lui dire que tout allait bien : « ...Vous ne sauriez croire quel plaisir il m'a fait... J'espère que par la voie du Bulletin vous annoncerez au Club le succès si important que vous venez de remporter... Il y a trois ans, la formation d'une caravane scolaire était considérée au Club comme une impossibilité. »

Le Club n'avait rien épargné pour assurer ce succès. « Il faut avant tout que tout aille bien. N'hésitez pas à faire une *dépense supplémentaire* (voiture, vin, etc.) pour assurer le succès de l'entreprise », m'écrivait de Rouen, le 2 juin, M. de Jarnac. « S'il y avait un excédent de dépenses, vous dira M. Durier, le Club le prendrait à sa charge. » Le déficit fut, en effet, considérable : 191fr,65, soit 8fr par tète. Mais il fallait assumer ce risque et cette charge pour réussir. « En proposant ce voyage que *quelques-uns* (des membres de la Dn Centrale) *considéraient comme une* FOLIE, j'ai *visé surtout à l'économie*. Demander 70-80 francs pour 3 jours, c'était s'assurer un *échec* » (D. J.). Le succès répondit à tant de bonne volonté. En effet, la caravane avait pu se constituer ; le voyage s'était effectué heureusement ; un compte rendu « qui avait son éloquence » parut au Bulletin. « C'était bien encourageant pour l'avenir. » Outre les parents, les élèves et le Club, quatre hommes, chacun à sa façon, avaient aidé puissamment à ce résultat : MM. Durier, de Jarnac Guillotel et Leroy.

III

SAINT-LEU-D'ESSERENT
LE BOIS DE BOULOGNE

Une bonne journée.

Boran, Saint-Leu-d'Esserent, Montataire, Creil, etc.

2 avril 1905.

A mon cher collègue, M. Rogery.

Course d'une journée. Vivres emportés. On déjeunera en plein champ à l'abri du vent, au pied d'une colline, au bord de l'Oise, n'importe où. La marche, le grand air donneront appétit et bonne humeur, c'est-à-dire les meilleurs assaisonnements d'un repas.

En avant donc, « pour la brillante jeunesse qui brûle de s'instruire et de servir la France », comme disaient, dans leurs boniments alléchants, les sergents recruteurs de l'ancienne monarchie ! M. Bregeault a tracé l'itinéraire, fixé les arrêts, prévu les visites ; donc aucun mécompte possible. Il dirige ; je suis son second aujourd'hui, son *alter ego*.

... Vers 9 heures du matin, en gare du Nord, au départ, il y a 57 touristes : 50 jeunes gens, quelques membres du Club alpin, quelques papas. Voilà un beau chiffre.

J'ai dit 57. C'est une erreur ; nous sommes 58. Car le soleil, œil du monde, ami, soutien, consolateur ou guérisseur de tous les êtres vivants à la surface de notre globe terraqué, le soleil, dis-je, est de la partie :

. . . . Ô Soleil !
Tu parais, tu souris, tu consoles la Terre.

Un clair soleil d'avril illumine, en effet, ce premier beau jour de l'année 1905. Une douce, une gaie lumière blanche, mobile semble courir au-devant des bourgeons, des fleurs, de la vie renaissante. Elle joue autour des arbres, des rameaux encore dénudés ; autour des maisons dont elle avive les arêtes, les ombres ; autour des visages, dans les yeux de nos jeunes compagnons. Aussi, sont-ils gais, heureux, contents, mais d'une gaîté non bruyante, de bon aloi avant même que le train eût démarré. C'est l'effet du printemps souriant là-bas à l'horizon.

Après une heure et demie de route — il faudrait dire de train — à travers l'assez plate banlieue de Paris-Nord où les jardiniers bêchent, sèment, taillent à force, où les pêchers en fleurs mettent des points roses sur des fonds gris-clair, nous descendons à *Boran* (796 hab.). Tout de suite nous sommes frappés de l'ampleur du paysage, borné à l'est par de grandes lignes de peupliers du Canada et d'Italie, par des bouquets de bois s'allongeant sur la rive gauche de l'Oise, et au delà, de la très apparente, très réelle fertilité du pays dont les terres limoneuses paraissent cultivées comme des jardins. Ce double caractère de fertilité et d'ample beauté suffit à expliquer l'établissement d'une station romaine en cet endroit, jadis, quand nos pères les Gaulois furent vaincus, puis disciplinés par le rude et pratique génie agricole des Romains ; à expliquer probablement aussi le nom du village : *Boran* viendrait de *boraria, boria, borio,* ferme. Il y a, en effet, des fermes ou des exploitations rurales importantes dans tout le voisinage.

Les maisons, les rues de Boran sont propres. Une petite église, construite du XIVe au XVIe siècle, orne la place. Son élégant clocher carré, surmonté d'une flèche hardie, de quatre clochetons, de gargouilles grimaçantes au long col tendu, à la gueule ouverte, tels des chiens aboyant au vent, à la lune, aux esprits de la nuit, aux passants, domine le village et toute la campagne environnante. Des armoiries sont sculptées au sommet d'une des faces du clocher; il est impossible de les lire, même à la lorgnette.

Tout le monde est sur rue ou aux portes pour voir défiler notre caravane s'allongeant sur la route de Précy, en groupes sympathiques, espacés, échangeant des propos variés, amusants, instructifs. La lumière claire, tendre, l'air un peu vif délient les jambes, les esprits et les langues. Nous aspirons la santé à pleins poumons, par tous les pores. Et voyez comme cela est réconfortant ! pas un cri, pas un mot, pas un geste déplacés, inconvenants. Et cela de soi, sans pose.

Ceux qui douteraient de la propreté, de la rare et reluisante propreté des villages de la vieille France n'auraient qu'à venir à *Précy*, petite bourgade de 1 050 habitants. Leur doute serait vite levé. Précy, regardant à l'E.-S.-E., est gracieusement étendu au flanc d'une colline inclinée vers l'Oise.

Rien de plus coquet que les petites maisons blanches de Précy, avec leurs jardins enclos déjà fleuris, leurs façades et leurs fenêtres souriantes ; que les restes du vieux château cachant dans les arbres ses ruines, ses douves, ses parties encore intactes d'où les Anglais terrorisèrent la contrée pendant la guerre de Cent ans ; que la gentille et verte pelouse entourant l'imposante mais un peu sombre église de Précy, dont la petite porte latérale a des sculptures exquises en leurs détails d'une rare finesse, en leur opulente richesse.

Précy doit pourtant manquer un peu d'ombre en été ; les arbres sont trop clairsemés dans le village, ou dans les terrains avoisinants. Mais la rivière est à quatre pas ; une grande île touche au pont jeté entre les deux rives, et des prairies bordent l'Oise. On peut donc goûter l'ombre et le frais à Précy, pêcher, rêver, canoter, ou simplement y « faire le veau », comme le meunier de La Fontaine.

Après avoir régalé nos yeux de ces choses agréables, nous allons camper au bord de l'eau en aval et en amont du pont ; puis nous imitons les gens de Précy et autres lieux : nous déjeunons. Gens à table ne sont point curieux. Aussi personne ne vient ni nous regarder ni nous déranger. En quittant Précy nous pourrions même nous payer cette illusion : que le village est désert... depuis le départ des Anglais ; que nous venons de traverser quelque Pompéi ou Timgad gaulois endormi, car nous n'avons vu ni un chien, ni un chat, ni un homme. A Précy, on déjeunait. Deux hirondelles, messagères du printemps, vinrent pourtant planer au-dessus de nous pendant notre repas ; nos victuailles attiraient les mouches. On leva la tête comme pour les saluer ; on écouta leur babil menu u-it, ti-u-it, pi-u-it, u-it ; on suivit des yeux leur vol rapide, anguleux, caracolant. Et ce fut là le seul incident du déjeuner.

Les *sifflets* des chefs, les appels des *commissaires* mettent tout le monde sur pied. En route pour Saint-Leu-d'Esserent, annoncé comme la merveille du voyage !

Chemin faisant l'on devise. « Monsieur ! d'où viennent ces cailloux noirs, si durs, arrondis en caboches, en galets et disposés en tas géométriques sur l'accotement de la route, sans doute pour sa réfection ? — Des Ardennes peut-être, mon ami. Ils auront été apportés là par les eaux et disposés en couches très apparentes, très minces, incrustés pour ainsi dire dans la masse si épaisse du calcaire. — Qu'extrait-on dans ces carrières aux parois verticales si blanches qui bordent la route là, à gauche ? — De la pierre à chaux d'abord ; puis, par des galeries souterraines qui se croisent en carrefours sous la colline, de belles pierres de taille dites *pierres de Saint-Leu*. Elles ont servi et servent encore aux constructions de la région. Par l'Oise, elles vont au loin, en amont, en aval, jusqu'à Paris, jusqu'en Flandre, en Belgique. »

Causant ainsi de mille choses, nous nous trouvons tout d'un coup, à un détour du chemin, devant Saint-Leu établi pittoresquement sur le flanc S.-E. d'une falaise de la rive droite de l'Oise.

L'impression est vive. L'église abbatiale, posée élégamment, légèrement même, sur le point culminant de la terrasse, domine la rivière et sa vallée. On voit tout de suite que le bourg n'était qu'une annexe de l'ancien monastère fondé là, en 1081, par Hugues, comte de Dammartin. Guy, évêque de Beauvais, appela des moines bénédictins de Cluny alors si savants, si laborieux, si puissants dans toute l'Europe, si hardis dans les arts, l'agriculture, la politique. Ils défrichèrent les vastes forêts de la *Thelle* ; puis, enrichis par les donations des seigneurs voisins, par leur propre labeur, en 100 ans (1080-1181), ils élevèrent à côté du « moutier » l'église actuelle, un des monuments les plus originaux de l'Ile-de-France, longue de 71 mètres (78 avec le porche), large de 21, haute sous voûte de 27, ce qui est déjà considérable.

(Cl. Martin-Sabon.)

Boran (Oise) : église, ensemble ouest. *Page 58.*

(Cl. Martin-Sabon.)

Précy (Oise) : église, côté sud. *Page 59.*

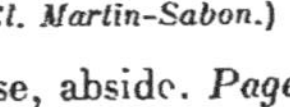

(Cl. Martin-Sabon.)

Saint-Leu-d'Esserent (Oise) : église, abside. *Page 60.*

(Cl. Bregeault.)

La caravane devant le portail de l'église de Saint-Leu-d'Esserent (2 avril 1905). *Page 65.*

Vue de la route de Précy, ou de la base de la colline qui lui sert de piédestal, cette église frappe tout d'abord par sa sobre ordonnance, par la netteté de ses lignes, par les deux tours carrées du transept, têtes de moines encapuchonnés, que l'on voudrait plus aériennes, si elles n'étaient romanes, par son unique clocher, dressant à 50^{m}, au-dessus de deux rangs d'arcades romanes superposées, sa flèche octogonale si élégante, aux revêtements en écailles comme scellés par des barres rigides d'un dessin si ferme, par ses contreforts, ses arcs-boutants d'un profil et d'un alignements impeccables, cadres légers, solides des immenses baies vitrées où se joue, en reflets dorés, étincelants, la lumière du soleil. Hélas ! à l'intérieur de l'édifice cette lumière est pâle, blanche, car les vieux vitraux ont disparu, et, avec eux, tous ces trésors du prisme qu'enfermaient en leurs œuvres les verriers de ces temps lointains, où le Maître du jour allumait, à certaines heures, des incendies féeriques, des splendeurs paradisiaques.

L'église est précédée d'un porche aussi large que l'édifice, profond de 6 mètres, soutenu par de puissants piliers. C'était jadis la bibliothèque des moines, donnant à la fois sur la basilique et sur le cloître. Le calme y devait être profond, l'étude agréable, la méditation facile Au-dessus du porche s'étend une grande salle voûtée, en tribune, dont « les arcs diagonaux ont un caractère fort et sauvage », ornée de beaux chapiteaux « aux têtes étranges, avec des cailloux pour prunelles [1] », éclairée par six fenêtres romanes, et se terminant en terrasse juste à la hauteur de la rose de la grande nef. Ce porche et cette salle masquent donc un peu la façade proprement dite, sans rien enlever toutefois à la beauté de l'édifice.

Avec ses trois nefs divisées en 9 travées, sa haute voûte gothique, ses cinq chapelles absidales en hémicycle, son déambulatoire commode, son chevet circulaire, son triforium qui s'élargit en tribune au-dessus du chœur, son rond-point de 7 travées aux grands arcs ogifs appuyés sur des piliers monocylindriques d'une grâce et d'une légèreté incomparables, l'intérieur de l'édifice est encore plus étonnant que l'extérieur.

(1) M. Dobigny (M. du C. A. F.), *Notes manuscrites.*

On est littéralement charmé par la perspective élégante, claire de la nef et du chœur. C'est que cette église réalise sans heurt, d'une façon exquise, harmonieuse, l'union des deux styles roman et français, l'un finissant, l'autre débutant, en ce grand XIIe siècle où commence à s'affirmer si vigoureusement notre nationalité naissante ; où le grand phare allumé par « l'inclite, benoite, savante » Université de Paris, sur la montagne Sainte-Geneviève, fixe tous les regards, tous les esprits dans la chrétienté, appelle de tous les coins de l'Europe les étudiants, les clercs, les artistes, ces pèlerins de l'intelligence ; où nos grands ordres religieux, Cluny, Clairvaux, Citeaux, Prémontré, etc., sont à l'apogée de leur puissance et de leur action civilisatrice, défrichent les forêts et les marais, relèvent l'agriculture et l'industrie ; puis, recréant pour ainsi dire la grande architecture, suscitent, dirigent l'édification de ces myriades de prodigieux monuments : cloîtres, chapelles, cathédrales, « blanche parure d'églises » de la chrétienté, dit Guibert de Nogent. Les monastères n'étaient point habités alors par les « oscieux moines » de Rabelais, mais par des apôtres du travail et du progrès.

C'est de chez nous, de l'Ile-de-France surtout, où naquit *l'art français,* si improprement appelé gothique, que partirent alors ces admirables légions d'artistes, ces « *maîtres-ès-pierres* » champions de la beauté, allant partout, jusqu'aux extrêmes limites des régions froides et barbares de l'Europe, à Upsala, à Trondjem, porter la sublime expression de la foi de nos pères, de nos arts, de notre pensée. La France était déjà en ce temps-là la grande semeuse d'art, d'idéale beauté, de pensées généreuses, fraternelles. Dante trouvait chez nous le cadre et les grands éléments épiques de sa « divine Comédie ». Boccace puisait à pleines mains dans nos gais fabliaux, Pétrarque venait chanter ses « Canzone » d'amour sous les ombrages de Vaucluse. Il n'était « parlure », science et arts que de France alors. Nous créions, avant tous autres, une langue, des œuvres, un art, une École qui allaient remuer l'Europe entière jusqu'en ses plus intimes profondeurs (1).

(1) Un souvenir de voyage éclairera ma pensée et justifiera ces affirmations, ces faits trop oubliés, ou trop peu connus. En 1892, je visitais la Suède et la Norvège. Upsala m retint deux jours à goûter les trésors de ses collections, à admirer et son « *Codex argenteus* », livre unique en son genre, livre sacré des langues germaniques dont l'Univer-

L'examen rapide de la façade de l'église de Saint-Leu-d'Esserent où l'ogive fleurit en haut et en bas, dans le porche et dans la flèche, où le roman s'épanouit aux six fenêtres de la salle voûtée qui surmonte le porche, et devient si léger, si « clartif » dans les deux rangs d'arcades du clocher, nous fait toucher du doigt, ou plutôt des yeux, le goût délicat, la souplesse savante et riche du talent de nos grands architectes inconnus, anonymes des XIIe et XIIIe siècles. Les noms de quelques-uns seulement ont surnagé (Libergier, Raoul de Prêle, Jean d'Orbais, etc., etc.).

C'est que peut-être ces colossales et magnifiques œuvres sortaient plutôt d'une idée générale, d'une foi religieuse et sociale ardente que du cerveau d'un maître, si grand fût-il. Tout le monde y travaillait. Elles furent des œuvres collectives. De là leurs imposantes masses, leurs si merveilleux et si abondants détails, leur monde de statues, leurs invraisemblables broderies de pierre, toujours et partout répétées, leur expression de vie si intense. Ce sont des foules, des âmes pétrifiées et parlantes. C'est pour cela que,

sité de Berlin a offert vainement des millions à sa sœur suédoise, et la beauté froide, solennelle de sa cathédrale bâtie sur le modèle de Notre-Dame de Paris, et l'intelligente, fructueuse, patriotique union des enseignements supérieur et primaire, réalisée en des cours de vacances faits aux instituteurs et aux institutrices par les illustres maîtres de son Université, moins confinés que d'autres en leur tour d'ivoire, en descendant volontiers pour rendre la science simple, accessible, aimable — vénérable aussi — aux humbles maîtres de l'enfance, ainsi mieux préparés à en comprendre, admirer, respecter la grandeur auguste. Descendre aux petits, ou les hausser à soi, voilà la saine éducation intellectuelle et sociale ; voilà la véritable école du respect dans la hiérarchie des intelligences ! Le quart de savant orgueilleux, brutal, ignare, déclarant comme Ronsin « que, la nation n'a pas besoin de savants », ne naîtra point assurément là-bas. Un Lavoisier y pourrait poursuivre à l'aise et y achever toutes ses recherches, sans crainte de malencontre.

Alors, je lus avec étonnement et fierté à peu près ceci, dans une notice sur la cathédrale d'Upsala. Le roi — Upsala était alors la capitale —, l'archevêque, les seigneurs émerveillés par les récits des étudiants, clercs et voyageurs venus s'instruire à Paris, résolurent de construire une cathédrale « *française* » toute semblable à Notre-Dame de Paris. Ils demandèrent et reçurent les plans de l'édifice. Étonnés de cette magnificence, se défiant de leur propre jugement, peut-être aussi du pouvoir de l'architecte, craignant quelque maléfice, ils exigèrent pour en ordonner la mise à exécution que le recteur de l'Université de Paris et l'archevêque de Cologne voulussent bien certifier la possibilité de bâtir une cathédrale si grandiose, pareille aux plans présentés. L'assurance formelle leur en fut donnée ; et le Français *Robert de Bonneuil* alla en Suède poser au centre de la ville, près du palais du roi, la masse imposante, jeter dans les airs les hautes flèches de la belle cathédrale d'Upsala, froide aujourd'hui de son culte luthérien, de ses tombeaux d'hommes illustres, froide aussi du ciel plus dur, moins lumineux des régions boréales.

malgré leur lent achèvement (Saint-Leu, 100 ans; Reims, 213; Cologne, 500), elles n'ont pas eu trop à souffrir dans leur ensemble des changements d'ouvriers ; ceux-ci s'en allaient : l'idée maîtresse, directrice restait.

Préparées par une idée religieuse et sociale très haute, conçues et réalisées dans le milieu où cette idée fut la plus puissante (l'Ile-de-France d'abord, la région d'entre Loire et Rhin ensuite), portées jusqu'aux plus lointaines limites atteintes par celle-ci, les cathédrales « *françaises* » furent l'œuvre d'une race d'artistes, d'un peuple privilégié, l'expression vivante d'une époque, l'image parfaite d'un monde. Les hommes n'ont encore trouvé, ou élevé, rien de plus imposant ni de plus beau. Elles sont la signature immortelle du jeune et vigoureux génie de la France du moyen âge.

Ces explications données en plein air à nos compagnons sous forme de causerie familière sont ensuite complétées par les suivantes.

Pourquoi donc un prieuré, une basilique, un bourg remarquables en cet endroit ? Pourquoi ce nom de Saint-Leu-d'Esserent ? — *Saint-Leu !* mais cela évoque tout de suite à l'esprit l'idée de la forêt, et de son hôte redoutable et redouté, le loup, si répandu au moyen âge. Les *Chanteloup, Canteleu, Pisseleu, Saint-Leu* abondent autour de Paris, dans la vallée de l'Oise, en France, d'où les loups ont maintenant presque disparu. — *L'Esserent !* Ce vocable vient presque certainement encore de la forêt, mais de la forêt abattue : l'*essart,* l'*esseret,* c'est-à-dire le lieu défriché, cultivé. Rien n'est plus commun que ce nom, ou lieu dit, dans toutes nos provinces où les grandes forêts sont tombées sous la hache des défricheurs à trois reprises différentes, en trois étapes historiques : aux XIIe et XIIIe siècles, aux XVe et XVIe siècles, devant l'essor de la population française, au XIXe après la Révolution. Or Saint-Leu fut fondé au XIe siècle à l'orée de la grande forêt qui couvrait la *Thelle,* cette longue table calcaire recouverte de limon, si régulière, si nette, insérée géologiquement entre le Vexin et le Beauvoisis, entre l'Oise et le pays de Gournay.

La forêt, jetée bas par les moines de Cluny, fut remplacée par des moissons. La *Thelle,* ou le pays des *tilleuls* (?) (Thil, theil = tilleul ; theillot, en Normandie : lieu planté de tilleuls ; thillot, dans les Vosges), devint un grenier dont les produits : blés, haricots, etc. descendaient sur Paris, sur Rouen par la route naturelle de l'Oise, après s'être concentrés à Saint-Leu.

Avec la richesse et la puissance — la belle pierre de Saint-Leu aidant, la chaux et le ciment étant sur place — il vint aux moines le désir d'affirmer puissance et richesse, d'élever un cloître et un temple dignes d'eux. De là ce bijou de grâce, de force et d'élégance. Il ne reste que fort peu de chose du cloître ; on n'est point admis à en visiter les ruines ; cela est d'autant plus fâcheux que l'on ne peut, pour cette seule raison, faire le tour de l'église.

Saint-Leu a une autre page d'histoire plus courte, plus tragique, non moins mémorable. En ce lieu même commença, en 1358, la *Jacquerie,* cette grande insurrection des paysans du Beauvoisis, du Valois, de l'Ile-de-France. Fous de colère contre la lâcheté des nobles vaincus à Poitiers, contre les tailles levées pour les rançons, contre les mauvais traitements qu'on leur infligeait pour tout et pour rien, et que résume ce dicton : « Poignez vilain, il vous oindra », les paysans, les serfs se soulevèrent en masse. Irrésistible au début, l'insurrection faillit faire disparaître « toute chevalerie », dit Froissart, donner la victoire à Etienne Marcel à Paris, et la couronne à Charles-le-Mauvais qui ne la méritait guère. Elle fut écrasée sous Meaux, traquée partout, noyée dans le sang de 100 000 malheureux en une sauvage et impitoyable répression. Son chef, Guillaume Callet, était du petit village de Mello, tout voisin de Saint-Leu.

... Des amateurs de photographie tirent leurs appareils. On entend des « fixe ! » des « bien ! » des déclics, des « ho ! » des « ha ! ». L'orateur et ses auditeurs sont « pourtraicturés ». Et... en route pour Montataire où une réception cordiale, un lunch nous attendent sous les beaux arbres du parc de M. Schûtz, au château historique, très bien conservé, qui reçut la visite de Henri IV. — César, dit-on, campa sur le plateau portant l'église actuelle et finissant, en un éperon si net, si escarpé, entre Creil et Montataire. Pierre l'Ermite vint méditer, prier, prêcher au même endroit. C'est que là aboutissent, par la *Brèche*, par le *Thérain,* par l'Oise, les trois grandes routes du nord : celles de Calais, de Lille, de Maubeuge, c'est-à-dire d'Angleterre, de Flandre et d'Allemagne ; et qu'en ces temps lointains où il n'y avait ni routes, ni chemins entretenus, les voies naturelles étaient suivies par les hommes et les idées.

Le site a du relief, même de la grandeur. Vue du haut de ce promontoire, toute cette partie de la vallée de l'Oise offre un panorama remarquable, étendu, mais embrumé le jour par les brouillards ou par les fumées des usines de Creil et Montataire. La nuit, le spectacle, plus limité, est plus saisissant avec les mille feux des forges, des fonderies, des faïenceries, des verreries, des ateliers de construction, etc. dont les produits : ponts en fer, viaducs, halls des gares, wharfs des ports, chaudronnerie, fils de fer, becs à pétrole, rivets, appareils électriques, pointes, etc., etc., se répandent dans le monde entier ; — avec le bruit sourd des pilons, les coups sonores des marteaux, le sifflet des machines, les jets de flamme ou de vapeur. Alors, dans ce trou noir et bruyant, il apparaît, la nuit, comme une cité fantastique aux yeux innombrables, aux bouches de feu, à la voix rauque et menaçante.

Ce centre si actif, si vivant, ces deux villes soudées, aux rues et aux maisons noirâtres alignées le long de l'Oise et du Thérain, au pied du « *Mons ad Tharam* » (d'où Montataire) ont vu, grâce à la grande ligne du nord, à l'Oise, leur population (20 000 hab.) *plus que décupler* depuis soixante ans.

Nous devions visiter l'une des usines, ouverte libéralement à notre petite troupe, grâce à l'obligeance de M. Dobigny, membre du C. A. F. Mais le temps s'écourte. Notre programme était un peu chargé ; car souvent nous avons plus grands yeux que grandes... jambes aux caravanes scolaires. Il nous faut encore jeter du lest ; déjà nous avons dû abréger notre visite au château. Nous nous contentons donc de regarder l'extérieur des ateliers ; puis, en hâte, nous regagnons la gare de Creil.

Le train nous emporte le long de l'Oise, la belle rivière aux flots verts, gris ou soyeux suivant la saison, à l'allure si lente, aux rives riantes, gracieuses, ombragées de si nobles forêts, et ne rappelant que de nom *Isara,* sa sœur gauloise, l'Isère, torrent fougueux nourri de neige, de glace, miroir de monts sublimes. L'une porte des flottes de péniches, des millions de tonnes de « houille noire », de marchandises diverses. L'autre, cavale indomptée, ne porte rien, rien, mais fournit aujourd'hui, sans fin ni cesse, la « houille blanche » à des centaines d'usines. Elles aident ainsi toutes deux au labeur humain, à la richesse, à la puissance, à la beauté de la patrie. Voilà deux sœurs glorieuses.

Et le train file, file.

« Monsieur ! d'où vient donc toute cette eau qui, sans arrêt, nuit et jour, toujours abondante et claire, coule... coule ? me demande un de nos jeunes compagnons.

— Mon ami, elle vient de la mer ; elle y retourne. Elle en reviendra, y retournera encore des mille, millions et milliards de fois, sans fin, sans fatigue, sans arrêt, tant que luira un rayon de soleil, tant que l'Océan roulera ses vagues, tant que grondera sa puissante voix entre l'Europe et l'Amérique.

— Comment cela ?

— Le soleil meut tout à la surface de la terre. Il échauffe l'air et la mer, change, sans que nous y fassions attention, les flots de l'Océan en *vapeurs,* les masses de l'atmosphère en courants aériens, en *vents*. Ceux-ci portant celles-là, sous forme de nuages, courent vers les continents auxquels ils versent le tribut bienfaisant des pluies sans lesquelles la terre ferme ne serait qu'un affreux désert inhabitable. Aussitôt l'on voit apparaître les neiges et les glaciers étincelants au sommet des monts. Sur leurs versants, sur les plateaux, dans les plaines bondissent les torrents, jaillissent les sources babillardes, fraîches, gentilles, coulent ruisseaux, rûs, rivières, fleuves fécondants, naissent les prairies, les moissons, les forêts, paissent les troupeaux, grandissent les villes; vivent, rêvent, s'agitent, meurent les hommes que la nature, la bonne nature aide, aime ! Amour dont ses fils ingrats, gâtés ou ignorants se soucient peu, ou reconnaissent parfois si mal ! Ainsi s'établit un cycle éternel. Ainsi s'embellit la terre, se renouvelle la vie, surgit, dans les apparences changeantes, l'ordre immuable et la loi de l'Univers : mouvement, chaleur, lumière ; vie, beauté et bonté ! Ainsi « la fontaine revient à la fontaine ». Où il n'y a pas d'eau courante le pays reste laid, triste, infertile ; la vie devient âpre ou impossible. Et c'est parce que la France est arrosée de tant de cours d'eau qu'elle est si verdoyante, si belle sous son ciel bleu, si bonne, si chère à ses enfants. C'est parce que l'Oise a des milliers de sources, de sourcelettes apparentes ou cachées qu'elle a fait et fait encore, de l' « *ILE* » *de France,* un des coins les plus variés, gracieux et fertiles de la France entière. »

Pendant que j'achève à mon petit compagnon curieux cette leçon de choses, mon esprit remonte tout d'un coup aux lointaines années de mon enfance, alors qu'ébahi, ravi ou terrifié, je voyais accourir de l'ouest, justement par cette vallée de l'Oise dont j'ignorais jusqu'à l'existence, puis par celle de l'Aisne dont sont tributaires les cent sources nourricières du clair et gazouillant ruisseau qui tourne autour de mon village, je voyais, dis-je, venir vers les collines et les défilés de l'Argonne les longues théories des nuages noirs, blancs, roses, diaphanes, suivant les jours ou les mois, immobiles ou courant à toute vitesse, en grosses masses ou en franges échevelées, silencieux ou foudroyants, unis et tirés comme des nappes ou bosselés comme des « chameaux », pour parler le langage pittoresque des paysans.

Je ne me doutais guère alors qu'un jour j'expliquerais à d'autres enfants, ignorants et curieux comme moi, l'origine des pluies, des vents, des fleuves, etc., en parcourant avec eux cette même vallée de l'Oise.

J'en rêve donc ; et mon rêve se cristallise en quelques vers qui redisent la même chose, mais sous des formes plus imprécises et plus imagées.

La Source et la Nuée.

La fontaine revient à la fontaine
« Longfellow. »

Petite source !
Dis, où *vas*-tu ?
Car en leur course
Fleuve, lac, rû
Et gouttelette,
Ô sourcelette !
Tout est vêtu

(*Cl. Bregeault.*)

A Montataire (Oise) : devant la grotte de Pierre l'Ermite (2 avril 1905). *Page 65.*

(*Cl. Bregeault.*)

En marche. — L'arrivée à Montataire (2 avril 1905). *Page 66.*

1. La caravane aux Météores. Au milieu le Consul de France.

2. La caravane et son escorte sur le Pinde, entre Arta et les Météores.

Une caravane scolaire française sur les frontières de Thessalie, conduite par un disciple de Barral, en 1907. (Voir la note de la *page 20*).

De vie et de lumière.
Sur le sein de la terre,
Sur son sein rajeuni, si beau, si verdoyant,
Que, d'un lait fort, emplit le soleil flamboyant,
Tu mires en avril sa robe diaprée,
En août brûlant, les feux de sa face empourprée.
Tu cours vive et légère en ta jeune beauté,
Frémissante au printemps et rieuse en été.

De vie et de lumière,
Sur le sein de la terre
Tout est vêtu.
Et gouttelette,
Ô sourcelette !
Fleuve, lac, rû,
Tout prend sa course.
Petite source,
Dis, où *vas*-tu ?

Hier, j'allais sur les ailes des vents ;
Des monts lointains, aujourd'hui, je descends.
Pour tous ici, je suis la bienvenue ;
Chacun sourit et s'éveille à ma vue.
Car, dans mon cours, j'emprunte au grand ciel bleu
Son clair azur ou son soleil en feu.
L'oiseau qui passe, en son vol si rapide
Trempe son aile en mon flot si limpide.
Je ris, je chante au fond des frais vallons.
Par ma chanson, je rends les jours moins longs ;
Les nuits aussi. — J'abreuve en la prairie
Le lent troupeau qui paît l'herbe fleurie.
J'ondule au pied des plus riants coteaux.
En mon miroir, huttes ou fiers châteaux,
Humbles hameaux ou cités turbulentes,
Pavois dorés et bannières flottantes,
Rochers abrupts et saules inclinés
Sont reproduits, tour à tour dessinés.
J'étends mon lit ; j'élargis ma vallée ;
Je deviens fleuve, et longue et large allée.
Peuples et rois descendent sur mes bords,
Dressent cités, palais ou châteaux-forts,
Des hôtels-Dieu, de hautes cathédrales,
Des ponts, des ports, des digues colossales
Dont les pieds noirs souvent troublent mes eaux.
Souvent encore, au chant de mes roseaux,
S'éteint le cri d'âmes désespérées,
Et dans mes flots sombrent leurs destinées !
J'emporte tout : le limon fécondant
Qu'épand partout mon grand flux débordant,

Les foins coupés avec les feuilles mortes,
Les doux espoirs qu'avril fleurit aux portes,
Les lourds bateaux et les gais bateliers,
Parfois les ponts et leurs hautains piliers.
J'anime tout : je suis chemin qui marche.
En mon bassin plus grand, plus beau que l'arche
Du vieux Noé, vivent en paix, heureux,
Hommes, oiseaux, troupeaux, tous ceux
(Bien moins nombreux sont sûrement les sables
Du désert; moins, les astres innombrables !)
Que le soleil fait naître et vivre un jour ;
Tous ceux auxquels il verse pleurs, amour,
Joie ou chagrin, c'est-à-dire la vie,
Où l'aube sort de la nuit, où l'envie
Se tait parfois devant gloire et bonté,
Devant l'honneur et la sincérité.

Forte, joyeuse de ma peine,
Et mon long travail achevé,
Après avoir agi, rêvé,
Avoir couru les monts, la plaine,
Je rentre doucement au sein
Qui m'a porté ; qui, fort et sain,
M'accueille et puis me régénère,
N'attendant qu'un signe du Père
De tous les êtres, de la nuit,
Du jour, de l'éternel circuit,
Pour m'envoyer demain, sans faute,
Vers un grand mont, cime très haute,
Sacré, sublime piédestal
De l'aube, étincelant fanal,
Verser encore la jeunesse,
La beauté, sœurs de l'allégresse !

Je t'aime et te bénis,
Petite source ;
Car dans ta course
Tu fais chanter les nids.
Je connais ton mystère.
Plein d'ombre et de lumière,
Vieux et pourtant nouveau,
Toujours frais, toujours beau,
Il est comme la vie ;
Et mon âme est ravie
Par ton regard d'azur,
Par ton beau flot si pur.

« Paris ! tout le monde descend ! » Notre course se termine où elle a commencé, elle aussi... dans l'océan parisien.

On peut voir là l'un des spécimens de nos promenades scolaires des jeudis et dimanches.

Le cinématographe pourrait nous représenter celle-ci et nous la résumer ainsi : Beau temps, bonne humeur ; paysage agréable et varié ; des champs fertiles, des usines actives ; un mouvement de vie intense sur les routes, les chemins de fer et le fleuve ; des vestiges, des monuments, des souvenirs glorieux, gais ou tristes, voix des âges écoulés ; des champs

Où les fruits passeront la promesse des fleurs ;

des causeries, des rêveries ; de braves gens laborieux partout ; la folle du logis elle-même voltigeant de ci, de là, et trouvant sa satisfaction en ces tableaux successifs. Ne serait-ce point là la vie en sa sincérité ?

Avions-nous perdu notre journée ? Qu'en diraient ceux qui, sceptiques ou indifférents, souriaient à nos premiers efforts, il y a tantôt vingt ans ? Rien, ou ces simples mots : « Je suis venu avec vous, j'ai vu. » Et ils reviendraient ; et ils en convaincraient d'autres ; et il y aurait quelque chose de changé en notre éducation et en nous pour le bien de la patrie et de l'humanité.

Paris. — Le Bois de Boulogne.

La Légende du Pré Catelan.

20 juillet 1905.

A mon premier et plus cher maître, M. Capette.

Nous passons aussi quelquefois les fortifications pour aller dans la banlieue la plus immédiate, qui, d'ailleurs, n'est guère distincte de Paris. Que l'on en juge !

M. Bregeault conduit nos jeunes voyageurs au Bois de Vincennes, et moi, je les mène au Bois de Boulogne. Il n'est aucun Parisien qui ne dise aussitôt : « Mais c'est encore Paris, cela ! » En effet, c'est Paris : le Paris ombreux, fleuri, poétique.

A Londres, il y a des centaines de squares avec de frais gazons et des arbres de toutes tailles, de tous âges ; beaucoup de ces arbres sont plusieurs fois centenaires. On les respecte ; on les vénère. Y a-t-il rien, en effet, de plus impressionnant, de plus apparemment amical et bienveillamment protecteur, de plus suggestif à l'esprit qu'un vieil arbre ample, haut, fort, majestueux ? On dirait un druide, un ancêtre qui s'est attaché au sol, laissant retomber ses bras, chantant quelquefois d'une voix grave et douce les airs du passé quand le vent vient ébranler son tronc, secouer ses rameaux, quand des myriades d'insectes et d'oiseaux, chœur vivant, ailé, bourdonnent, jasent en son branchage. Les parcs et squares londoniens, d'une superficie de 4 830 hectares, sont à l'intérieur même de la ville. Quelques-uns, comme *Regent's Park, Hyde Park*, ont des centaines d'hectares de pelouses verdoyantes, de pièces d'eau limpides, des dizaines de kilomètres d'allées bien entretenues. C'est la beauté, c'est la salubrité de Londres.

Paris, moins favorisé, n'a que 1 740 hectares de parcs, de jardins (en 36 squares), dont les deux plus vastes, situés en dehors et aux deux extrémités opposées de la ville, à l'est et à l'ouest, sont le *Bois de Vincennes* (730 hectares) et le *Bois de Boulogne* (750 hectares). Ils sont comme les deux poumons par lesquels respire la colossale cité.

Le Bois de Boulogne, le plus étendu, est aussi sans contredit le plus beau, le plus connu, le plus fréquenté. Sa grâce et sa poésie ne perdraient rien, bien au contraire, à ce qu'il fût moins foulé. Mais allez donc trouver de la grâce et de la poésie dans les grandes cités modernes ! Le bruit, les cris, les foules ont fait fuir ces chères déités. Ce serait demander le silence à la tempête, le calme aux assemblées délibérantes, aux multitudes qui se pressent sur les places publiques...

Mais où sont les neiges d'antan ?

En venant de Paris, on peut entrer au Bois de Boulogne par

cinq portes. *Maillot,* au bout de l'avenue de la Grande-Armée, est la porte ou entrée *populaire.* C'est par là qu'accèdent les foules aux jours de fête et de beau temps.

Boulogne-Auteuil est l'entrée *sportive* où bateaux-mouches et trains amènent, au Point-du-jour et à la gare d'Auteuil, tous les parieurs, gens de sport, de jeu, coureurs dont le but de promenade est le Vélodrome ou Longchamp.

Le *Ranelagh* est la porte discrète, celle des connaisseurs, la *porte dérobée.* Elle donne immédiatement sur le joli champ de courses d'Auteuil, et mène directement entre les deux lacs.

La *Porte Dauphine,* où l'on arrive par les Champs-Elysées, l'Avenue du Bois, est l'entrée *mondaine,* triomphale. Elle ouvre vers l'ouest une perspective grandiose, des vues magnifiques. Elle a l'ampleur, l'opulence et la beauté. C'est le chemin des équipages allant aux *Lacs,* à l'*Allée des Acacias,* etc.; c'est le lieu de promenade favori des étrangers.

Enfin la cinquième, celle du *Trocadéro,* à l'extrémité des avenues Victor-Hugo, et Henri-Martin, à l'un des angles du Parc de la Muette, est l'entrée *poétique* du Bois. C'est celle-là que nous prenons, nous, les « scolaires », les jeunes. Elle a de l'ombre, du calme et, à certains moments de l'année ou de la journée, de la grâce.

Venez en été, le matin, avant la chute de la rosée, entre 4 et 8 heures. Restez au coin du Parc de la Muette, ou bien entrez sur la pelouse, dans les bosquets du Bois qui entourent celle-ci, et regardez le Mont-Valérien émergeant dans la lumière matinale. Les ombres se fondent peu à peu, la puissante masse paraît moins abrupte, moins lourde aussi dans la buée bleue montant des collines qui s'éveillent, du fleuve silencieux et du Bois endormi. Avancez lentement, en avare qui ménage son plaisir. Arrêtez-vous entre les deux lacs. Regardez sur Meudon, sur Saint-Cloud, sur les lacs, et dites-moi si, au retour de votre promenade, vous n'éprouverez pas une sensation de délicieuse fraîcheur dans l'âme, de vigueur rajeunie dans les muscles, dans le corps tout entier. Essayez dix fois, vingt fois; et dix fois, vingt fois, vous serez sous le charme bienfaisant.

Venez-y en automne, au coucher du soleil ; ou en hiver, à la tombée du jour, quand il fait un froid sec, quand le ciel est parsemé de petits nuages. Vous resterez en extase devant la grandeur mélancolique du paysage, devant les océans d'améthyste qui jaillissent de l'occident et qui poussent leurs vagues lumineuses, changeantes jusqu'au zénith avec des reflets adorables sur les collines de Saint-Cloud, sur les deux lacs, sur le Bois. Avant de s'envoler, la lumière tamisée descend à travers les branches, et, mieux qu'en plein jour, illumine par ses derniers reflets taillis, futaies, sous-bois, clairières, pelouses, tout le cadre de ce tableau réel et aérien à la fois. C'est divin.

Nous sommes donc réunis là, sous les marronniers, au bout de l'avenue Henri-Martin, 23 ou 24, le 20 juillet 1905, à 2 heures de l'après-midi. Les examens, l'approche des vacances diminuent toujours le nombre de nos « scolaires » en juillet. La chaleur d'un après-midi d'été ne nous effraie pas ; d'ailleurs nous serons tout le temps à l'ombre.

Nous regardons d'abord le superbe panorama dont je viens de parler : puis... en route !

Notre premier arrêt fut entre les deux lacs, à l'extrémité sud du grand. Avec ses îles ombreuses, fleuries, avec ses deux cascades, avec sa longue avenue d'eau verte ou moirée, animée par des cygnes, par des flottes de canards ou de légères périssoires, bordé d'une double muraille végétale sinueuse aux draperies retombantes, de vingt couleurs bien distinctes et pourtant bien fondues, où dominent le vert tendre, le vert mousse, le vert sombre, où se détachent le blanc, le gris satiné, le jaune d'or, l'écarlate, le violet, le vineux en passant par toutes les autres nuances de la gamme chromatique, le *Grand Lac*, vu de ce point, a quelque chose de tropical en sa chaude, en son opulente beauté. Il fait un contraste saisissant avec le *Petit Lac*, circulaire, bordé de bouleaux clairsemés, d'arbres au feuillage grêle, calme, délaissé, froid, septentrional presque. L'ingénieur jardinier qui a tracé cette partie du Bois, avait le vif sentiment des beautés de la nature : c'était un poète.

Pendant 300 mètres environ, nous suivons la rive occidentale du Grand Lac, très ombreuse en ses sentiers inégaux, entre-croisés.

Puis, par le *Racing*, où il y a fête scolaire, courses, jeux, chants, etc., où quelques amis viennent gentiment nous saluer au passage, nous gagnons le *Pré Catelan,* l'une des merveilles du Bois.

Allées ratissées et fraîches, pelouses sans cesse arrosées par des pulvérisateurs giratoires, sur le vert tendre desquelles cent massifs d'arbustes rares, cent corbeilles de fleurs éblouissantes avivent leurs couleurs, clairières emplies de soleil, sentiers discrets et silencieux, arbres de toutes essences, de toutes tailles, de toutes formes végétales, petits ponts rustiques sur des ruisselets minuscules où viennent boire les oiseaux et que pourraient tarir une demi-douzaine de gazelles, ou bien les biches des remises voisines : tout cela donne à ce coin du Bois un charme exquis, mondain, capiteux qui explique sa longue fortune et peut-être aussi sa légende.

« *Catelan!* dit l'un, ah! oui; ce nom rappelle l'assassinat au XVIIe siècle d'un courrier de l'ambassadeur espagnol. » Un tel et si vulgaire souvenir ne cadre guère avec la grâce, avec le succès mondain de ce lieu.

« Catelan! dit l'autre... (Saluons! l'autre, c'est Mistral, s'il vous plaît). Prenez ses « Isles d'or », ouvrez à la page 123, lisez. — Vous y lirez à peu près ceci.

Le roi Louis (Saint-Louis) aima la belle Marguerite de Provence et, l'ayant épousée, l'emmena au plus vite dans le nord, à Paris, loin du soleil... du soleil provençal.

Le troubadour Catelan qui avait souvent joué du luth et de la vielle à la cour de son seigneur, souvent chanté ses « Canzouns » aux « gentes damoiselles » du comte Bérenger, en perdit le dormir. Pour revoir la belle princesse devenue reine de France, pour la consoler peut-être par les chansons du pays natal toutes pleines de soleil étincelant, d'eau bruissante et fraîche, de mistral grondant, de tambourins à la voix grêle, d'olives vertes et douces, d'oranges sucrées, de figues mielleuses, de belles grappes d'or, de ferrades joyeuses, de lavande parfumée, de toute la Provence enfin — pour rendre la gaîté à la petite reine rieuse et brune si la neige était moins blanche que les sansouires de la Camargue, que les roches des Alpilles, si les alizes ou les pommes étaient trop amères à sa bouche délicate, si l'aigre vent du nord valait moins qu'un coup de tambourin... pour tout cela Catelan partit.

Il partit, une cigale piquée à son chapeau, son luth en main, et, sur son cœur, cent chansons nouvelles écrites sur un beau parchemin scellé d'un fermail d'or. La route fut longue au poète; car, en chemin, il écouta mugir — pour en mieux parler sans doute — la grande voix du Rhône, le vent venu des monts hautains; car il but à toutes les fontaines des vallons, regarda voltiger les papillons aux ailes plus diaprées que les prés en mai, cueillit des fleurs au bord des ruisseaux, aux flancs des collines, chanta le soir dans les sombres manoirs, et, le jour, sur les places vivantes des cités, « mangea aux cerisiers », et coucha souvent à la belle étoile, comme il convient à un troubadour. A ce train-là — le train des poètes — l'hiver était venu quand Catelan arriva à Paris par... le Bois de Boulogne, vrai chemin de poète. — « Il pleut, il neige, le soleil boude, les grands arbres font la moue... » et... trois larrons tuent le pauvre Catelan égaré, dépaysé.

Le prévôt fit rechercher les trois scélérats. La reine Marguerite « dolente », les « dames de Paris » élevèrent une *Croix* au troubadour fidèle et malheureux. Dans la tombe du poète, usée, élargie en vasque, les oiseaux, les insectes viennent aujourd'hui boire ou tremper leurs ailes alourdies par la chaleur du jour; autour du bassin fleurissent « des rosiers, des acacias, des lilas, et la pervenche d'azur... » et tout l'adorable *Pré Catelan.* En été, Paris vient goûter la fraîcheur, l'ambroisie, la beauté de ce lieu enchanté, de ce coin poétique.

Le chant est fini. Fermez le livre, et rêvez ».

Le poète a mis des fleurs, de la lumière, des souvenirs lointains dans sa chanson, mais il a oublié de conclure.

Complétons sa pensée inachevée. Expliquons la légende.

Le mariage de Saint-Louis et de Marguerite de Provence, c'est l'union définitive du Nord et du Midi par le célèbre *traité de Meaux,* en 1229, des deux moitiés de notre pays : de la plus grave, de la plus rude et de la plus poétique; de la plus forte et de la plus gaie. La mort, aux portes de Paris, du troubadour Catelan paralysé par le froid, la pluie, la neige, la brume, c'est la fin du « gai savoir », de la langue d'oc, subordonnée à la langue d'oïl devenue prépondérante, verbe plus haut, plus fort, plus universellement connu, « parlure la plus délitable à entendre », dit Marco-

Polo. Les trois malandrins qui tuent le poète sont peut-être Montfort, l'abbé de Citeaux et le légat du pape Innocent III, Amalric, auteurs, acteurs de la Croisade des Albigeois et de la ruine politique du Midi, dont la royauté seule profita, sans y avoir pris part... La France aussi.

Quand la reine sut la mort du troubadour, « elle en perdit ses couleurs ». Marguerite songea souvent sans doute à son cher pays natal, mais comme les reines pensent à leur patrie... un peu platoniquement. Par leurs enfants, elles sont forcément du pays qu'elles adoptent et qui les adopte.

Parmi les très rares *lettres* qui nous soient parvenues du moyen âge, figurent celles de la reine Marguerite. Or elles sont écrites... en français, non en provençal. Catelan n'eût donc point trouvé que la « reine toute belle », la « reine adorée » regrettât trop les olives des collines provençales, ni les grappes d'or des garrigues. Elle était devenue Française d'âme et de langage.

Aux belles et douces journées d'avril, elle allait, à partir du lundi de Pâques, montée sur sa haquenée, accompagnée des dames de la cour, de ses pages, des princes, en suivant le *Cours-la-Reine*, la *rue de Chaillot* qui passe devant l'église actuelle, la *rue de Longchamp*, qui borde le Lycée Janson, elle allait, dis-je, prendre ses ébats au Bois, *faire son Longchamp*, comme on disait jadis. Les « dames » se plaisaient alors à étaler leur toilette de printemps et les chefs-d'œuvre des modes nouvelles[1]. Peut-être le cortège s'arrêtait-il où est aujourd'hui le Pré Catelan? Peut-être suivait-il l'avenue Marguerite qui a perpétué le nom de la souveraine?

Donc au XIIIe siècle, le Bois était déjà le lieu d'élection de la cour, de la belle société. Il y a 6 à 700 ans qu'il voit passer sous ses ombrages l'élégance, la grâce, la beauté et la gaîté françaises. C'est donc un des paradis de la terre, un des coins privilégiés, sacrés du monde entier.

En sortant du *Pré Catelan*, nous allons examiner la *Croix-*

(1) « Déjà au XIIIe siècle, nos modes étaient prisées de partout. L'un des personnages du charmant récit intitulé *Guillaume de Dôle*, décrivant un cortège où défilent, confondus, des seigneurs et dames de pays allemands et français, s'écrie : « Ah ! cette robe a été taillée en France ; cela se voit à la coupe ». PIERRE BAUDIN, *Points de vue français* (Flammarion Édit.).

Catelan, petit édicule en pierres de taille, élevé, dit-on, à l'endroit même où le poète fut tué. Quelques minutes après nous sommes à *Bagatelle*, aujourd'hui propriété de la Ville de Paris.

« *Bagatelle !* » « *Babiole !* » « Folie d'Artois ! » autres noms de ce palais minuscule, de cette maison champêtre, de ce parc ombreux et pourtant un peu sec, de ce site très beau, l'un des plus remarquables des environs de Paris ! Bagatelle ! Babiole ! noms charmants, légers, frivoles donnés à un éphémère, à un poétique séjour par des déesses frivoles, charmantes, légères aussi, une d'Estrées, une Charollais (XVIIIe siècle) bonne, belle, impertinente à l'occasion, par un prince sans cervelle, le comte d'Artois, frère de Louis XVI, futur Charles X.

Bellanger fut l'architecte de Bagatelle. Son talent souple, l'argent jeté à pleines mains, sans compter (3 à 4 millions), l'impatience du comte d'Artois furent les baguettes magiques qui firent sortir de terre en deux mois et quelques jours cette demeure princière, simple et gracieuse. Bellanger mit à l'intérieur des marbres, des glaces, des bains, des jets d'eau rafraîchissants, des meubles clairs et gais ; puis, autour, un jardin semi-anglais, semi-français ; et, dans le parc, tout l'assortiment rococo, sentimental du XVIIIe siècle : temple de la philosophie, pavillon hindou, ermitage, etc., etc. ; beautés de la nature truquées : grottes, cascades, roches, lacs, ponts en bois, tout un Rousseau de clinquant, une fausse nature, en somme, contrastant, jurant avec l'ample paysage formé par le fleuve paisible — alors — qui bordait le parc à l'ouest, par le Mont-Valérien, par les belles collines de Saint-Cloud, de Meudon. Mais on était près de Paris, pas loin de Versailles, bien plus artificiel encore. Et le fleuve si lent, et le Bois si calme, et les collines, et le parc, et Bagatelle pouvaient passer pour un lieu champêtre, pour une véritable Arcadie.

Louis XVI, afin d'aider son frère en la circonstance, lui donna 25 millions, tandis qu'il en donnait 60 à son autre frère, le comte de Provence (Louis XVIII) pour lui permettre d'agrandir, d'embellir *Brunoy*, de tenir rang et train de prince. Ainsi jouaient les grands à la veille de la Révolution. Trois à quatre millions pour un pied à terre, pour une « maison de campagne », c'était une « bagatelle », une « babiole », une « folie » sans conséquence !

Quelques années après il fallait fuir au plus vite. La colère populaire rasait les châteaux et frappait sans pitié rois, princes, princesses, etc.

Bagatelle fut dévasté sous la Terreur. Mais sous le Directoire on y vit minauder les « merveilleuses » : Mme Tallien, Mme de Beauharnais qui allait bientôt habiter d'autres palais.

Charles X, devenu roi, donna Bagatelle à son fils. Après 1830 deux Anglais, lord Yarmouth, Richard Wallace, l'habitèrent, l'agrandirent. Paris l'a acheté récemment aux héritiers de sir Wallace.

Dans une petite causerie, qui nous vaut l'attention de plusieurs visiteurs, entre autres de M. de L., ancien gouverneur de Saint-Pierre et Miquelon, j'explique ces choses passées et récentes à nos compagnons.

Notre promenade s'achève par une « grimpade » au Mont-Valérien qui, depuis notre départ, nous tire l'œil et nous sert d' « amer ». Il prend plus de relief, un aspect plus rébarbatif au fur à mesure que nous en approchons. Nous longeons les puissantes fortifications jusqu'à la porte d'entrée, en rappelant sa construction, en 1840, quand la question d'Orient faillit mettre le feu à l'Europe, son rôle en 1870, et le chant de Becker, et la réponse de Musset :

Nous l'avons eu votre Rhin allemand.

Puis nous « faisons le pain » dans une gargotte voisine, en plein air. Nous regardons Paris éclairé par le soleil couchant; nous retraversons la Seine et le Bois par l'avenue des Acacias où quelques promeneurs en luxueuses calèches nous dévisagent curieusement, étonnés, sans doute, de notre allure décidée, de notre air résolu, de nos souliers poudreux et de nos solides bâtons. On ne rencontre point gens tels que nous tous les jours dans l'allée des Acacias.

Et je pense, en voyant l'entrain, la bonne humeur, les yeux vifs, le teint hâlé de nos jeunes touristes, qu'ils mangeront bien tantôt, qu'ils parleront à table de choses vues, qu'ils dormiront à poings fermés et que pendant deux ou trois jours ils se « porteront comme des charmes », voire comme des chênes. Tandis que ceux qui les regardent passer bâilleront, s'ennuieront, se farderont, ne mangeront guère et du bout des dents seulement, dormiront peu et mal, seront mécontents d'eux et de l'univers... Nous nous séparons en bons amis à la Porte-Maillot. Peuple en partant, poètes en rentrant. Beaucoup de plaisir, de plaisir sain, *gratuit* car la course n'avait pas coûté un sou. Titus, empereur romain, réputait sa journée bien remplie quand il avait fait une bonne action. Nous estimons que la nôtre a été excellente : nous avons fait une très bonne action.

IV

RÉUNIONS GÉNÉRALES

Saint-Leu. — Taverny.

Octobre 1902.

Aux pères de famille.

A M. Richard, Président de la Commission des C. S. de garçons.

Nous avons des *réunions générales* d'hiver, de printemps et d'automne. Celles de printemps ont plutôt lieu, comme il convient, à l'est de Paris, vers le soleil levant, soit à *Fontenay-aux-Roses* — et c'est M. Rogery qui les organise —, soit dans la forêt de *Grosbois* en arrière de Villeneuve-Saint-Georges, soit à Brunoy. Elles ont naturellement un peu de la gaîté et de la saine fraîcheur de la saison nouvelle.

C'est dans les réunions de printemps que l'on présente les nouveaux *Commissaires*, que l'on distribue les récompenses ; et quelles récompenses ! un annuaire du Club alpin ; une médaille de bronze ; un insigne, etc. Le Président présente, félicite, consacre les élus. Généralement un speech de l'un d'entre nous termine la cérémonie. Les groupes — 3 ou 4 — venus de tous les points de l'horizon voisinent, se mêlent, fraternisent ainsi une demi-heure, trois quarts d'heure ; puis chacun reprend sa liberté, gagne la gare de retour, enchanté d'être venu au rendez-vous dans le groupe jaune, vert, rouge, bleu, orange ou blanc, et de s'en revenir par un chemin différent de celui des autres groupes. Il faut bien peu de chose pour donner aux enfants et aux hommes, ces grands enfants, de l'émulation, de la fierté, pour flatter leur amour-propre. « Un hochet suffit », disait Napoléon.

Celles d'hiver ont plutôt lieu au S.-S.-O., à travers les bois, de *Meudon à Vélizy*. Comme elles se font en décembre ou en janvier, alors que les jours sont très courts, elles sont accompagnées, la nuit venue, d'une marche aux flambeaux, ou plutôt aux... lanternes vénitiennes de couleurs variées, bleues, rouges, vertes, etc., suivant les groupes toujours, et la gare de retour aussi. Des feux de Bengale sont allumés dans les carrefours de la forêt, ou dans les passages difficiles pour guider la marche de la colonne. La longue théorie — 120 à 150 porteurs souvent — monte, descend, ondule, cause, rit, trébuche, se heurte aux talus, aux racines, aux branches invisibles, s'embarrasse dans les hautes herbes mouillées, va sans peur, sinon sans crainte, dans la nuit, produisant en sa marche pittoresque, et par ses lanternes, des traînées lumineuses étranges, poétiques, ou des pans d'ombres fantastiques, mobiles comme en des rondes de farfadets, de sylphes, de Korrigans, comme en des sabbats de sorcières, ou en des *meignies Hellequins*. Dans la nuit bien noire, par les sentiers de la forêt fantôme, ce ne sont pas des ombres mais des points lumineux qui sont au tableau.

Tant que l'on est dans la forêt, on cause peu ou bas ; les voix ont de la retenue. On veille surtout à ne pas laisser éteindre son fragile luminaire, ou s'embraser la très légère enveloppe, signe de ralliement. De loin en loin le coup de sifflet d'un chef... L'heure, le silence, le milieu, le décor sont vraiment impressionnants.

Sortis de la forêt, on se compte ; les voix redeviennent plus hautes ; on reprend de l'assurance. Aucun des voyageurs ne s'est égaré ; les loups n'ont dévoré personne. Vivent les loups !

Nos réunions d'automne ont lieu à *Saint-Leu-Taverny*, à la base méridionale de la montagne de Montmorency. Les participants sont toujours très nombreux : 130, 150, 180, car les papas et les mamans sont admis ce jour-là : c'est la *réunion dite des pères de famille*.

On accède à Saint-Leu soit par la gare du Nord ; — c'est de là, le point étant le plus commode, qu'a lieu le grand départ ; — soit par la gare Saint-Lazare. Certains groupes, les derniers partants, s'y rendent directement : les *autorités*, les papas, les mamans, les pacifiques. D'autres, en guise d'apéritif, font 10 à 12 kilomètres à pied par les collines ou à travers la forêt de Montmorency, ou encore par les hauteurs de Cormeilles-en-Parisis : ce sont les intrépides. Quelquefois, ce fut notre cas en 1902, ceux de Saint-Lazare voient, à *Ermont,* fuir devant eux, à leur barbe, le train de correspondance. Ouest et Nord n'ayant pu encore se mettre d'accord sur leur horaire en ce point commun de leurs réseaux, ce sont les voyageurs qui font les frais de la guerre des deux compagnies :

Les petits pâtissent toujours
Des sottises des grands.

Un train manqué !... Une panne !... Sans récriminer — à quoi bon ! — on fait aux compagnies rivales cadeau du reste du parcours ; on pousse un : « En avant ! marche ! » Puis au pas de six, sans courir, en 50 minutes, on est à Saint-Leu, distant de 6 kilomètres presque, où les camarades des autres groupes plus heureux, déjà installés à table, vous acclament et, joyeusement, vous font place. Au C. A. F., on ne connaît aucune cime inaccessible, aucun col infranchissable, aucune panne désastreuse, aucun retard irréparable. Nous devions être là pour déjeuner — car on déjeune ce jour-là, en un vrai banquet, en famille — eh bien ! nous sommes exacts au rendez-vous par nos jambes et par notre énergie. Nous en sommes fiers, très fiers. Bonne leçon de volonté ! L'exactitude est la politesse des rois, des peuples... des caravanes scolaires aussi... Elle devrait bien être toujours celle des chemins de fer.

On déjeune très gaiement à la réunion des pères de famille. On fait honneur aux plats de l'hôtelier de la *Croix-Blanche.* Ils sont bons, et l'appétit ne manque point. Il ne manque jamais chez nous. Voilà qui devrait engager tous les dyspeptiques, apeptiques, gastralgiques et autres malades en *ique* ou en... chic à accourir à nos caravanes, ou à nous imiter. Gaîté, santé, bon appétit sont frères et sœurs ; ils ont pour parents le travail, l'exercice régulier, la marche et la vie au grand air.

En déjeunant, on cause ; après le déjeuner on toaste, on discourt. Président de Club, Président des Caravanes, délégué des pères de famille, Président de la section de Paris, etc., chacun y va de son petit speech. L'un de nous est chargé du *discours d'usage,* qu'il lui est loisible de faire en prose ou en vers, court ou long ; plutôt court, car il parle le dernier. Parfois le discours est remplacé par un divertissement musical, par des monologues, des chants, celui de la *Marche des C. S.*, une petite représentation théâtrale dont les scolaires sont les auteurs ou les acteurs applaudis. Il faut de la diversité pour faire un monde, dit le proverbe ; pour plaire au monde, aussi.

Lors de la première des réunions générales d'automne (1902), à Taverny, il n'y eut que des discours. Je fus chargé du dernier, du plus long, de celui qui devient aisément soporifique. Comme il définit un des côtés, un des aspects de nos caravanes, j'en donne ici les éléments essentiels. On verra aisément tout ce qu'il y manque. Causerie d'ailleurs, non discours, je dois le dire.

Causons donc.

...Les Anglais sont *people of few words,* gens de peu de paroles. Les Allemands ne causent pas beaucoup non plus. Moins encore les autres peuples du Nord. On peut parcourir la Suède et la Norvège sans entendre vingt paroles en trois semaines, ni un cri d'oiseau dans leurs vastes forêts. L'air est muet. Les Espagnols, les Arabes sont graves, sentencieux, silencieux ; leurs yeux parlent, leurs lèvres, non.

De tous les peuples, les Français sont, je ne dirai pas les plus bavards, les plus éloquents, mais les plus communicatifs, ceux qui aiment le mieux à causer ensemble. A deux, ils causent; à trois, ils font du bruit ; à quatre... ! Jadis, il n'y avait point de réunion chez nous sans chanson. Heureux temps ! Il n'y en a point aujourd'hui sans allocution, sans causerie, sans discours. Peut-être la chanson valait-elle mieux ; c'était moins long et plus gai. Serions-nous fils des Gaulois, enfants de notre pays où tout parle, où tout chante, sans ce goût si prononcé, sans ce besoin de la conversation familière ou oratoire ?

Si l'Arabe parle peu ou point, c'est que l'air qu'il respire, embrasé, trop sec, trop chargé de poussière impalpable, assèche la bouche, brûle les lèvres. Puis le climat d'Arabie et de l'Afrique du Nord est trop plein de morbidezza. Là, l'homme se tait donc, ou il rêve, ou il chantonne quelque mélopée lente, monotone, quelque verset du Coran.

Si l'Allemand, l'Anglais, l'homme du Nord, en général, sont si sobres de paroles, c'est que le climat septentrional est trop rude, le brouillard trop fréquent et trop dangereux pour les bronches, le milieu trop triste, sauf en été, la lutte trop âpre contre la nature. Il faut donc fermer la bouche par crainte d'accident, pour ne point aspirer un air humide, glacé; et aussi par l'effet de la tension constante des muscles et de la volonté. Comme l'oiseau de ses forêts, l'homme du Nord est silencieux.

Le Français, au contraire, est invité à parler, à chanter, à rire par le milieu où il vit : ciel bleu, d'un bleu tendre, doux et changeant; air vif et agréable; atmosphère limpide; mélange merveilleux de tous les aspects du sol et de la nature; partout un je ne sais quoi d'enchanteur et de grisant à la fois, faisant que, en France, tout chante, bruit, rit spontanément pour ainsi dire. Les plus grands malheurs, les plus prolongés, rien ne peut éteindre en nous cette faculté du rire et de la gaîté. Elle est proprement le signe distinctif de notre milieu et de notre race *gauloise*...

Dickens nous définit plaisamment, ironiquement aussi, les « *En avant! marchons !* ». James, un Écossais, nous appelle « *Les hommes de la ligne droite* ». Oui, le Français est cela ; mais aussi l'homme gai, communicatif, sociable par excellence. Et sa langue claire, rapide, légère, belle et forte, « probe » surtout, comme dit Rivarol — elle ne cache rien, — répond exactement à son esprit. Et voilà pourquoi le Français cause, cause bien, avec agrément, avec profit pour lui et pour les autres. Il a le cœur sur les lèvres ; son esprit est généreux ; son verbe est expansif.

Causons donc...

Quel est le meilleur apéritif?... Le meilleur digestif aussi? Si vous écoutez les maîtres de l'heure, les marchands de vin, ils vous crieront à tue-tête, par appels, affiches colossales, annonces, étalages mirifiques, à la ville comme à la campagne : « c'est l'amer Picon! » — « le Pernod ! » — « la Bénédictine ! » — « le Cognac ! » — « la Marie Brizard »! etc., etc. — « Regardez ! Dégustez ! Prenez! »

Et trop souvent l'on prend. Chacun d'eux vante son ours pour le vendre. Il n'y a que l'acheteur qui ne trouve point son compte au marché. Il n'a ni l'ours ni la peau.

Permettez-moi un souvenir personnel.

Il y a 18 ans — en 1883 — j'étais, au mois d'avril, sur la route de Biskra et des Zibans. Parti de Batna à deux heures du matin, je me trouvais, après avoir déjeuné à El Kantara chez la « *mère Bertrand* », nom et demeure historiques pour les Algériens, vers une heure et demie de l'après-midi, en plein désert, à *Aïn-Razelan* (source de la gazelle), minuscule oasis de 10 à 12 palmiers. Près de la sourcelette qui les abreuvait, une baraque en planches habitée par un Maltais, portait, écrit en grosses lettres, le nom pompeux de *Café-Restaurant*. Ce que voyant le cocher — il n'y avait pas de chemin de fer alors, mais une mauvaise piste dans le sable — eut soif. Pour masquer son jeu, il prétendit que ses chevaux étaient altérés, qu'ils avaient besoin de boire et de « souffler » un instant. Il obliqua donc à droite et s'arrêta juste devant... « l'hôtel ».

En telle occurrence, c'est toujours le voyageur qui « trinque » — pardon de cette expression — c'est-à-dire qui paie à boire au voiturier. Je demandai au cafetier ce qu'il pouvait nous offrir comme rafraîchissement ou comme digestif :

« Tout ce que vous voudrez. Il y a de tout ici, dit-il, en se rengorgeant.

— Alors servez-nous une limonade, s. v. p.

— On a bu la dernière bouteille hier.

— Eh bien ! une grenadine...

— J'en attends justement par la première caravane ou le premier roulier.

— Un sirop donc...

— Il fait trop chaud ici ; le sirop tourne... »

Et nous passons en revue tout ce qui peut nous être servi. Et toujours il n'en avait pas ; ou toujours il en attendait.

« Mais qu'avez-vous donc ?

— De l'absinthe, monsieur !

— Mais l'absinthe est un apéritif, dit-on ; et nous venons de déjeuner.

— O, monsieur ! c'est encore un bien meilleur digestif ! »

Le cocher ne se le fit pas répéter deux fois ; il but un verre du... meilleur digestif. Quant à nous, mes deux compagnons et moi, pour ne point nous exposer à attraper fièvre ou dysenterie, en buvant de l'eau pure — je veux dire seule ; car, en Algérie, l'eau qui a passé sur des sels de magnésie, ou sur des racines de laurier-rose est dangereuse —, nous fûmes contraints de couper ladite eau de quelques gouttes d'absinthe. Le Maltais fut content de notre discrétion à l'égard de sa bouteille, le cocher de son aubaine, les chevaux de leur repos, et nous de notre abstinence. Car vermouth, ni amer, ni absinthe ne sont des apéritifs, ni des digestifs ; ce sont des poisons, des poisons redoutables qui ruinent l'estomac, brisent ou tordent les nerfs, chavirent le cerveau et conduisent tout droit aux « petites maisons ».

Il n'y a d'apéritifs, de digestifs — tout puissants, il est vrai — que le travail, la marche, l'exercice en plein air. C'est ce dernier qui faisait trouver aux Spartiates leur « brouet » acceptable, voire réconfortant. Nous n'en connaissons pas d'autres au C. A. F., ni aux caravanes scolaires ; et il est heureux aujourd'hui pour le restaurateur que vous n'ayez pas fait trois ou quatre heures de marche avant le déjeuner. Vos estomacs eussent crié la faim ; vos mâchoires eussent travaillé mieux encore que vos jambes. C'eût été, pour parler comme Mirabeau, le déficit, « le honteux déficit » dans la caisse du chef de l'établissement.

Voilà nos apéritifs, les seuls bons, les seuls sains. Ils sont à la portée de tout le monde et de toutes les bourses. N'eussent-elles que ce seul avantage, nos caravanes seraient déjà merveilleuses : elles donnent de l'appétit..! Or, elles en ont une multitude d'autres. Voyons.

1° Elles vous apprennent à *marcher* d'un pas régulier, égal, relevé en plaine ou en pays plat ; d'un pas allongé, lent, souple, le corps penché légèrement en avant, en montagne ; d'un pas plus court, retenu, sur les talons, le corps en arrière en descendant, en dévalant les pentes. Chaque jeudi, chaque dimanche, vous faites 10, 12, 15, 20 kilomètres, voire plus, suivant la saison. Et cela est bien, excellent, hygiénique.

La marche est le meilleur de tous les exercices, surtout si elle a lieu à la campagne. Elle endurcit le pied à la fatigue, assouplit les muscles du jarret et de la jambe, allonge et régularise le pas, fortifie les poumons, active la circulation ; et, par cela même, aide à la combustion, à l'absorption parfaite des aliments, à l'expulsion facile de tous les résidus. Conséquences : plus de gêne, point de douleurs ; mais de l'aisance, de la gaîté, de la santé. Les idées et les regards s'éclaircissent, l'attention s'éveille, le corps prend de la souplesse, de la force, de l'élégance, une allure libre et fière. Un bon marcheur est un bon soldat, un bon citoyen. Et tantôt à la maison — ainsi que tous les jeudis, tous les dimanches — vous mangerez comme des ogres. Et cette nuit, vous dormirez comme des loirs, à poings fermés, en sacs de plomb. Et demain, bien reposés, vous irez au travail gais, dispos, en bons ouvriers.

2° Elles vous apprennent à *regarder*, à *voir*, à *observer* surtout. *Ver es saber*, disent les Espagnols : voir c'est savoir. Ce qui est très vrai.

Il y a tant de gens qui ont des yeux et qui ne voient point, qui n'apprennent rien non plus. Mais vous, vous regardez. Et depuis dix ans que nous vous entraînons de Paris à la frontière, et au delà, du nord au sud, de l'est à l'ouest, de la mer à la montagne, vous avez vu les vallons et les collines, les plaines, les plateaux et les montagnes qui, chez nous, rompent si harmonieusement la monotonie d'un relief sans grâce dans les deux tiers de l'Europe et dans tant d'autres pays.

La plaine, c'est la prose plate, banale, mais utile et riche. Les collines, les plateaux, c'est l'idylle, c'est l'ode, c'est-à-dire la grâce, la gaîté douce, humaine avec quelque fierté. La montagne, c'est l'épopée, c'est-à-dire le sublime, le surhumain.

Un célèbre géologue français, notre contemporain, a dit à peu près ceci : « La main du temps a gravé l'histoire du globe à sa surface. Les montagnes sont les majuscules de cet immense manuscrit ; les collines sont les lignes ou rangées de petites lettres ; les plaines forment comme les pages blanches sur lesquelles s'accusent, se détachent, se lisent mieux lignes et majuscules. Chaque système de montagnes, chaque rangée de collines,

El Kantara : les gorges, vue prise au nord. *Page 86.* (*Cl. Neurdein.*)

(Cl. Club alpin.)

Groupe scolaire de l'abbé Barral dans l'Ortler (Autriche). *Page 88.*

Page 88.

chaque plaine est un chapitre du livre splendide étalé sous nos yeux (1). »

Avec quels outils le temps a-t-il gravé, imprimé ce beau livre qu'il retouche tous les jours? car dans son apparente éternité la configuration actuelle du globe est aussi éphémère que les formes qui l'ont précédée. — C'est par le feu ou l'action volcanique, par la chaleur solaire, par le refroidissement graduel du globe, par les agents physiques et chimiques de l'atmosphère, par le vent, la pluie, le ruissellement surtout, c'est-à-dire l'*érosion*, que se modifie, sous nos yeux, le relief terrestre. L'eau courante, ouvrière infatigable, dissout, taille, creuse, rogne, lime, comble, transporte sans fin ni repos les continents ; appelle ou chasse les plantes, les animaux, les hommes; donne ou retire la vie et la beauté à la nature, la puissance ou la mort aux cités, aux États eux-mêmes. Les pays qui n'ont point ou plus d'eau courante, le Turkestan, le Sahara, par exemple; les régions où l'eau est congelée, le Groenland, etc., sont morts ou sans vie. Ceux qui en ont en surabondance, ont, au contraire, une vie fougueuse, énorme, une pléthore de vie végétale et animale comme le Congo, l'Amazone ; parfois humaine, comme l'Inde, Java, etc. Enfin ceux qui ont des fleuves, des rivières, des ruisseaux, des fontaines, des sources, toujours ou à peu près constamment libres, sont les plus beaux, les plus riches, les plus civilisés et les plus heureux.

La France est l'un de ces derniers, l'un des plus favorisés parmi eux. Regardez donc bien, observez attentivement dans vos courses, afin que votre attention intelligente, telle une eau bien vive, sculpte en votre cerveau de belles images, des idées justes, de bons souvenirs. *Ver es saber !*

Pour continuer à parler comme notre géologue, je dirai donc que nos caravanes vous aident peu à peu à apprendre à lire dans l'admirable livre ouvert devant vous. Jugez-en par quelques exemples tirés de la banlieue, de la grande banlieue de Paris, champ le plus habituel de vos excursions.

Voyez ces *forêts* sur ces petits monts, sur ces plateaux. Elles for-

(1) DE LAPPARENT.

ment une incomparable ceinture de verdure à Paris. Vous les parcourez souvent, volontiers. Que disent-elles ?

« Le terrain que nous occupons est trop pauvre, trop froid, trop sablonneux, ou trop humide parfois, ou trop en pente pour être aisément, fructueusement cultivé. Nous donnons à l'homme

. . , . . l'ombre l'été ;
L'hiver, les plaisirs du foyer.

« Nous lui donnons du bois pour construire ses maisons, ses meubles, ses outils, ses navires, etc. Nous purifions l'atmosphère; nous rendons le pays plus salubre et plus beau. Nous amassons les vapeurs et retenons les nuées. Sans nous, les sources, les ruisseaux disparaîtraient ; les fleuves deviendraient des torrents dangereux ; les campagnes s'assécheraient, s'enlaidiraient, se dépeupleraient. » Car « lorsqu'un arbre tombe, le sol et l'homme tremblent » (dicton canadien).

Elles disent encore : « Nous donnons asile aux poètes, aux peintres qui rêvent de la beauté, qui cherchent le calme et la solitude; aux oiseaux, ces poètes ailés, sans lesquels la végétation et l'homme seraient dévorés par les insectes. — Trois ou quatre fois l'an nous changeons de parure. Mornes et désolées, avec une grande voix sourde en hiver, nous devenons vertes, claires, gaies, chantantes, au printemps; ombreuses, fraîches, fleuries en été ; dorées, pourpres, violacées, teintées de cent autres couleurs, en automne. Magnifiques au printemps, nous sommes plus belles encore à l'arrière-saison. Hommes ! protégez les oiseaux ; respectez la forêt ! » Ainsi en ondulant sous le vent, en entre-choquant leurs rameaux, nous parlent les arbres et les grands bois. Car tout parle en la nature à qui sait interroger et comprendre.

Bon et doux ami, l'arbre verdoie, fleurit, chante, pleure, plie et se relève comme nous, pour nous. Qui tue un arbre, tue un homme, affirment les Turcs. Plantons donc des arbres. Émondons ; n'arrachons point. La serpe, non la cognée s. v. p. !

L'arbre a donné des fleurs et des fruits sans mesure.
Il eut un manteau vert brodé de pourpre et d'or
Plus soyeux et plus beau qu'un rutilant décor
De cour ou d'opéra : rien ne vaut la nature.

Le souffle du matin, en berçant sa ramure,
Éveillait les oiseaux, invitait à l'essor
Les bourdonnants essaims en quête d'un trésor.
Et le jour renaissait dans un divin murmure.

Puis, quand midi brûlant inondait l'horizon
De lumière et de feu, la très douce chanson
Ailée endormait tout à l'ombre du feuillage.

Fleurs, fruits, chants sont tombés ; l'arbre est nu. Sur son corps
Enlaidi, les frimas ont mis leur froide image,
Et ses feuilles s'en vont où dorment tous les morts.

Que l'arbre ne meure donc point par notre main !

Voyez maintenant ces *coteaux gracieux*. Sur leurs pentes... d'autres forêts plantées, régulières, bien alignées — forêts d'arbres fruitiers : cerisiers de Montmorency, pêchers de Montreuil et de plein vent, poiriers en espaliers, en cordons ou en candélabres, vignes en treillis, pruniers, pommiers nains, etc., etc. des pépinières, des serres, des champs de rosiers, des bocages de lilas embaument Paris et toute sa banlieue au printemps. La « Grand' ville » semble occuper le fond d'une corbeille de fleurs et de jardins, corbeille de 30 à 40 kilomètres de rayon. Quel régal pour les yeux ! quelles délices pour la bouche en été, toute l'année !

Des fleurs au printemps,
Des fruits en automne.

C'est presque l'idéale beauté dans la nature. Et tout cela semé de châteaux, de villas, de villages, de bourgs gais, propres, opulents, pleins de vie, de rires, de chants depuis avril jusqu'en octobre. Il n'y a guère de régions pareilles en toute la terre. L'un des paradis terrestres actuels est là, sous nos yeux.

Regardez au-dessous de ces forêts, au-dessous de ces vergers, au pied même de ces collines. Des *plaines* limoneuses, des terres d'alluvions, largement et mollement étalées, forment d'admirables campagnes, où pas un pouce de terrain n'est laissé en friche, où l'on fait deux ou trois récoltes par an — voire cinq ou six — quand le sol est livré à la culture maraîchère.

L'homme des champs est là avec son énergie calme, avec ses qualités et ses défauts pareils aux nôtres ; avec ses joies, ses tristesses, ses plaisirs rares et courts, son âpreté au gain, ses petits bénéfices, ses lourdes charges ; avec son air un peu fruste, son teint hâlé, ses mains calleuses, sa résignation fataliste mêlée de bon sens narquois. Il peine, il pioche, il bêche, laboure, plante, ahane, ou moissonne toute l'année,

> Parcourant sans cesser ce long cercle de peines
> Qui, revenant sur soi, *ramène* dans nos plaines
> Ce que Cérès nous donne...

à savoir : le pain de pur froment, le *pain de Gonesse*, par exemple, qui est historique ; le *pain de France*, le meilleur, le plus savoureux qui soit au monde ; — à savoir : les gras troupeaux, qui l'aident, lui, le paysan, et nous donnent à tous, gens des villes et des champs, le vêtement, la nourriture ; — à savoir : les fruits les plus exquis, les *vins de France* qui sont bien les plus clairs, les plus fins, les meilleurs que l'on connaisse, les plus pétillants de flamme et d'esprit, vins qui font rire et chanter :

> Et lorsque je lève mon verre
> Plein de ce vin couleur de feu,
> Je songe, en remerciant Dieu,
> Qu'ils n'en ont pas, qu'ils n'en ont guère
> En Angleterre.

La charité, cette autre flamme française, et... l'Entente cordiale m'obligent à n'aller pas plus loin. D'ailleurs ce vin et toutes ces bonnes choses font justement que le Français n'est point méchant, oh non ! pas méchant du tout. Un homme qui chante n'est point à craindre.

MM. les financiers, politiciens, économistes, etc., disent souvent d'un air entendu : « Le paysan !... le paysan ! c'est la force, la réserve d'énergie du pays, le bœuf !... » et leur voix a un petit ton protecteur, connaisseur, flatteur et... malsonnant. Eh bien ! oui, c'est le « bœuf ». Mais demandez à nos sculpteurs, à nos peintres animaliers si ce puissant auxiliaire de l'homme, vêtu de sa « robe » blanche, rouge, fauve, noire, gris-ardoise, gris-souris, etc., suivant nos provinces, n'est pas un être admirable en sa force, en sa beauté. Dites-moi si, esthétiquement parlant, rien est plus admirablement beau que les grands bœufs blancs du Charolais ?

Demandez à toute notre histoire, à toute l'histoire, si le paysan

A Cœuvres et Valsery (Aisne) : devant le château de Gabrielle d'Estrées (mai 1902). (Cl. Bregeault.)

L'avant-garde arrivant à Cœuvres et Valsery (mai 1902). (Cl. Bregeault.)

(Cl. Bregeault.)

A Gentilly-Bicêtre : conférence de M. le Commandant H. sur la bataille de Châtillon.
Page 209.

français, aussi muet parfois que son fidèle et puissant compagnon de travail, aussi robuste et calme que lui, n'est pas un des meilleurs types, un des plus glorieux de l'humanité ?

Donc quand vous traversez un village, des champs ensemencés, quand vous suivez les sentiers herbeux et fleuris qui sinuent à travers les prés, les vergers, les vignes, songez à cet homme patient, calme, laborieux dont le travail fait de la France un jardin. Saluez-le d'un salut amical quand vous le rencontrez au détour du chemin, la bêche, la pioche, la faux ou le rateau sur l'épaule; le fouet, les guides ou la charrue en main ! Plusieurs fois par an il laboure son champ; il le fume, l'ameublit, l'ésherbe : voilà sa peine. Il lui confie de bonnes graines, semées en belles lignes : voilà son espoir. Il récolte enfin de lourdes moissons dorées : voilà sa récompense.

Imitons-le. Que chacun de vous, de nous, en son métier en fasse autant; qu'il travaille, qu'il sème, qu'il ahane pour récolter... Les dieux feront le reste. Et le reste sera bon; il sera excellent !

V

UNE CARAVANE SCOLAIRE EN ALGÉRIE ET EN TUNISIE

A MM. J. Bregeault, Conseiller à la Cour d'appel; Cuvilliers, Directeur du collège Rollin ; L. Lanier, Inspecteur général, amis bienveillants qui aidèrent au succès de la caravane.

Paris-Marseille.

5 avril 1903.

L'organisation de notre caravane en Algérie et Tunisie fut plutôt difficile. Quelques-uns de nos collègues auguraient mal d'un si lointain voyage. Il faut de la prudence en tout assurément; point trop n'en faut. Il y eut donc des hauts et des bas, des adhésions et des démissions, des bonnes et des mauvaises volontés. Le jeudi, 2 avril, à cinq heures du soir, tout était à vau-l'eau : on ne partait plus; naufrage complet! Le vendredi, de 10 heures à midi, un énergique coup de barre donné au gouvernail, par le chef, remettait la nacelle à flot. Et le dimanche, jour des Rameaux, 5 avril, à 6 heures 30 du soir, la caravane au grand complet était sur le quai de la gare du P. L. M., bottée, guêtrée, gantée, armée de bonne humeur, férue de résolutions toutes juvéniles. Pas ombre de tristesse sur les visages! 16 jours de voyage en Afrique! qu'est-ce que cela pour des gens qui ont devant eux

> Les longs espoirs et les vastes pensers,

qui n'ont encore eu aucun souci, aucune peine; qui se sentent entourés de l'affection de leurs parents, de leurs amis présents et souriants ; qui ont très confiance en eux-mêmes, et un peu en leur guide aussi ? Ils ont lu des choses plus étonnantes que cela. Ils en rêvent. Ils sont impatients de partir pour cette terre conquise par leurs grands-pères, leurs pères, leurs frères peut-être :

Où le père a passé passera bien l'enfant.

Le chef félicite les parents de leur courage, les jeunes gens de leur bravoure... Il y a peut-être encore là-bas des lions rugissants..., Tartarin ne les a sans doute pas tous ramenés lors de son mémorable voyage... On s'embrasse, on se serre les mains. Les mamans donnent les dernières recommandations. On promet d'écrire tous les jours... il y a un peu d'émotion !

« En voiture, Messieurs ! en voiture ! »

On y grimpe lestement. Des portières, l'on salue encore... encore... L'express part... Il est parti...

On regarde les montres : 7 heures 10 ! juste l'heure où l'on devait partir. Exactitude, voilà de tes coups !

On s'installe. Nous avons deux compartiments de seconde voisins, dans un wagon à couloir ; on est donc tous ensemble. On se salue un peu cérémonieusement ; çà ne dure pas la cérémonie, par exemple. On se compte. Quel compte ! 13. Nous sommes 13 ! Il y avait eu 22 inscrits ; 9 ont lâché pied. Il n'y a donc que 13 partants.

Il est vrai que personne ne fait attention à ce chiffre horrifique. La preuve, c'est qu'aussitôt assis, on déballe les vivres emportés, on dîne de fort bon appétit, on cause, on rit, et l'on se trouve à la fin du dîner d'excellents amis. La glace est fondue. Heureuse jeunesse, aux belles dents, à l'esprit prompt, au cœur chaud ! Allez donc lui faire croire à ces billevesées des cabalistes, à ces sottises de tireurs d'horoscope ! « Treize ! treize ! » — « Eh bien ! oui, nous sommes *très à l'aise*, Monsieur l'astrologue ; et vogue notre galère !

Au retour de Tunis
Nous serons trois et dix,

c'est-à-dire toujours treize[1]. »

(1) Voici les noms de mes *douze* compagnons : MM. Cuvillier, Jourdan, Labille, Petitpont Pierre, Petitpont Jean, Petitpont Louis, Pick, Sauvage, Schiffer, Thielland, Truillot, Vallois.

Il me souvient d'un voyage — justement sur les côtes de l'Algérie — où tout le monde ne badina pas ainsi avec le terrible chiffre.

Nous voguions en silence — tout comme sur le *Lac* — sur une mer d'un bleu... méditerranéen, c'est-à-dire idéal, et d'un calme parfait, une mer d'huile. Dames et messieurs, tous sur le pont, regardaient glisser le navire, ou plutôt, tant son mouvement était insensible, s'enfuir les collines et les rochers de la côte. Nul ne songeait au mal de mer ; nul ne l'avait.

La cloche sonna le déjeuner. Laissant à leur ébats les marsouins qui luttaient de vitesse, très aisément d'ailleurs, avec le bateau ; qui allaient devant, revenaient à l'arrière, passaient dessous, sautaient, plongeaient merveilleusement, faisaient des coupes savantes, fous de joie, ivres de vitesse, — laissant, dis-je, les marsouins, passagers et passagères descendirent à la salle à manger pleins de belle humeur et d'appétit. Ils s'assirent. Dents et langues firent bientôt bonne, bruyante besogne. Les plats se vidaient. Les gais propos voltigeaient. Et allez donc ! Passez, côtelettes ! Disparaissez, petits pois ! — « Ce vin n'est pas mauvais du tout. Madame, goûtez-le... goûtez-le, Madame. » Il est si rare, en mer, de voir les dames à table que, lorsqu'elles y viennent, l'on est aux petits soins pour elles.

Le capitaine entra juste à ce moment, prit sa place au bout de la table. A peine était-il assis qu'une dame... anglaise se leva toute pâle, jeta avec effroi sa serviette et se précipita pour sortir. On se lève, on s'empresse. « Qu'y a-t-il donc ?... — Le capitaine !... 13 !... 13 !... » On regarde : nous sommes treize à table ! Elle avait compté les convives. Ils étaient douze d'abord, et cela allait très bien. L'appétit était bon, les plats aussi. Et maintenant l'on était 13 !... Elle n'avait plus faim. Pour elle, les mets étaient gâtés, empoisonnés peut-être. Un malheur allait sûrement arriver ; le navire courait à sa perdition... 13 !... 13 !

En galant homme le capitaine se leva, déclarant qu'un Français savait, à l'occasion, regarder le diable en face et retarder son déjeuner d'une demi-heure, voire plus, pour plaire aux dames. Et la dame ne se rassit, elle n'acheva son repas, et du bout des dents, que quand le capitaine fut sorti de la salle à manger. Cela jeta un froid parmi les convives un peu interloqués.

Le soir même, après une traversée enchanteresse, admirant les gerbes d'étincelles que l'hélice faisait jaillir du fond de la mer, contemplant les étoiles, leurs sœurs célestes, qui émergeaient soudain du fond de l'infini dans le grand ciel vert et bleu, la lune qui épandait sa molle clarté sur les eaux, sur les collines, les champs, le port et la ville, nous débarquâmes sans nous soucier le moins du monde du nombre 13 que la douce face de l'astre changeant (douze fois et demie l'an) et son culte ont peut-être rendu sacré... ou terrible.

Nous sommes donc 13. Le plus jeune a 13 ans et demi — encore 13 —; ce sera le plus gai de la troupe. Les autres ont de 15 à 19 ans. Deux dépassent un peu 20 ans. Comme « Charles à la barbe fleurie », le chef porte barbe longue et de blanc fleurie.

Toute flatteuse qu'elle soit, la comparaison vient naturellement à l'esprit, car Charles avait, lui aussi, 12 paladins en sa compagnie : 13 braves !

En attendant que le sommeil vienne, on distribue les rôles — le travail, pourrait-on dire — afin qu'il n'y ait pas de confusion, ni de retard en route.

L'un ira porter les lettres de tous à la poste ou quérir le courrier. Ce service de confiance est très recherché, très envié dans nos caravanes.

Un second l'accompagnera par précaution, pour l'aider si ledit courrier est trop chargé, pour le défendre en cas d'attaque.

Un troisième est désigné comme fourrier aux vivres. Il s'acquittera merveilleusement de cette fonction, du reste, en homme tout frais émoulu du régiment, et que la vie militaire a rendu très débrouillard. En un tour de main, en un clin d'œil le déjeuner sera étalé, servi sur l'herbe. Vive Fr., notre fourrier !

Un quatrième, hydrographe ou hydropathe distingué, bien qu'un peu papillonnant, est chargé de fournir d'eau la caravane. Et en Afrique, cela n'est pas une mince affaire. Combien ont péri dans le désert faute d'une goutte d'eau ! Nous avons traversé les déserts. Non seulement nous ne sommes point morts de soif, mais toujours nous bûmes frais. Le quatrième est resté très populaire. Il s'acquitta supérieurement de sa fonction au « Camp des chênes » (voir plus loin) où campa l'armée française... je veux dire la caravane scolaire, en avril 1903.

C'est bien de lire ou d'écrire, de boire et de manger ; mais il faut aussi se récréer. La musique pourvoit merveilleusement à ce besoin. Or, nous découvrons parmi nous un pianiste, — un fort pianiste, — J., auprès duquel Liszt ne serait que de la petite bière, un joueur de mandoline, un siffleur sur mirliton !... Il se constitue donc aussitôt, en vue des soirées surtout, un orchestre sérieux qui maintiendra l'accord — un accord parfait, constant — dans la caravane, où il n'y eut pas, en effet, en 16 jours la moindre bisbille.

Un aquarelliste, Sc., travaillera... un jour ; et posera son crayon, ses pinceaux, désespérant tout de suite de lutter avec la pure, la limpide, la splendide lumière d'Afrique.

Un photographe en chef, S., deux ou trois en second, prendront vues sur vues ; ils rapporteront en images l'histoire illustrée de la caravane. Un historiographe, le futur Dr T., narrera les faits et gestes mémorables, les impressions gaies ou tristes, etc., qui vont nous rendre célèbres ou tout comme.

Le plus jeune, P. e, enfin portera... la lorgnette du généralissime. Il ne consentira à porter que cela... « pour ne point déchoir », dit-il. Vu son âge, on lui concède ce monopole. On lui eût tout concédé d'ailleurs : c'est le bon génie, c'est le benjamin de la caravane.

Quant au chef, il sera... eh bien ! il sera le chef tout simplement. Et voilà pourquoi notre caravane débuta, alla, revint très bien. Chacun avait trouvé l'emploi de son talent. Que n'en est-il toujours ainsi ! Le monde en irait beaucoup mieux,

On ne s'attendait guère
A voir le monde en cette affaire.

Pendant qu'ainsi nous nous organisions pour la conquête de l'Algérie, ou que nous dormions d'un œil à peine, filait le train, s'envolait la nuit, et revenait l'aurore aux blonds cheveux, aux joues roses...

Très doucement la nuit s'achève ;
Et la terre, comme en un rêve,
Incline son front au soleil.
Alors, souriant et vermeil,
Le jour s'épand sur les montagnes,
Dans le ciel bleu, dans les campagnes.

Hommes, fleurs et petits oiseaux
En sont ravis. Les longs roseaux
Plaintifs, sortant des vapeurs blanches,
Courbés au souffle d'un vent frais
Venu des monts, venu des prés,
Les saules gris aux frêles branches
Disent au vieux fleuve endormi :
« Pan n'était mort... mort qu'à demi.
« Éveille-toi ! Tout vit, tout chante.
« Viens ! Ta grande âme en soit contente,
« Ô Père !
. . . .

Et le Rhône large, rapide, courant vers le sud, avec des « allures de taureau furieux » apparaît à nos yeux ouverts, eux aussi, par la douce lumière du jour, par la délicieuse fraîcheur d'un matin provençal.

Nous sommes à Montélimar. Il est quatre heures. On bâille un instant, on s'étire les bras, on allonge les jambes. Adieu, le sommeil ! Ces jeunes corps souples et vigoureux se redressent d'un bond. En un instant, toute la caravane est dans le couloir, côté gauche, regardant sur le fond lumineux du ciel se détacher le profil des monts de la Drôme.

La plupart de mes touristes voient des montagnes pour la première fois. Et les questions de jaillir en foule ! et les discussions de s'animer !... « Monsieur, quelles sont ces montagnes ? quels sont ces torrents, ces maisons, ces arbres, ces ruines, etc. ? » car il y en a partout dans le vaste monde, des ruines dont la seule vue rend l'homme grave, inquiet, curieux.

A partir de ce moment, le chef n'a plus une minute de repos. Pour lui, voilà commencée une causerie de quinze jours.

Quel dommage d'être entraîné si vite par un rapide devant lequel les objets passent comme arrachés, pris d'une subite folie, d'une panique burlesque, emportés dans un tourbillon furieux ! L'impression est violente, pénible, surtout quand, comme ici, le champ de la vue est très limité. Combien serait plus belle, plus durable une vision prise du fleuve, si le Rhône était, comme le Rhin, rendu navigable ; ce qui d'ailleurs serait aussi facile, et pour nous, bien plus profitable encore que la régularisation du cours du Rhin ne l'est devenue pour l'Allemagne.

Ce n'est donc que d'une façon insuffisante, trop fugitive, ultra-rapide que nous regardons les sommets arrondis et chauves des monts du Vivarais, leurs pentes dénudées, ravinées hélas ! par l'effet d'un déboisement stupide et dangereux ; les ruines des antiques châteaux féodaux ; les longues rangées blanches des fours à chaux du *Teil*, « vrai royaume de la chaux », dont les produits sont exportés partout : en Orient, en Algérie, etc. ; les villages bordant la rive droite ; les trains poussifs qui montent ou descendent en longeant le pied de la haute et abrupte muraille granitique du Plateau Central. Il faut l'ardent soleil, l'éclatante lumière de l'été pour donner à ces montagnes pelées des reflets chatoyants, une beauté qui égale celle des « plus grandioses paysages de la Toscane » (Poulet-Scropp). Or nous sommes en avril, et le printemps est bien froid en cette année 1903. La neige forme encore des plaques en quelques endroits. La roche grise, terne semble frileuse, presque hivernale.

A l'est, une buée bleue, diaphane baigne les monts calcaires de la Drôme et du Ventoux. Les vergers qui bordent la voie, les terres admirablement travaillées, les champs d'artichauts et de primeurs, les rigoles pleines d'eau bourbeuse courant au ras du sol ou portées sur de petits murs en aqueducs pour aller épandre partout leur limon et leur liquide bienfaisant, les ifs et les cyprès plantés en lignes serrées, à contre-vent pour protéger les récoltes, les mûriers qui nourriront les *magnans*, les oliviers aux feuilles argentées, aux mille petites branches, aux vieux troncs noueux, tordus, crevassés, aux fruits exquis, à l'huile incomparable par la finesse et la saveur, les trembles blancs, les platanes au tronc lisse et gris, au feuillage épais, ombreux, les micocouliers qui ombragent les *mas* et les *mazets* dispersés dans la campagne : tout nous annonce le midi, le pays de Mireille et les chants de Mistral.

Nous regardons si quelques sœurs de l'exquise et douce enfant ne sortent point de leurs mas pour aller cueillir les premières fleurs du printemps. Rien. Pas âme vivante autour des maisons. Il est trop matin, et de plus le « *mistraou* » souffle avec violence. Portes et fenêtres bien closes, chacun reste chez soi. Le « *magistral* » règne sans partage sur les monts et dans la plaine : c'est le « maître » — entendez-vous ? — qui courbe, brise, chasse ou purifie tout.

Nous saluons Orange, son Arc de triomphe et son théâtre ; Avignon, son Palais des Papes, et son... pont. A sept heures, Tarascon, si célèbre par son... chasseur de lions, nous offre du café au lait pour notre petit déjeuner. Gronde et tonitrue, ô puissant mistral ! ébranle le hall qui nous abrite un instant ; nous n'avons point peur. Comme ton illustre fils, Tartarin, tu n'es point méchant.

...Voici Arles et ses arènes dominant la voie, et ses *Aliscamps*, et ses femmes au type grec, au costume élégant, et sa *Fourcade*. Voici la *Crau* (craou) avec ses champs de cailloux roulés, apportés là par la fougueuse Durance pour combler le golfe du Rhône. Jupiter, suivant les Grecs, les avait fait pleuvoir sur cette vaste plaine pour écraser les ennemis de son fils, Hercule, voyageant en ces régions [1]. Aujourd'hui, la Durance ne fournit plus que de l'eau aux canaux d'irrigation et des limons qui, mélangés aux boues et gadoues de Marseille, de Toulon, etc., transforment peu à peu la Crau en un riche jardin dont *Salon* est le marché.

Les *Alpilles,* chaînule de 4 à 500 mètres, font fière figure au nord. Dante trouva, dit-on, dans leur cirque des *Baux,* l'idée des cercles de son Enfer. A l'ouest, à perte de vue, par delà le grand bras du Rhône, comme en un mirage, s'évanouit, dans les rafales du vent et les jeux de la lumière, l'étrange, l'immense *Camargue* (80 000 hectares). Nous apercevons quelques huttes en pierres sèches, quelques bergers mal vêtus, maigres, bronzés, suivis de chiens noirs, de moutons, de chèvres, de bourricots, etc... Ce sont les *parjades,* ou troupeaux transhumants — des caravanes ! — qui se mettent en marche pour leur grand voyage d'été vers les Alpes de Provence et du Dauphiné.

L'*Etang de Berre,* au sud, moutonne fortement sous les coups du mistral. Bondissez, vagues légères et folles ! Vos flots, libres aujourd'hui, porteront bientôt des steamers, des *men-of-war* qui s'abriteront derrière la digue naturelle des monts de l'*Estaque*. On vient enfin (1906) de donner les premiers coups de pioche et de mine au *canal maritime* de Marseille au Rhône par le magnifique bassin naturel de Berre (9 000 hectares). Un crédit de 90 millions

(1) Voir pages 5 et 7.

a été affecté à ce travail qui n'est que l'amorce de la canalisation du Rhône.

Après la « pichotto mar », la « grande mar » : nous sommes à Marseille. Il est 9 heures du matin.

La traversée.

6 avril 1903.

Dans trois heures, nous embarquerons sur l'*Eugène-Péreire*, l'un des bateaux les plus grands, les plus rapides et les mieux aménagés de la Compagnie Transatlantique. La traversée n'est point longue, 750 kilomètres. Mais aurons-nous calme ou tempête ? *That is the question.*

Pour moi, qui ai déjà fait une douzaine de fois le voyage de Marseille à Alger, ou *vice versa,* qui ai navigué sur toutes les mers de l'Europe, l'affaire n'a pas grande importance. J'ai le pied marin ; l'estomac *idem*. J'ignore absolument le mal de mer, mal qui effraie tant de Français. Plus le bateau remue, plus la mer est démontée, meilleur est mon appétit. Et il me souvient très agréablement d'avoir, en août 1892, sur la Baltique, fortement agitée ce jour-là, fait « quinauds », tout comme Panurge, deux Anglais qui plaisantaient deux Français faisant assez triste figure à la table d'un paquebot norvégien. Il leur en coûta bière, cigares, bordeaux, etc. ; et ils durent cesser, les premiers, jeux et paris engagés à la légère. La mer m'est douce.

Mais aucun de mes jeunes compagnons n'a fait encore le plus petit voyage en mer. Il est à craindre que l'appréhension, même vague, d'être malade — pas un ne la laisse paraître d'ailleurs — n'aide à l'avance à l'odeur fade du goudron, à la chaleur moite des cabines, au balancement du navire, et n'amène ledit mal de mer. Le meilleur préventif — car il n'y a pas de remède au mal de mer — c'est de garder l'esprit libre, le cœur joyeux, l'estomac modérément satisfait.

Nous embarquons à midi. J'ai donc commandé pour 10 heures 1/2, à l'*hôtel des Colonies,* naturellement, par amour de la couleur locale, un demi-déjeuner simple, substantiel. On nous sert à part dans une salle du rez-de-chaussée. Pendant la nuit quelques-uns ont bien un peu fourragé dans leurs sacs. A Tarascon, vers 7 heures du matin, nous avons bu un café au lait. Mais l'étape est longue de Paris à Marseille. Nous faisons donc honneur au déjeuner. En l'expédiant, on plaisante, on rit et la gaîté vient, excellent antidote à tous les maux. Le chef aide à la bonne humeur en contant quelques histoires..... marseillaises.

Le garçon passe des tranches de jambon froid, assez appétissant...

« — Où mange-t-on le meilleur jambon du monde ?

— A Bayonne, dit un patriote.

— Non.

— A York, s'écrie un savant.

— Non plus.

— A Chicago, parbleu ! insinua un malin.

— Pas davantage.

— Mais où donc alors, monsieur ?

— A Marseille, mon ami. »

Et le chef narra l'histoire de cet Américain de *Ch'câgo* qui, enrichi dans le commerce des lards et jambons d'Amérique, avait voulu voir l'Europe, l'avait parcourue en tous sens, mais n'avait trouvé rien de bien ni à Athènes, ni à Florence, ni à Rome, ni à Moscou, ni à Paris, ni sur le Bosphore, ni en Suisse, ni nulle part. Pour lui, rien en Europe qui valût ce que l'on trouvait en Amérique. Avant de repartir, il voulut pourtant visiter Marseille, troun de l'air ! et savoir si la *Cannebière,* vrai chemin de la « grande bleue », était égale au moins aux avenues, qui, à Chicago, débouchent perpendiculairement sur le Michigan. Et la Cannebière, malgré ses cafés, ses hôtels, ses foules si gaies, si bariolées, si bruyantes, malgré ses « trouns » et « retrouns de l'air », le laissa froid. « La Cannebière ! Mais les rues de Chicago ont 10, 20, 35 kilomètres de long ! Elles sont rectilignes, bordées de maisons de 18 ou 20 étages ! La Cannebière !... une ruelle ! » Marseille... Marseille lui-même l'avait déçu.

Prêt à s'embarquer, il allait secouer ses chaussures aux quais du vieux continent, en jurant bien de ne jamais y remettre les pieds et de dire à tous ses *countrymen,* à tous les *American fellows* qu'ils pouvaient rester *at home,* garder leurs dollars, s'épargner les fatigues d'une longue traversée ; car, en Europe, ils ne trouveraient même pas... une *machine* à découper rapidement et proprement un porc gras, à en faire en quelques minutes des boudins, des jambons, du lard et des saucissons tout prêts à être servis ! Non, ils ne la trouveraient pas !

« Comment ! » dit le Marseillais, son cicerone, tout marri de voir retourner dans le Far West un Yankee n'ayant point reconnu, confessé la supériorité de Marseille en mille et une choses diverses, et l'incomparable beauté de la Cannebière, « que si Paris en avait une, il serait un petit Marseille !... » « comment ! mais nous avons mieux que cela à Marseille. Nous avons une *massine*... qu'elle fait aussi d'un *cosson* vivant, des *socissons,* du lard, des jambons en *cinque* minutes... tout comme à *Cicago*... *Seulemint*... si le jambon, le lard, les *socisses* et le boudin... ils sont mal faits... *eh biègne* ! on les ramène à la *massine* et on dit : *Massine* arrière ! Et le *cosson*... il ressort tout vivant,... et on *recommince* boudins, jambons, etc. » Figure du Yankee ! Et voilà comme quoi, l'Europe... » elle est bien supérieure à l'Amérique »... et pourquoi c'est à Marseille que l'on mange toujours la meilleure charcuterie !

La table rit. Le garçon — un Marseillais — rit ; et nous continuons à déjeuner.

Un rayon de soleil filtre alors à travers les deux battants de la porte ouvrant sur la cour. Une mouche — il fait très beau, le soleil brille d'un éclat tout printanier — une mouche, une seule, vient voler sur la table, allant, la gourmande, la curieuse, d'un plat à un autre, d'un convive à son voisin. Des mouches !... il n'y en a pas encore à Paris ; nous n'en avons rencontré aucune sur la route... Donc la mouche met tout le monde en émoi : « Une mouche ! Une mouche ! »

« Une mouche à Marseille ! dit le chef... Il y a des hirondelles à Alger. » Ce qui était vrai. Le lendemain de notre arrivée sur la terre de Jugurtha et d'Abd-el-Kader, en traversant le *Jardin Marengo,* l'un de nous s'écria : « Une hirondelle ! une hirondelle ! » A quoi un loustic répondit : « Elle court après la mouche de Marseille. »

Cette mouche amène une autre histoire sur *Marius* — un Marseillais — dont la vue était si « perçante » qu'il vit distinctement, un jour, « une mousse » posée au sommet du clocher de la cathédrale, et sur son ami *Périclès* qui vit, plus distinctement encore, que ladite « mousse se grattait le nez avecque sa... patte de devant ». D'où nous conclûmes à l'unanimité que Marseille était le pays où l'atmosphère était la plus limpide,... ou bien celui où les gens voyaient le plus clair !

Sans discuter sur le sel un peu gros de ces galéjades, nous réglons la note, nous saluons l'hôtelier et, le pas allègre, l'esprit confit en bonne humeur, nous gagnons le bateau par le *Vieux Port*, les quais de la *Joliette* et le ponton de la *Transatlantique.* Nous sommes à bord, presque les premiers et plus d'une heure avant que l'ancre soit levée. L'impatience du départ !

Nous nous installons prestement dans nos cabines. Puis aussitôt, nous remontons sur le pont, ou plutôt, sur la grande passerelle d'arrière, pour assister à l'embarquement des passagers, aux adieux, au va-et-vient si intéressant du départ d'un grand paquebot : rires, pleurs, embrassades, bousculades, mouchoirs agités du bateau et de la rive, hâte fiévreuse des derniers arrivants ; embarquement précipité des colis, des malles, du courrier ; arrimage bruyant des chaînes métalliques aux énormes anneaux et des câbles gros comme la jambe ; beuglements sourds et prolongés de la sirène, grincements des cabestans, des grues ; enlèvement des passerelles mobiles jetées du quai au bateau pour le passage des voyageurs ; premiers remous causés par l'hélice, ébranlement lent du navire... départ ! On double le musoir et la digue... On est en mer... Adieu, Marseille !... Adieu, les amis, les parents, la terre natale !... Que de choses ! que d'émotions en une heure ! Pas un de mes compagnons n'est resté indifférent à ce spectacle, à cet adieu des hommes et du navire. Tout cela les a intéressés passionnément. Ils n'ont pas dit un mot, ni perdu un détail de l'opération.

J'ai navigué, ai-je dit, sur toutes les mers de l'Europe. Une seule fois — et ce fut ce jour-là seulement — je me suis senti ému. J'avais charge d'âmes et de corps. J'appartenais à mes douze compagnons. J'étais comptable de leur sécurité, de leur santé, de leur bien-être. Confiés à moi en bonne santé, je devais les ramener à leurs parents sains et saufs.

Maintenant nous appartenions tous, corps et biens, au capitaine, « maître absolu, après Dieu, sur son navire », dit le connaissement. Mais lui, mais son navire? Ils appartenaient aux vents, à la mer...

Le capitaine fut aimable et bon. La mer fut d'huile. Le navire tout neuf, splendide, se comporta magnifiquement. Nous glissâmes littéralement, sans la plus petite secousse, pendant 25 heures, entre deux océans bleus : le dôme et les prés bleu tendre du ciel et la plaine bleu foncé de la Méditerranée.

Nous regardâmes s'évanouir Marseille, les côtes blanches et osseuses de la Provence ; mais nous ne vîmes point les Baléares, ni les troupeaux de thons qui, en ces parages, égaient souvent la traversée par leurs ébats et leurs véritables *batailles rangées*. On passa entre les deux îles Majorque et Minorque pendant la nuit. Nous restâmes sur le pont tout l'après-midi qui suivit le départ, toute la matinée du lendemain à rassasier nos yeux du spectacle grandiose de la mer miroitante et douce sous un soleil splendide. Un ou deux d'entre nous seulement payèrent un léger tribut à Amphitrite. Ils descendirent discrètement s'étendre sur leur couchette comme je l'avais expressément recommandé. Il m'arriva, sans songer à mal, de demander où ils étaient. On me répondit, avec un petit sourire entendu : « Eh ! Monsieur, nous sommes, nous, des marins, de vrais marins. Eux !... — et de quel ton fut dit ce eux ! — ce ne sont que des... terriens. » Je souris aussi à ce propos orgueilleux, à ce ton protecteur, disant en moi-même

. . . Attendons la fin.

« Monsieur, quelle est la profondeur de la Méditerranée?

— 1 350 mètres environ en moyenne ; 2 à 3 000 mètres au sud des Baléares ; 4 000 près de Malte.

— Pourquoi est-elle si bleue ?

— Parce que l'évaporation y est intense toute l'année, qu'elle est très salée, et qu'elle reçoit peu d'eau douce de ses fleuves tributaires, etc. Elle devient même violette, comme dit Homère, entre la Grèce et l'Asie Mineure. »

Cent autres questions me sont posées ; et voilà une conversation engagée sur les mers et les océans. Un cours de géographie en plein air !

Le bateau file toujours droit au sud sans la moindre hésitation, sans le moindre roulis ou tangage. On dirait un être vivant, lourdement chargé, mais robuste et fier, ayant pourtant hâte d'arriver.

Entre 10 et 11 heures, on commence à sentir la terre. A partir de midi, on perçoit, à l'horizon sud, une vague ligne d'un noir bleuté. Après le déjeuner, tout le monde est sur le pont, à la proue. On regarde ; on parle peu et bref. Chez beaucoup de passagers, il y a une réelle émotion, une émotion contenue encore. Ils découvrent l'Afrique. Tels les compagnons de Colomb dans la nuit du 12 au 13 octobre 1492, en face de Guanahani... attentifs, anxieux !

Voici la Bouzaréah au premier plan ; l'Atlas au fond du paysage, là-bas, avec les neiges du Djurjura. Puis les détails se précisent en se rapprochant. Voici le cap *Caxine* et son grand phare ; puis la *Pointe Pescade*, *Saint-Eugène*, *Bab-el-Oued*... Alger ! C'est à ce moment que l'on a le mieux la sensation de la vitesse du navire. Joyeux coursier, on dirait qu'il vole. Il décrit fièrement une courbe toute géométrique, pique droit sur l'entrée du port, passe entre les extrémités des deux môles abritant une darse de 90 hectares... Nous sommes à Alger. Il est trois heures de l'après-midi environ. Nous avions quitté Marseille la veille à une heure et demie.

Alger.

7 avril 1903.

A mes amis de Galland, Jourdan, Pressoir.

13 heures d'express, 25 heures de bateau à vapeur nous avaient

suffi pour franchir les 1600 kilomètres qui séparent le bruyant Paris de la « blanche » Alger. Il y a un quart de siècle, il fallait deux fois plus de temps pour faire le même trajet. En 1830, la flotte et l'armée qui allèrent venger l'injure faite à la France par les pirates barbaresques, puis planter notre drapeau sur la côte d'Afrique, mirent six jours de Toulon à Alger. Le *vapeur*, apportant la grande nouvelle de la prise d'Alger, fut huit jours en route. Quels progrès depuis ! L'on peut bien dire que maintenant l'Algérie est aux portes de la France, et qu'aller la visiter, c'est se déranger à peine.

C'est du pont du bateau qu'il faut voir Alger pour en bien comprendre la topographie. Pareille à un burnous déployé dont le capuchon serait la Casba, ou citadelle, et dont la bordure inférieure toucherait à la mer, la *ville indigène*, de forme triangulaire, est accrochée au flanc oriental, à pente très forte, du dernier éperon de la Bouzaréah. La *ville européenne* s'est installée à la base même de l'éperon, au bord de la mer sur laquelle elle a, en grande partie, conquis son emplacement actuel. Puis débordant au nord et au sud, rompant ses vieux remparts inutiles, elle a projeté, vers la pointe Pescade, son populeux faubourg de *Bab-el-Oued* et la poétique banlieue de *Saint-Eugène*. Mais c'est surtout au sud, vers *Mustapha, Hussein-Dey* que le mouvement se porte avec rapidité. La ville se développe donc en longueur du nord au sud, sur 3 à 4 lieues, au bord de la mer même. Cette disposition du sol rend assez incommodes, assez lentes les communications entre les extrémités de la ville, mais donne à la configuration de celle-ci quelque chose d'élégant, de naturellement artistique. Cela permet aussi, suivant la saison, d'aller prendre le frais à Saint-Eugène, un brin de soleil plus chaud à Mustapha, l'air de la ville à Alger même, et celui de la campagne, dans ses faubourgs ou sur les coteaux voisins (1).

(1) Un jour prochain, Alger aura un service de « mouches » et d' « hirondelles » avec vingt arrêts, de *Maison-Carrée à Guyotville* ; plus un *métro* creusé en tunnel dans les flancs mêmes de ses coteaux avec des gares en plein air et de plain-pied aux points de raccord des arcs souterrains et successifs de la ligne. De *Guyotville à Kouba*, les deux tiers du parcours par Notre-Dame d'Afrique, la Cantéra, le Frais-Vallon, la Casba, le Chemin des Aqueducs, le Palais du Gouverneur, le haut du Jardin d'Essai, etc. seraient à air libre, et constitueraient un magnifique belvédère. La population, au grand profit de sa santé, pourrait se porter vers les hauteurs. Quand Alger comptera 300 000 âmes, c'est-à-dire

(Cl. Sauvage.)

La caravane sur l'*Eugène-Pereire* (avril 1903). *Page 106.*

(Cl. Neurdein.)

Alger : Palais d'été du Gouverneur (Mustapha-Supérieur). *Page 128.*

(Cl. Neurdein.)

Alger, vue prise du phare de l'Amirauté. *Page 108.*

Alger est toujours beau, toujours merveilleux à voir. Il a ses blanches maisons, sa population active, mélangée, son port animé, sa mer bleue, ses coteaux éternellement verts, enfin l'horizon du Djurjura. Mais son aspect est particulièrement saisissant :

1° Le matin, au lever du soleil. Point d'observation : le bout de la jetée ;

2° Le soir, entre 9 heures et minuit par un beau clair de lune. Observatoire : angles des vieilles rues de la Casba ; haut de la rampe Vallée ;

3° Enfin, par une *nuit noire*, c'est-à-dire sans lune, vu du pont du bateau partant pour la côte est.

Vous voulez respirer la brise marine, le souffle plus frais du matin? Allez au bout de la « courbe des incertitudes », comme on appelle plaisamment la grande jetée. Adossez-vous à l'un des gros blocs cubiques (de 80 à 120 mètres cubes) qui la haussent et la bordent extérieurement. Là, attendez les premiers rayons du jour. Vous éprouverez alors une sensation délicieuse — pour les yeux surtout — à voir émerger, non pas des ténèbres — elles sont inconnues en Algérie — mais d'une sorte de pénombre, le *Fort-l'Empereur* ceint de sa verdoyante forêt ; les hauteurs de Mustapha avec leurs palais multicolores noyés dans la verdure, avec leurs villas aux toits rouges, grenades en fleurs semées sur ces collines ; enfin Alger avec sa « carrière » de marbre ou de « chaux » au sommet ; ses théâtres, ses cafés, ses hôtels, ses banques, ses arcades, ses palmiers et son port tout en bas. Tout est gris, assez indistinct d'abord, puis pâle, puis rose, vert, blanc, éblouissant, aveuglant même. La limpide, la belle lumière de l'Afrique du Nord, dont ce pauvre Henri Regnault, tué à Buzenval, disait : « Elle m'a opéré de la cataracte », cette lumière inonde les moindres recoins de la ville et de sa banlieue. Elle leur donne une vie intense, colorée, pittoresque.

dans dix ou quinze ans au plus, il lui faudra, de toute nécessité, par suite de sa disposition topographique, ces trois grands moyens de locomotion :

Les *tramways* actuels, si merveilleusement installés ;

La *ligne de cabotage*, avec ses petits ports ou ses jetées en pilotis ;

Le *métro*, semi-souterrain, semi-aérien.

Avis aux financiers, aux ingénieurs, aux Algérois eux-mêmes !

Vous partez le soir par le bateau pour Bougie. Restez, si la nuit est sombre, sur le pont à l'arrière du paquebot. Vous aurez sous les yeux un plan fantastique de la ville d'Alger, plan dessiné par des lignes et des points lumineux. Au niveau de la mer, on dirait une voie lactée, une coulée d'argent. Au-dessus, un monde d'étoiles jaunes, bleues, rouges, groupées de façon singulière, piquent de flammes étincelantes un vaste écran noir. Au fur à mesure que s'éloigne le vapeur, vous verrez s'éteindre les étoiles une à une ou par masse, diminuer d'intensité la nappe des feux des boulevards. Bientôt, du cap Matifou, vous n'apercevrez plus qu'une lointaine nébuleuse. Le cap doublé, la toile tombe.

Quand la lune brille — et « l'astre au front d'argent » se cache rarement là-bas —, le charme des nuits algériennes est incomparable. Fromentin l'a exprimé mieux que personne. « Les ombres transparentes semblent craindre de cacher le beau ciel de l'Algérie... Ce n'était point des ténèbres, mais seulement l'absence du jour... L'air était doux comme le lait et le miel, et l'on sentait à le respirer un charme inexprimable... Depuis l'horizon jusqu'au zénith, c'est le même scintillement partout, et comme une sorte de phosphorescence confuse. Il n'y a dans l'air immobile ni mouvement ni bruit, mais je ne sais quel mouvement indéfinissable qui vient du ciel et qu'on dirait produit par les palpitations des étoiles » (1).

En effet, la lumière de la lune et des étoiles révèle avec une netteté extraordinaire les détails du paysage, surtout quand la lune est dans son plein. « Le soleil de Londres n'est qu'un falot à côté des pleines lunes d'Algérie », dit avec raison Paul Bert (2). Aussi l'on saisit bien vite pourquoi les Arabes ont fait du Croissant leur symbole religieux. La lune éclaire et guide leurs caravanes arrêtées par la brutale chaleur du soleil. Elle semble rafraîchir leurs nuits. Elle donne un aspect féerique à la nature des régions désertiques si tristes, si nues pendant tout le jour. Comme de blancs fantômes, comme des ombres fugitives, les Arabes disparaissent, ils glissent dans une brume impalpable, dans une sorte de gaze argentée.

(1) FROMENTIN, *Un été dans le Sahel.* (Plon et Nourrit édit.)
(2) *Lettres de Kabylie*, p. 43.

Qui pourrait comprendre l'Orient, ses contes des *Mille et une Nuits,* sans avoir vu, sans avoir goûté la splendeur des nuits, sans avoir entendu le somnolent *fla-fla* des jets d'eau sous les orangers, sous les oliviers endormis ?

Qui n'a point erré, la nuit, dans les grandes forêts

> Qu'emplit la rêverie immense de la lune
> Sous les arbres bleuis par sa clarté sereine,

ou dans les plaines enneigées du nord, par une froide lune d'hiver ; qui n'a point senti la douceur calme, mélancolique souvent, des nuits orientales, ne comprend rien à l'apparition des blanches fées si vaporeuses, si légères, rien aux courses nocturnes et solitaires de la chaste Diane allant éveiller Endymion, rien aux mystères sacrés d'Isis, de la bonne, grande, féconde et sainte Isis des Égyptiens !

A Alger, pendant cinq ans, je l'ai senti bien des fois ce charme pénétrant et doux de la rêverie au clair de la lune, soit dans les jardins aux exhalaisons capiteuses, soit sur les terrasses des maisons arabes. Je l'ai goûté délicieusement à Batna en 1884, obligé que je fus de passer une nuit à la belle étoile. La pyramide du *Djebel Touggour* (2 086^{m}), à l'ouest de la ville, les grands cèdres qui le couvrent étaient ceints d'une auréole ravissante, pâle, vert tendre, or fondu. Près de moi, sur

> Un *minaret* jauni
> Comme un point sur un i...

une cigogne, oiseau fidèle, semblait adresser silencieusement ses pieuses invocations à la blonde Phœbé, ennemie des brigands de l'air et de la terre, protectrice de son nid et de ses chers petits.

Mais j'anticipe. C'est la vue d'Alger, pour moi si clémente, jadis, qui me rappelle tant de choses à la fois, et, à flots, fait monter à mon cerveau les impressions et les souvenirs du passé... D'ailleurs mes compagnons vont se laisser prendre tout de suite aux charmes, à la griserie de la lumière des nuits et des jours algériens, à la nouveauté du milieu (1).

(1) Alger a aujourd'hui près de 200 000 habitants. Son port couvre 92 hectares aux-

. . . .

Nous débarquons donc, non plus dans des *youyous* et des barques d'Arabes ou de Maltais, comme cela avait lieu naguère en-

quels il faut ajouter les 17^{ha} 1/2 de l'arrière-port. La passe d'entrée principale a 171^{m} de largeur; celle qui fait communiquer le port et l'arrière-port en a 73 avec une profondeur de 10 mètres. Les plus grands navires peuvent évoluer à l'aise à toute heure dans la partie sud du port. La longueur des quais affectés au commerce est de 2^{km},140. L'étendue des terre-pleins occupés par les services publics, compagnies de navigation, hangars et dépôts, s'élève à 18 hectares. Entrée et sortie, amarrage, ravitaillement en eau douce et en charbon, fourniture des vivres frais se font avec aisance et célérité.

Alger étant à mi-chemin entre l'Angleterre et l'Égypte ou la mer Noire est devenu le plus grand port de relâche de la Méditerranée, *a coal station*. En 1905, 1 738 vapeurs de fort tonnage y ont relâché, dont 1 140 anglais, 154 allemands. Alger est au 2e rang des ports français comme tonnage de jauge : 11 302 000 tonnes ; au 6e pour l'effectif réel des marchandises. Il possède deux formes de radoub dont l'une a 138^{m},83 de long et 8^{m},35 de profondeur ; et 3 cales sèches. Les réparations y sont donc faciles.

En la même année 1905, les entrées ont été de 5 412 navires dont 2 701 français, montés par 134 600 hommes d'équipage. Il a été débarqué 71 315 passagers dont 12 904 militaires, et 1 127 000 t. de marchandises. Les sorties ont été sensiblement égales. La houille figure pour 594 000 t. à l'entrée ; c'est donc un très gros article. Parmi les produits *importés*, il faut citer surtout les bois (32 000 t.) et les matériaux de construction (65 000 t.) pour la bâtisse si active ; les soufres (16 000 t.) et les fûts vides (52 000 t.) pour la viticulture ; les tissus (9 000 t.), le sucre (8 500 t.), le café, etc. ; ceux *exportés* sont surtout : les vins (3 140 000 hl.), les moutons (321 000 têtes), les minerais (105 000 t.), les citrons, oranges et mandarines (5 166 t.), les raisins frais (5 636 t.), les légumes frais ou primeurs (7 000 t.), etc. La part de la France, sauf pour la houille, est tout à fait prépondérante : les 9/10 environ.

Le mouvement commercial du port d'Alger est donc très remarquable. Ses progrès sont extraordinaires et continus. Que l'on en juge par les chiffres suivants :

	1831	*1870*	*1905*
Nombre des navires. . . .	338	2 061	5 412
Marchandises à quai : tonnes.	20 810	443 439	2 361 040

Le mouvement a centuplé en 75 ans !

La même année 1905, les six principaux ports algériens : Oran, Mostaganem, Alger, Bougie, Philippeville, Bône ont débarqué 1 850 500 tonnes effectives, et en ont embarqué 2 462 200 ; total : 4 312 800. Les petits ports inclus, cela ferait 5 millions. Beau chiffre et encourageant, dépassé d'ailleurs fortement en 1907.

Le *commerce algérien* a suivi la même progression ; soit en millions de francs :

	1831	*1851*	*1871*	*1891*	*1901*	*1907*
Importation. .	6,504	66,9	195	277,8	331,4	»
Exportation. .	1,479	19,8	111,7	235,7	270,9	»
TOTAL. . .	7,983	86,7	306,7	513,5	602,3	820

(Documents statistiques de la Chambre de Commerce d'Alger.)

On a dit trop souvent hélas ! : le Français n'est pas colon. Les chiffres précédents suffisent à réfuter victorieusement ce préjugé absurde. Que répondre aux suivants ? L'Algérie avait *deux* millions d'habitants en 1830 ; elle en a plus de *cinq* aujourd'hui, dont core, mais directement par des appontements en bois qui s'avancent dans le port, et auprès desquels le bateau vient s'amarrer. C'est moins émouvant, moins dangereux aussi, mais bien plus rapide Nous serrons la main à de bons amis venus pour nous saluer. Après une visite très sommaire de nos valises par la douane, dare, dare ! nous grimpons les rampes et les escaliers accotés aux voûtes qui supportent le grand boulevard de la République et servent de magasins généraux au port d'Alger. Nous traversons la place du Gouvernement, le marché de Chartres si bruyant, si original. Un quart d'heure après, l'*Hôtel des Bains* compte 13 clients « continentaux » ; car les Algériens se croient dans une « île », « l'île verte du Magreb », pour parler comme les Arabes. Ils donnent ce surnom de continentaux aux touristes, aux voyageurs d'Europe. Il est vrai que cette épithète implique une légère nuance... de dédain, de commisération : un continental, c'est... le contraire d'un colon ; il ne connaît rien aux choses coloniales, il en parle comme un Philistin de la peinture.

L'installation dure 20 minutes à peine. Toute la bande impatiente s'envole à la découverte. En avant pour la conquête de l'Algérie !

Le président de la *Section de l'Atlas* du C. A. F., M. de Galland, si aimable, si savant en tout ce qui regarde Alger et l'Algérie, est là, souriant, qui nous attend. Il n'attend pas longtemps, car mes gaillards brûlent de voir ce monde étrange qu'ils viennent d'entrevoir du bateau.

Il nous restait trois heures de jour à dépenser. En voici l'emploi :

Nous visitons la Mosquée de la Pêcherie, *Djemmaâ el Djedid* ; puis sa voisine, la *Djemmaâ el Kébir* (la grande). Leur blancheur éclatante, leurs minarets multicolores où l'on hisse le drapeau vert quand le *muezzin* appelle les croyants à la prière, leurs coupoles octogonales ou rondes, la dentelure terminale des murs extérieurs étonnent un peu les visiteurs. Mais ils sont bien plus impressionnés

près de 4 1/2 sont des indigènes, et 700 000, des colons européens. Elle n'avait ni ports, ni routes : elle a des ports actifs et bien aménagés, 14 000 kilomètres de routes ou de chemins en bon état de viabilité, et 3 500 kilomètres de chemins de fer. Elle a des écoles et elle est prospère. Laissons dire et continuons.

par le bassin en marbre et par le jet d'eau ombragés de verdure et placés au centre d'une petite cour entourée de portiques, où les Arabes font les ablutions de la bouche, des mains, du front, du nez, des oreilles, des pieds, avant de pénétrer pieds nus et tête couverte dans la mosquée même pour la prière ou pour le culte ; par le nombre des colonnes ou plutôt des colonnettes en marbre, droites ou torses, qui supportent la voûte légère de l'édifice d'où pendent des myriades de lampes de toutes les couleurs ; par les arabesques et les versets du Coran ornant les murs ; par l'absence de toute peinture ou sculpture ; par le *mirab* très simple d'où prêchent les muphtis et les imans tournés vers la Mecque ; par les nattes de paille et les tapis recouvrant le sol partout, et sur lesquels sont accroupis, priant, rêvant, tournant des chapelets en leurs mains, dormant peut-être, des Arabes silencieux ; enfin par la lumière atténuée, adoucie, tombant de toutes petites fenêtres — de lucarnes plutôt — fermées par des verres rouges, bleus ou jaunes ; par la simplicité, le calme absolu qui règnent dans une mosquée (1).

M. de Galland, devenu notre guide très écouté, nous fait ensuite visiter le *Palais archiépiscopal*, le *Musée* et la *Bibliothèque de l'État-major*, voisins tous les trois du *Palais d'hiver* du Gouverneur et tous installés dans les anciennes demeures des chefs des janissaires.

Point ou peu d'ouvertures sur le dehors autres que la porte d'entrée ; cour intérieure dallée de marbre blanc, avec bassin, jet d'eau et verdure ; larges galeries au rez-de-chaussée et au premier, supportées par des colonnettes en marbre, véritables promenoirs sur lesquels donnent toutes les chambres de la maison ;

(1) Le vendredi est le jour du culte pour les musulmans. Pour les juifs, c'est le samedi ; le dimanche, pour les chrétiens. Jeudi est jour de repos pour les écoliers. Avec un peu de bonne volonté, on pourrait donc dire, en voyant des groupes d'habitants se reposer ainsi quatre jours successifs, que chaque semaine, en Algérie, est la semaine des quatre jeudis. C'est le paradis des écoliers.

Le « *Rhamadan* », la « *fête du mouton* » (*Aïd el Kébir*), le « *mouloud* » — ce dernier en l'honneur de la naissance du prophète — sont les trois plus grandes fêtes mahométanes, le moment où les mosquées et la vie religieuse des Arabes ont le plus d'éclat et d'animation. C'était généralement après les longs jeûnes et les prédications du Rhamadan qu'éclataient, jadis, les insurrections. Nous n'avons vu aucune de ces fêtes. Ce n'était pas le moment.

chambres fermées par des portes en bois sculptées d'arabesques et peintes en couleurs foncées : vert, brun, rouge, or; escaliers très commodes avec des niches longues encastrées dans le mur soit pour le repos, soit pour la garde ; terrasses enfin où l'on peut aller le soir prendre le frais et respirer à l'aise : tels sont les éléments essentiels de la maison arabe riche, si bien appropriée au climat, si bien défendue contre la lumière trop vive et les chaleurs trop fortes de l'été, contre le vent, contre les bruits ou la curiosité indiscrète.

Le maître et sa famille étaient vraiment chez eux.

Pour se défendre de la poussière si redoutable dans tout le midi, des insectes aussi ; pour donner plus de fraîcheur, une lumière plus agréable, moins crue à l'appartement, les murs, le sol sont recouverts de majoliques, de briques vernissées si faciles à nettoyer, ou — comme à l'État-major — de *faïences de Delft* du XVIe et du XVIIe siècles, que l'on ne s'attendait guère à trouver là. Ces pirates ne se refusaient rien. Serait-on pirate sans cela ? Le monde n'en a jamais manqué ; la race des écumeurs est immortelle.

Nous voici maintenant, à la suite de notre guide, dans les petites rues, dans les ruelles de la Casba, si raides avec leurs escaliers sans fin, toutes pavées de cailloux si durs, si usés, toutes bordées de maisons aux murs peints, aux étages en saillie les uns sur les autres, aux toits rapprochés ; rues et ruelles sinueuses, dégringolantes, sur lesquelles s'ouvrent les boutiques, les ateliers de cent petits marchands indigènes. Les boutiques sont remplies de produits étranges : fruits de toute sorte, huile, légumes, parfums, étoffes aux couleurs voyantes, babouches brodées et pailletées de lunules en cuivre ou en fer-blanc, sandales en cuir jaune, vert, rouge; bijouterie et joaillerie grossières; bagues et amulettes; coffres et coffrets verts, rouges, ornés de rangées de clous de cuivre à larges têtes, — le tout, mêlé à des bougies bleues et roses, à du sucre, au café, au pétrole, aux confiseries et confitures *aromatisées,* colorées, etc., etc., produit un effet déconcertant, mal odorant, mais pourtant assez pittoresque. Telles devaient être les boutiques de nos pères au moyen âge.

Notre guide nous arrête au carrefour de la rue *Kléber,* l'une des plus animées de la Casba. Il offre un *Kaoua* (café arabe) à la caravane. Le *Kaouadji* (cafetier) installe des bancs de bois un peu boiteux devant son café, apporte à chacun une petite tasse de café arabe (1).

La séance dura 20 minutes. Voici pourquoi. Je laisse ici la parole — ou plutôt la plume — à notre guide. « C'est devant ce café maure, entre la *Djemmaâ Safir* et la petite mosquée de *Si M'hamed Chérif* que Fromentin s'attarda si souvent... Ah! le joli coin bien fait pour la paresse qui se complaît dans des rêveries sans fin, près de la fontaine où, sans trêve, les Biskris et les femmes viennent emplir leur cruchon! Tous ont dans leur attitude une grâce pleine de souplesse : les hommes qui, dans un mouvement où la vigueur des muscles se révèle, placent et maintiennent sur l'épaule la cruche de cuivre rouge; la jeune fille dont les hanches et les cuisses sont serrées dans un pagne multicolore; la petite négresse qui balance sa gargoulette avec des poses de jeune chatte. Les buveurs de café, portefaix à blouse blanche, Arabes drapés dans leurs burnous regardent sans échanger un mot... » (2).

Mes compagnons regardent aussi avec des yeux écarquillés, curieux, inlassés, ce coin, cette rue qui donnèrent tant de couleurs à la palette et à la plume de Fromentin. Des centaines de *moutchatchous* (enfants), de *moukères* (femmes) voilées, d'Arabes et de Kabyles défilèrent devant nous montant, descendant, sans s'étonner de notre présence, sans se sentir incommodés de notre curiosité. Quelle leçon de choses! Quel contraste aussi! L'Orient impassible, immuable; l'Occident inquiet, curieux, chercheur! L'Occident... c'est nous.

La nuit étant venue, nous allâmes dîner au restaurant de *la Poste*. Je laisse à deviner de quel appétit. On brûlait de causer, et l'on se tut; car la secousse, la transition avaient été un peu fortes. On craignait d'en dire trop... ou de dire mal. Le lendemain, les langues étaient déliées. Le don des langues!

(1) En voici la recette : le café, *pulvérisé* au mortier, est jeté au fond d'une tasse, en même temps que l'eau bouillante est versée dessus; on ajoute ensuite *un* morceau de sucre : petite quantité, mais qualité réelle. On laisse reposer un instant, sans décanter, et l'on boit à petits coups et aussi chaud que possible. Tel est le café arabe.

(2) Ch. de Galland, *Les petits cahiers algériens*. (Jourdan, édit. Alger, 1900.)

Le *Comité des hiverneurs* et son Président, M. Mesplé, eurent la très aimable attention de nous inviter le même soir à un lunch fort animé et très brillant... après lequel nous allâmes tous dormir de bon cœur; car, tous, nous avions grand besoin de quelques heures d'un sommeil réparateur.

Saint-Eugène.

8 avril 1903.

Et voilà comment notre petite troupe opéra son débarquement en Afrique, au port même des pirates; comment elle livra et gagna, elle aussi, sa bataille de Staouéli. Alger était à nous. Nous y restâmes trois jours et demi. Ils furent bien employés (1).

Un nouveau guide — un ami encore — M. Pressoir, membre du C. A. F., nous accompagne. Vers huit heures, le tram nous laisse à l'*Hôpital du Dey*, au bout du très populeux faubourg de *Bab-el-Oued*, habité surtout par des Espagnols.

Soleil clair, brise agréable, fleurs dans les jardins et partout, verdure aux flancs de la Bouzaréa, en faut-il plus pour rendre, dès l'abord, un milieu, un site agréables et sympathiques?

Nous montons lentement par une bonne route à forte rampe,

(1) Placez pointe à pointe, dans le sens N.-N.-O. — S.-S.-E. deux paires de ciseaux aux branches longues, aux anneaux larges. Supposez notre hôtel, tout voisin du *Grand-Théâtre* d'Alger, et de la *place Bresson* — point de départ et de ralliement — juste à l'endroit où les pointes se touchent: figurez-vous que les branches soient les voies desservies par des lignes de trains électriques admirablement installées et servies qui nous conduisent aux anneaux, et vous aurez un assez bon schéma de nos itinéraires; car les anneaux représenteront le tracé de nos courses du matin et du soir dans l'ordre ci-après:

Première journée. . . .	1° boucle N.-N.-O. :	Vallées des Consuls, St-Eugène;
	2° — O.-N.-O. :	la Bouzaréa, Bab-el-Oued;
Deuxième journée.. . .	1° — S.-S.-O. :	Colonne Voirol, El Biar, Ft l'Empereur, l'Agha;
	2° — S.-E. :	Mustapha, Jardin d'Essai, etc.
Troisième journée. . .		La Chiffa et la Mitidja, Boufarik.

vers *Notre-Dame d'Afrique* dont la bizarre architecture et le ton jaunâtre détonnent dans ce paysage lumineux, gracieux et grandiose à la fois. Les aloès, ou agaves, avec leurs énormes feuilles charnues, vert-bleuté, lancéolées ; les géraniums fleuris de 1 à 2 mètres de haut formant haies ; des cactus ou figuiers de Barbarie aux larges spatules épineuses, aux tiges tortueuses et entrelacées, barrières suffisamment protectrices pour les jardins et les propriétés, des arbousiers aux petites feuilles rondes, et, à la saison, aux fruits rouges, gros comme des cerises velues ; des ifs noirâtres, très hauts, alignés pour protéger les cultures contre les vents : tout cela est nouveau, tout cela intéresse vivement de jeunes Parisiens en voyage.

Ce qui les ravit, c'est le panorama merveilleux, rarissime, — « un des plus beaux du monde » me disait E. Reclus que j'eus un jour l'insigne honneur de conduire là — dont on jouit de l'éperon sur lequel est bâtie Notre-Dame d'Afrique. Au nord, la mer infinie, la « mer bleue », changeante, farouche parfois, surtout en hiver, mais le plus souvent caressante, à l'horizon lointain de laquelle on voit passer les steamers de l'*East-India*, ou accourir vers Alger les grands courriers, les balancelles aux voiles blanches, les barques des pêcheurs algérois toutes semblables à des mouettes, — la mer limpide dont les vagues viennent expirer nonchalamment sur le rivage qu'elles ourlent d'une frange de dentelle écumeuse. A l'est, le Djurjura neigeux, la Kabylie à demi noyée dans les brumes d'avril, et qui — bien qu'à plus de 100 kilomètres — semble si près de nous que nous pourrions la toucher du doigt. Au sud, un coin d'Alger : le *Jardin Marengo*, la *Casba*, les coteaux très verts du *Frais Vallon* sur lesquels, chose étrange, l'hôpital civil aux toits rouges et le cimetière arabe avec ses tombes blanches ou bleues mettent une note plutôt gaie, une note printanière. Derrière nous, la Bouzaréa avec ses *bordjs*, avec ses maisons turques accrochées à son flanc nord comme des nids d'oiseaux de proie, de pirates guettant l'horizon. Au-dessous de nous, presque à pic, *Saint-Eugène* (6 000 hab.) avec ses riches villas aux murs polychromes, avec ses jardins d'agrément, sa poétique ceinture de flots et de fleurs, sa grande nécropole si verte, si soignée, si fleurie que l'on désirerait presque y goûter son dernier sommeil. Aussi n'est-on point choqué du tout de lire, au-dessus du portail de cette cité des morts, cette presque invitation au repos éternel :

Hodie mihi, cras tibi.

Oui, la mort est moins triste en Algérie. Et quand on a vécu là-bas un certain temps, on comprend mieux l'indifférence des Arabes, leur sérénité même devant elle. En ce coin de terre si verdoyant il repose des hommes de tous pays, de toutes langues : Français, Espagnols, Italiens, Levantins, étrangers venus de tous les bouts de la terre à Alger la belle, la clémente, pour essayer de prolonger un peu leur existence menacée par l'implacable mal, par l'âge. Ils se sont peut-être haïs, combattus jadis. Ils ont pleuré, peiné, souffert; ils ont ri, chanté, rêvé, aimé; ils ont été riches ou pauvres, puissants ou faibles, résignés ou révoltés; et ils dorment là, tous, côte à côte, sans bruit, sous des fleurs, sous un clair soleil, dans un milieu souriant, enchanteur, où assurément la mort a dû les réconcilier tous.

Un Arabe, un Oriental passe indifférent devant ce vaste champ du néant humain; un Européen, lui, ne peut s'empêcher de philosopher sur la vie et sur la mort, angoissantes et formidables énigmes que les religions et la science s'efforcent de résoudre.

All our life is mixed with death.
BROWNING.

Les vers de Montgomery sur le « Common lot »,

Once, in the flight of ages past
There lived a man...

viennent flotter dans ma pensée. Ils s'y cristallisent ainsi en français :

Jadis — nul n'a fixé le siècle ou les années —
Ici vivait un homme... « Et qui donc était-il ?
— Mortel ! sombres ou non fussent tes destinées,
Cet homme avait, crois-le, ta face et ton profil.

Inconnu le hameau qui rit à sa naissance,
Le pays attristé par sa mort, inconnu.
De son vrai nom la terre a perdu souvenance.
Seul ce verbe survit, jusqu'à nous parvenu :

La joie et les chagrins, l'espoir et les alarmes,
Dans sa frêle poitrine ont régné tour à tour.
Son malheur ? sa liesse ?... Un sourire ; des larmes !
Le reste est dans l'oubli, songe vain d'un beau jour.

Corps brisé ! hôte au cœur tout meurtri par le doute,
Quelquefois il rêvait des rêves inouïs.
Ses fidèles amis l'ont laissé sur la route
Avant ses ennemis sous la haine enfouis.

En son âme, il sentit le trouble qui t'agite,
Il vit autour de lui les pleurs et la gaîté ;
Et maintenant, il est où tes pas vont si vite.
Il fut enfin, ami, ce que tu as été. »

Mentalement, je salue ainsi les morts inconnus qui dorment là au-dessous de moi.

.... Nos yeux éblouis, rassasiés du panorama extraordinaire étalé devant nous, et après avoir salué avec émotion quelques reliques de Pélissier, de Yousouf, de Bugeaud, de Lamoricière, exposées dans la basilique, nous visitons l'agréable *Vallée des Consuls* par une route encaissée et ombragée d'oliviers très vieux, de trembles blancs, de frênes, de chênes-verts sous lesquels je suis venu bien des fois, jadis, écouter, comme un écho lointain de mes forêts natales, la voix plaintive et grondante du vent d'hiver.

Mais aujourd'hui tout rit dans les jardins du Petit Séminaire, des Carmélites, des jolies villas qui sont venues s'asseoir, sourire et chanter sur ce plateau (124 mètres d'altitude) fertile, frais et si pittoresque, à l'ombre des orangers, des citronniers encore chargés de fruits, des néfliers du Japon, des arbousiers, des magnolias, des clématites, des glycines et de fleurs de cent espèces. C'est un régal délicieux pour les yeux, une fête enivrante pour l'odorat. Nous ne marchons pas ; nous flânons, nous rêvons. Nous voilà devenus des Orientaux.

Nous longeons le *fortin Duperré,* en regardant la *Pointe Pescade* et les *Bains romains* ; et, de lacets en lacets, nous sommes bientôt à *Saint-Eugène.*

Au lieu de prendre le train pour le retour, nous suivons à pied le bord de la mer, tout festonné d'anses, de criques, de pointes, de rochers se mirant dans une eau ultra-limpide. Le sentier si

(Cl. Neurdein.)

Alger : cour mauresque du Palais archiépiscopal. *Page 114.*

(Cl. Neurdein

Alger : une rue de la Casba. *Page 115.*

(Cl. Neurdein.)

Alger : la mosquée de Sidi-Abder-Rahman. *Page 121.*

(Cl. Neurdein.

Alger : allée de palmiers au Jardin d'essai. *Page 129.*

accidenté qui suivait toutes les sinuosités du littoral, et qu'affectionnaient peintres, rêveurs, touristes, pêcheurs, est remplacé par un chemin de fer en corniche. Celui-ci desservira la partie maritime du Sahel et animera les villas, hôtels et jardins de Saint-Eugène jusqu'à la pointe Pescade. Là sera de plus en plus la banlieue estivale d'Alger rafraîchie par l'ombre de la Bouzaréa, par la brise du nord. Ce chemin en corniche, presque achevé, coûtera, nous dit-on, 4 à 5 millions.

Nous visitons le beau *Jardin Marengo* qui encadre si gracieusement sur deux côtés le grand lycée; puis la charmante mosquée avec la zaouia *d'Abder Rahman*, et nous rentrons par la rue *Randon*, toute grouillante d'Arabes, de Juifs, de petits marchands bruyants, malpropres, peu intéressants. Il est très fâcheux que l'on ait coupé la Casba en deux pour créer une artère aussi peu décorative. On a voulu faire commode; on a fait laid.

La Bouzaréa.

8 avril, après-midi.

La Bouzaréa a attiré nos regards toute la matinée. L'aimable directeur de l'Observatoire, M. Trépied (1), nous a invités hier à lui faire visite. Donc, notre déjeuner pris, nous mettons le cap vers la cime de la Bouzaréa se dressant là-bas, au nord-ouest d'Alger, à 407 mètres d'altitude.

De l'*Hôpital du Dey*, par un chemin très raide, caillouteux, peu ou point ombragé, assis en maints endroits sur la roche nue — un chemin

. . . . malaisé,
Et de tous les côtés, au soleil exposé,

— nous piquons droit sur l'Observatoire, en laissant : à gauche, les

(1) Mort en mai 1908.

carrières de Bàb-el-Oued d'où tant de moellons, tant de pierres ont été tirés pour bâtir Alger et sa digue ; à droite, la batterie de Sidi-ben-Noun (270^{m}) et le cimetière des Mzabites [1].

M. Trépied nous reçoit en ami, en savant, en maître de céans. Car c'est lui qui, depuis un tiers de siècle, a créé, installé, dirigé le magnifique observatoire d'Alger posé presque au sommet du mont, un peu à l'abri des vents du nord, dans un site superbe et sous un ciel presque toujours limpide. Cet observatoire est aujourd'hui l'un des centres d'études astronomiques les plus connus du monde entier.

Nous admirons les fleurs, les arbustes et la verdure du petit parc où sont distribués les différents bâtiments de ce bel établissement scientifique. La terrasse du corps de logis principal est un belvédère de premier ordre aux trois quarts d'horizon sur la mer, la plaine et les monts.

On nous fait voir en détail les salles, les instruments et appareils. Deux choses surtout frappèrent notre attention : la salle de la grande parallaxe, dite *temple de la précision*, et la puissante lunette destinée à l'observation des phénomènes solaires. Le soleil fut, par l'un des collaborateurs de M. Trépied, projeté sur un vaste écran. Le mouvement apparent de l'astre était sensible. Nous vîmes des taches solaires dont l'une, de la grandeur d'un décime environ, aurait pu loger aisément « 69 fois le globe terrestre ». Cela nous rendit rêveurs. Nos yeux ne quittèrent pas l'écran, et le silence fut absolu tant que dura l'opération.

Pas la plus petite trépidation, pas le moindre bruit, calme absolu à l'Observatoire. Il semble que l'on est à mille lieues de la mêlée humaine. Voilà bien le centre idéal qui convient aux savants, à leurs observations diurnes et nocturnes, à leurs calculs. Ils vivent là dans le silence, mais non dans la solitude ; car ils ont Alger, 50 villages ou bourgs, 200 fermes sous les yeux, et, au loin, la mer, la Mitidja, la Kabylie. Heureux savants ! Ils sondent l'infini ; et quand ils cessent de contempler les espaces éthérés,

(1) Les Mzabites, ou les cinquièmes — il y a 4 autres grandes sectes musulmanes — venus du Mzab, sont de très habiles commerçants, laborieux, économes. Établis dans toutes les villes du nord de l'Algérie, ils font assez souvent fortune. Austères musulmans, ils sont peu aimés des autres sectes.

ils n'ont devant eux que des images reposantes et des spectacles souriants.

Nous remercions cordialement notre hôte bienveillant. Et, une demi-heure après l'avoir quitté, le gentil village de la Bouzaréa n'a plus de secrets pour nous. C'est là qu'une brave hôtelière inscrivit un jour sur ma note de déjeuner : « deux *eauranges* (pour oranges), une *eaumelette* » ! En Suisse, on vous compte la « vue » et « l'air pur ». En Algérie, c'est l'*eau* qui est rare, et qui enfle l'addition. Ensuite, nous allons au *signal* (407^{m}), non pour contempler le soleil voilé en ce moment-là par des nuages, mais pour admirer l'immensité de l'horizon, l'opulente Mitidja et spécialement le *Sahel* d'Alger, long de 75 kilomètres, tout couvert de villages, de fermes, de vignes, de champs de céréales, de primeurs, etc. Entre ses deux bornes terminales, la Bouzaréa (407^{m}) et le *Chénoua* (907^{m}), gros dôme de marbre blanc, quelques points fixent particulièrement notre attention : le *Tombeau de la chrétienne* que l'on voit de partout ; *Koléa* (6 000 hab.) et ses orangeries ; *Cherraga* (3 000 hab.), tout entouré de champs de tabac, de géraniums, de plantes à essences, de vignes, etc. ; *Staouéli* et sa *Trappe* avec son superbe domaine (2 400 hectares) de vignes et de cultures variées, avec ses dix palmiers sous lesquels était dressée la tente d'*Ibrahim* quand nos soldats lui livrèrent et gagnèrent la bataille de Staouéli sur le plateau si merveilleusement cultivé aujourd'hui, alors couvert de broussailles et de palmiers nains ; enfin et surtout la presqu'île de *Sidi-Ferruch* où eut lieu, le 14 juin 1830, le débarquement de nos troupes.

Voici comment se fit cette opération célèbre, et quelles en furent les conséquences immédiates.

L'insulte faite en 1827 à notre consul, M. Deval, par le dey Hussein détermina le gouvernement de Charles X, après un inutile et coûteux blocus de trois ans (7 millions par an), à envoyer une flotte et une armée de débarquement contre Alger.

L'expédition fut préparée à Toulon. La flotte comptait 104 navires de guerre, dont 7 vapeurs, et 676 transports, en tout 780 navires montés par 27 000 marins. L'armée de débarquement était forte de 36 000 hommes dont 500 cavaliers seulement ; on avait craint, tant on ignorait le pays, de manquer de fourrage.

L'amiral Duperré dirigeait la flotte. De Bourmont commandait l'armée. La flotte quitta Toulon le 25 mai aux acclamations d'une foule immense accourue pour contempler ce spectacle imposant. Six jours après, elle était en vue du cap Caxine. Le mauvais temps l'obligea à se retirer au large et à relâcher à Palma jusqu'au 10 juin. Le 13, elle défila devant Alger pour intimider les habitants par le déploiement d'un appareil si formidable. Le débarquement commença le 14, à 4 heures du matin, à l'ouest de la presqu'île de Sidi-Ferruch. Il dura 5 jours, et fut un instant, le 16, compromis par le mauvais temps.

La presqu'île de Sidi-Ferruch est à cinq lieues à l'ouest d'Alger, à une demi-heure de l'embouchure du Mazafran. Le cap qui la termine est bordé de roches calcaires où la mer a creusé deux petites baies distinctes. Les navires s'abritent des vents d'est dans la baie occidentale, celle où nos troupes débarquèrent. Le fond de la baie est de sable pur et à pente douce. Le terrain de la presqu'île où s'élève aujourd'hui le *lazaret militaire* d'Alger est sablonneux, légèrement ondulé ; il était alors couvert de broussailles dans toutes ses parties. L'ennemi ne défendit point la presqu'île ; il s'était établi dans des redoutes, à 2 kilomètres au sud de la « petite tour » *(Torre-Chica)*, point culminant d'une colline inclinée doucement vers le rivage.

L'artillerie des navires maîtrisa le feu des batteries ennemies. Les chalands chargés de troupes arrivèrent bientôt à terre. Les marins, ayant de l'eau jusqu'à la ceinture, hâlèrent les bateaux sur le sable. Les soldats impatients se jetèrent à l'eau aussitôt qu'ils purent aborder sans mouiller leurs gibernes ; et, en un instant, la plage fut hérissée de baïonnettes. Deux marins, s'élançant vers la tour de Sidi-Ferruch, y arborèrent le pavillon français. Et, à 6 h. 1/2 du matin, le général en chef établissait son quartier général dans les bâtiments dépendant du tombeau de Sidi-Ferruch.

La première division, commandée par Berthezène, marcha immédiatement contre les dunes occupées par les Arabes, au nombre de 7 à 8 000, appuyés par 3 batteries assez bien servies par des canonniers turcs. Le terrain n'était que faiblement accidenté ; mais les broussailles rendaient la marche assez difficile. L'ardeur de nos soldats triompha de tous les obstacles. Soutenus par les feux combinés de cinq navires tirant des deux côtés de la presqu'île et portant le ravage et l'épouvante dans les rangs ennemis, ils s'élancèrent au pas accéléré et enlevèrent, en un instant, les redoutes, d'où Arabes et Turcs s'enfuirent dans le plus grand désordre. Onze pièces de canon furent les trophées de la journée qui ne nous avait coûté qu'une centaine d'hommes mis hors de combat.

On occupa fortement, en le coupant de tranchées et de terrassements, l'isthme de 200 mètres qui joint la presqu'île au continent ; celle-ci fut mise ainsi à l'abri de toute attaque, et le débarquement put s'effectuer sans crainte.

Le camp de Sidi-Ferruch prit l'aspect d'une ville. Des tentes et des cabanes bordèrent les larges rues de cette cité improvisée. Des magasins immenses reçurent les provisions et munitions de l'armée. Des fours promptement établis donnèrent du pain frais dès le troisième jour. L'eau se trouva abondante et saine ; et les feux de bivouacs — les nuits étant froides — furent alimentés par les pins, les lentisques et les arbousiers des broussailles qui verdissaient la presqu'île. Aussi l'état sanitaire et le moral de l'armée restèrent excellents.

Le 19 juin, nos troupes sortirent de la presqu'île et gagnèrent la bataille de Staouéli. Les ennemis, dont les forces s'élevaient à 50 ou 60 000 hommes, en laissèrent 4 000 sur le terrain. Les Français eurent 5 à 600 hommes hors de combat. Cette défaite inattendue jeta la panique dans Alger qui capitula le 4 juillet 1830, après un court bombardement, et la destruction du *fort l'Empereur*. Nos troupes y entrèrent le 5, à midi. Notre drapeau y fut arboré le même jour, à deux heures.

Bourmont reçut le bâton de maréchal. Duperré fut créé pair de France. Hussein se retira en Italie, et la plupart des janissaires en Asie Mineure, dont ils étaient originaires. On trouva dans le trésor du dey 55 684 527 francs qui furent scrupuleusement versés dans le trésor public. L'expédition avait coûté 48 500 000 francs.

L'article 5 de la capitulation d'Alger est resté le *statut* des indigènes algériens : « ... L'exercice de la religion mahométane restera libre ; la *liberté* de *toutes les classes* d'habitants, leur religion, leurs propriétés, leur commerce et leur industrie ne recevront aucune atteinte ; leurs femmes seront respectées... »

L'Odjak était mort ; la piraterie méditerranéenne et l'esclavage aussi. L'honneur, pour la France, était donc plus grand encore que le profit matériel. « La cause de l'humanité, disait Bourmont, était satisfaite. » Les intérêts de l'Europe l'étaient également ; car les nations européennes supprimèrent aussitôt les « coûteuses escadrilles » qu'elles entretenaient à Port-Mahon pour la protection de leurs navires marchands.

Ces trois faits accomplis en vingt jours : *Sidi-Ferruch*, 14 juin; *Staouéli*, 19 juin ; *prise d'Alger*, 4 juillet, et qui, au premier abord, paraissent assez ordinaires, constituent, outre leurs conséquences immédiates, l'un des événements les plus importants de l'histoire moderne, et plus spécialement de la nôtre au XIXe siècle. C'est le début de l'occupation véritable, de la découverte et du partage de l'Afrique par les Européens dont l'attention et les appétits ne cessent plus, dès lors, de convoiter l'énorme continent noir.

C'est plus encore pour nous. La reconstitution de notre empire colonial date effectivement de ce jour-là. De ce jour-là aussi, nous détournons nos yeux de la frontière du Rhin. La conquête de l'Algérie a été l'une des causes de la perte de l'Alsace et du tiers de la Lorraine. Elle a fait passer aussi la direction de notre politique et de nos affaires des hommes du nord aux hommes du midi de la France. C'est donc pour nous, pour notre vie nationale un événement d'une importance capitale que cette expédition. Staouéli peut être mis, pour nous et pour notre avenir, sur le même rang que Bouvines, et ce n'est pas peu dire. Seulement, c'est un Bouvines méridional et transméditerranéen...

Nous regardons le grand fort bâti au point culminant de la Bouzaréa, devenue ainsi une sorte de forteresse. Nous visitons quelques gourbis du village indigène. Puis, pressés par une petite averse, nous redescendons en passant au pied du vieux *bordj* turc habité par M. de Polignac — mort depuis notre passage —, fils du ministre de Charles X ; près de l'*hospice des vieillards* et en suivant la très bonne route en zigzags, aux lacets très serrés, qui aboutit directement à Bab-el-Oued ; ou encore par les pittoresques sentiers du C. A. F., par le *Frais Vallon*, par le *Climat de France* tout fleuri de roses.

Nous sommes à Alger justement pour le dîner. Mon très cher ami, Adolphe Jourdan, le grand éditeur d'Alger, nous fait les honneurs de notre seconde soirée. Quelle belle journée! *Allah, illah, razoul Allah!* Nous voilà devenus Arabes. Pour un temps, Allah sera notre Dieu. Nous avons dû, ce soir-là, nous endormir en répétant la prière des bons musulmans : Allah, illah, razoul Allah ! L'ambiance déteint sur nous, et fortement.

Mustapha. — Jardin d'Essai.

9 avril.

Sous un ciel d'un bleu tendre et fin en hiver et au printemps, dans un bain de lumière d'une limpidité de cristal, placez une chaînule de collines (8 kilomètres) aux formes arrondies, aux lignes exquises, aux mouvements larges; couvrez-les — d'une verdure parfois un peu sombre, d'arbres aux ombres mouvantes et diaphanes (1), de fleurs de tous les pays aux couleurs étincelantes (2), de milliers de maisons blanches et de villas polychromes disséminées en des jardins et des parcs enchantés; — que la mer bleue aux eaux lumineuses, le jour, aux vagues phosphorescentes, la nuit, aux brises toujours salubres et caressantes, couverte de petits points blancs, barques ou mouettes, gracieusement balancés, vienne du nord expirer en murmurant au pied de ces col-

(1) Nous citerons les suivants : pins-parasols, cèdres, amandiers, eucalyptus, araucarias, chênes-verts, orangers, palmiers, oliviers, citronniers, figuiers, arbousiers, platanes, bambous, magnolias, arbres de Judée, etc., etc.

(2) Roses, glycines, cyclamens, géraniums, arums, iris, violettes, asphodèles, marguerites, etc., groupés en buissons, en massifs; étendus en nappes, en cordons ; formant treilles ou berceaux.

lines; — qu'au levant, la neige immaculée étincelle trois ou quatre mois chaque année sur le sommet et les flancs de monts lointains; — qu'une ceinture d'émeraude large, opulente, enserre cette chaînule au sud et au couchant; — qu'une grande et curieuse ville avec toutes ses commodités, ses affaires, son luxe et ses plaisirs soit à quatre pas de là... ; — que tout cela soit non pas un rêve de poète, mais une réalité vivante, palpable, parfumée, nuancée de cent couleurs, et l'on aura la banlieue S. et S.-E. d'Alger, savoir : *Mustapha* (40 000 hab.), *El Biar* (3 500), le *Bois de Boulogne*, le *Palais d'Été* du gouverneur, le *Jardin d'Essai*, le beau vallon de *Birmandreis* (2 000 hab.), de *Birkadem* (2 500 hab.), le *Ravin de la femme sauvage, Kouba* (3 600 hab.), *Hussein-Dey* (5 600 hab.).

Là, tous les hivers, viennent par milliers et milliers ceux qui aiment les fleurs et la beauté, ceux qui ont besoin de diamants, de rubis, de magie pour leur palette, d'un ciel clément pour leur santé affaiblie, d'un rêve pour embellir la vie.

Là, pendant une journée entière, par des routes, par le chemin sinueux et fleuri du *Télemly*, par les sentiers, sous les ombrages du *Bois de Boulogne*, entre les villas paradisiaques d'*El Biar* à la *Colonne Voirol*, au *Hamma*, etc., nous nous sommes promenés au gré de notre fantaisie passant de merveilles en merveilles, musant, causant, rêvant, extasiés et ravis. Nous admirons les Facultés édifiées sur l'ancien *Camp des Zouaves* et fréquentées par 1 300 étudiants: des scolaires devaient bien ce salut à leurs grands camarades algériens. Le *Musée des Antiquités* et le *Palais d'Eté* tout voisin, si beaux, si intéressants tous deux par leurs collections, leurs terrasses, leurs jardins et leur architecture moresque nous retiennent longtemps, causant archéologie, arts, botanique, — regardant Alger, — photographiant, — silencieux, heureux !

Les allées du Bois de Boulogne (23 hectares), le *Boulevard Bru* formant une terrasse peu banale, des chemins pittoresques et des sentiers à travers de vastes champs de petits haricots verts, le long de haies épaisses, nous conduisent au *Jardin d'Essai* (90 hectares), par le haut des collines. Un groupe d'enfants arabes bronzés, pieds nus, vêtus de simples *gandouras* (chemises) aux couleurs voyantes, de calottes rouges crasseuses, aux cheveux noirs, aux yeux étincelants, aux dents blanches et à la mine éveillée, nous assaillent comme un essaim de mouches et de papillons, nous tendent la main en nous lançant un déluge de « *Salam, Sidi!... bonjou, moussi!... soldi! un sou!... Bono... besef!* » et toute la gamme, en tous les tons, du *sabir* et de la mendicité arabe, en une macédoine de gestes, d'attitudes, de regards, de bouderies ou de rires bien amusants. Ils nous suivent pendant 2 kilomètres au grand « esbaudissement » de toute la caravane, et s'en retournent enfin en chantonnant aider leurs parents à ramasser des petits pois.

Par des allées ombreuses tracées sous des pins, des eucalyptus et des araucarias superbes, nous dévalons rapidement de la partie haute du Jardin d'Essai au *Café des platanes* bien nommé, car ceux qui l'ombragent sont gigantesques. Ce lieu est dit aussi, je crois, la *Fontaine bleue*. L'eau, la lumière criblée par le feuillage des platanes, le ciel que l'on entrevoit par cent petites lucarnes vertes, tout est bleu. Littéralement, nous nageons dans le bleu.

C'est l'heure de faire le pain. Le pain... ce fut, ce jour-là, des oranges, des bananes, des nèfles du Japon, de la limonade, des galettes arabes, de l'*aqua fresca*... fresca surtout, des « petits vents du nord »... avec, en plus, un défilé de cavaliers arabes caracolant, de khamès tapant ferme sur leurs pauvres bourricots, de jardiniers mahonais qui s'en reviennent de la ville sur des carrioles bien trimbalantes, de musiciens nègres, de promeneurs qui entrent au Jardin d'Essai.

Nous faisons comme ces derniers. Pendant deux heures, nous parcourons les étonnantes *Allées des Platanes*, des *Palmiers* géants, des *Ficus*, des *Magnolias* prodigieux, aux fleurs grosses comme la tête d'un enfant, aux racines adventives sous lesquelles se logerait un escadron, des *Bambous* de 25 mètres, des *Dracæna*, des *Lataniers*, des *Chamærops*, etc. En certains endroits, on se croirait à Batavia ou au Brésil. On ne s'étonnerait point du tout de voir paraître au détour d'une allée des nègres ou des Malais en costume de paradis terrestre, ou de se trouver nez à nez avec un éléphant, un buffle, un tigre. Des paons sont perchés sur des lataniers; des autruches circulent entre des cloisons de bambous. On cherche à acclimater sur les Hauts Plateaux ou dans le Sahara algérien ce porteur de plumes si chères aux dames. Le Jardin d'Essai a rendu, sous la direction de M. Rivière, de grands services à la colonisation par ses études sur les espèces botaniques et zoologiques exotiques propres à enrichir la colonie. Il fournit à l'Europe des plantes d'ornement. C'est un des points les plus charmants de la banlieue d'Alger.

Nous débouchons sur la mer par l'*Oasis des Palmiers* où se termine notre journée. Moi, je contemple Alger et les coteaux de Mustapha. C'est la vue prise du sud-est, si souvent reproduite par les peintres. Mes compagnons, eux, s'exercent à qui mieux mieux au tir à la carabine, au jeu de boules, à l'escarpolette, au tonneau et à mille autres divertissements ; ce ne sont que rires, défis, cris de victoire. Je suis bien tranquille sur l'état de leur santé et de leur esprit. Ainsi chacun prend les plaisirs de son âge. Aux uns, la méditation ; aux autres, le mouvement, le jeu, l'action.

Quelques amis sont venus au-devant de nous. Nous humons longtemps la bonne brise marine du soir ; et, à la nuit close, dans les étincellements du gaz et de l'électricité, nous rentrons à Alger contents et satisfaits.

Les gorges de la Chiffa.

Blida. — La Chiffa. — La Mitidja. — Boufarik.

---

10 avril.

Avant de mettre le cap à l'est sur Constantine, nous poussons une pointe dans la Mitidja et vers les gorges de la Chiffa. Pour être sûrs de ne point perdre une minute, nous emportons notre déjeuner avec nous dans des *couffins* amples, souples, copieusement garnis, bien cousus. Le grand air, la course qui sera longue ne seront pas de minces assaisonnements à notre repas champêtre. Nous avons résolu, en effet, de manger au grand air, au *Camp des Chênes*, sur le flanc même de l'*Abd-el-Kader* (1 642^{m}).

A 6 h. 15, le train d'Oran se met en route dans une blonde et rose lumière matinale qui invite à la gaîté. Nous admirons *Hussein-Dey*, *Maison-Carrée*, les hauteurs riantes et les blanches maisons de *Kouba*, les superbes cultures, les fermes de la *Mitidja*, les vignes toutes verdoyantes avec des pousses de vingt centimètres, les moissons déjà pleines de promesses, les troupeaux épandus dans les prairies et les jachères, tous les signes de la vie laborieuse, de la prospérité. Nous regardons les montagnes de l'Atlas au sud, le Sahel d'Alger au nord ; puis, dans le lointain, la coquette ville de *Koléa*, le mystérieux *Tombeau de la Chrétienne*, le *Chénoua* (907^{m}), masse épaisse de marbre blanc, les monts des *Beni-Menasser*, contreforts des *Zaccars* (1 580^{m}), couverts de forêts et fermant, à l'ouest, la Mitidja. Tableau grandiose, enchanteur !

Notre premier arrêt fut *Blida*.

Boléïda Ourida, la petite rose ! « Les uns t'ont appelée petite ville ; moi, je t'appelle petite rose, » dit un poète arabe du XVIe siècle. Que dirait-il aujourd'hui ! Blida est un jardin, un parterre de fleurs éblouissant, inoubliable quand on l'a vu même une seule fois. Partout des nuées d'oiseaux qui gazouillent ; partout des orangers au feuillage lustré couverts encore de fleurs et de fruits. On pourrait se croire au pays de Mignon, et l'on se surprend à murmurer involontairement

> Connais-tu le pays où fleurit l'oranger,
> Où la brise est plus douce et l'oiseau plus léger ?

C'est là qu'il fait bon vivre. Sans doute qu'il est doux aussi d'y mourir, car Blida est le séjour préféré des rentiers et des coloniaux algériens.

La longue avenue de la gare est toute bordée de docks, de maisons de commerce où s'entassent grains, vins, oranges, liège, tabac, lin, etc. La ville (30 000 hab.), entourée d'un simple mur de défense de 2 à 3 mètres de haut, de 75 centimètres d'épaisseur, a des rues ombragées, des maisons d'une tenue et d'une propreté remarquables. Chaque petite maison blanche, avec son toit rouge, son unique étage, est précédée d'un jardinet tout fleuri, agrémentée par derrière d'un vrai jardin, *buen retiro* de la famille : c'est gentil, coquet, familier. Le *Jardin Bizot*, le *Bois sacré* sont charmants à visiter. On y voit de vieux oliviers noircis par la poudre ou l'incendie au temps (1830-40) où Blida, ruinée par les tremblements de terre et la guerre, nous était disputée chaque jour par les tribus voisines. La ville a été fondée par l'un des plus grands saints de l'Islam, dont chaque année on célèbre la fête dans un pèlerinage fameux au Bois sacré, *great attraction* pour les étrangers.

L'une des curiosités de Blida est certainement le marché arabe fort bien approvisionné, comme l'est aussi le marché français. Ce qui frappe peut-être plus que les vendeurs, les acheteurs et les produits, ce sont les échoppes, les boutiques, les petits ateliers de tisserands, cordonniers, forgerons qui entourent la place. Pour forger la moindre pièce, les forgerons se mettent trois ou quatre à la besogne. Le fer n'est point battu vulgairement, platement, sans arrêt. Le maître forgeron, tenant avec une longue tenaille la pièce à forger, donne le signal aux ouvriers. On prélude par des coups retenus, espacés, comme si on voulait ménager le fer ; on continue par des roulements rapides, modulés, allant *crescendo, diminuendo* ; on termine par des battements prolongés, atténués ou par des arrêts subits, pour reprendre avec une sorte de furie et finir brusquement, comme à pic, dans un écroulement. On dirait alternativement un joyeux carillon de Flandre, le puissant galop d'un cheval la nuit dans le lointain, les derniers tintements d'un triangle ou d'une cymbale. Les coups, les gestes rythmés du forgeron règlent la batterie : tel un chef d'orchestre avec ses exécutants. Il faut une grande dextérité pour présenter le fer à chaque coup d'archet, je veux dire de marteau, pour ne point le laisser briser, couper ou aplatir maladroitement.

Bien que les objets ainsi fabriqués — et pour les seuls indigènes — soient assez grossiers de façon, il m'a paru que le travail avait encore là quelque chose de sacré et de mystérieux à la fois, qu'il était soumis à un rite précis, hiératique comme dans l'antiquité, comme chez nos corporations du moyen âge.

Ces échos sonores, ces refrains joyeux du métal et du marteau sur l'enclume me rappelaient les années envolées, lorsque enfant, j'étais réveillé dès cinq heures du matin par le bruit tumultueux des lourds marteaux des forgerons de mon village ; lorsque, avec des yeux tout grands ouverts, j'allais voir, le soir, en hiver, jaillir les étincelles dans la boutique rouge et sombre à la fois du maréchal-ferrant voisin, forgeant à l'avance les fers qu'il devait poser aux pieds des chevaux pendant la saison du travail. Inutile de dire que le forgeron ardennais avait des enclumes, des soufflets, des marteaux monstres comparés à ceux des Arabes de Blida.

Partout les grands ateliers ont remplacé les petites forges avec lesquelles s'en est allée la gaîté du travail. Les sons familiers de la lime, de la scie, du marteau de l'atelier villageois ont fait place au grincement, au sifflement, aux coups sourds, formidables des alésoirs, des foreuses, des marteaux-pilons d'usines géantes. Ainsi marche le monde frappant, trépidant, courant d'une allure effrénée, fiévreuse et maladive.

En sortant par la porte de *Bab-el-Sebt,* ou du sud, on se rend par une superbe avenue de platanes, voûte impénétrable aux rayons du soleil, aux grands moulins de Blida, puis au fort *Mimiche* perché sur une colline escarpée. Les enfants pullulent devant les cottages ouvriers bordant l'avenue ; l'on risque, en passant au milieu d'eux, de recevoir dans le dos quelque inoffensive balle de caoutchouc, quelque cerceau égaré dans les jambes, quelque gai bonjour ou quelque quolibet de cette marmaille innombrable, vigoureuse et belle.

Pour aller aux *gorges de la Chiffa,* on prenait jadis la diligence à la gare de la Chiffa. On monte aujourd'hui dans les wagons d'une petite ligne de pénétration allant de Blida à *Berrouaghia* (les asphodèles). Elle sera sans doute prolongée jusqu'à *Laghouat ;* en tout cas, elle devrait atteindre au plus vite Boghar.

Le train court à travers de très beaux champs de céréales, au milieu de vignes vigoureuses. Sur un grand pont en fer, on franchit la *Chiffa,* torrent d'une largeur démesurée, bordé de lauriers-roses, roulant un maigre filet d'eau en temps ordinaire, un flot énorme, boueux, jaune clair quand fondent les neiges, quand viennent les pluies ou les orages. Le chemin de fer suit, en la remontant, la rive gauche du torrent. Deux ou trois moulins marquent l'entrée des gorges, avoisinés par de grandes porcheries en plein air où grouillent des cochons noirs (ceux des hautes terres sont blancs). Les croupes, les talus de la montagne, sur la rive droite, tout couverts d'éboulis, sans arbres, d'aspect triste comme une ruine, contrastent avec ceux de la rive gauche plus solides, mieux boisés.

Le train s'arrête à de petites gares coquettes, bien bâties. La plus fréquentée par les touristes est celle du *Ruisseau des Singes*, où nous ferons le pain au retour. Le Ruisseau des Singes descend bruyamment d'un ravin étroit, boisé ; il jette à la Chiffa un assez joli volume d'eau claire, fraîche, capable de faire mouvoir plusieurs usines. Un petit hôtel très propre s'est installé là, coquettement précédé de bassins où jouent des poissons rouges, de pelouses fleuries, de tonnelles ombreuses. Les murs de la salle à manger ont été bizarrement décorés, par un officier amateur, de peintures murales, de scènes amusantes où les singes tiennent le principal rôle ; car on vient à la Chiffa pour voir des singes vivants, sauvages, se balançant aux arbres, courant sur les rochers, dans les broussailles, faisant des grimaces et poussant des cris. Il y en avait jadis. La route ou plutôt encore, le chemin de fer les ont sans doute fait déguerpir ; nous n'en avons vu... qu'en peinture.

C'est au-dessus du Ruisseau des Singes que commencent les *gorges de la Chiffa*. Elles sont intéressantes, pittoresques, mais bien moins grandioses que celles du Chabet-el-Akra, moins saisissantes que celles d'El Kantara. A la montée, elles ne présentent rien d'extraordinaire, et, à mon avis, les touristes ont tort de n'aller qu'à 2 ou 3 kilomètres au-dessus du Ruisseau. Il faut pousser jusqu'à la gare du *Camp des Chênes*, puis redescendre à pied ou en voiture. C'est à la descente que l'aspect de la gorge est vraiment remarquable. Nous nous laissons donc conduire à travers maints tunnels, par le train montant du matin, jusqu'au Camp des Chênes.

Ce point, jadis étape militaire pour nos soldats allant vers le sud, aujourd'hui arrêt pour les rouliers, station de chemin de fer assez fréquentée par les touristes, est une sorte de petit village d'une dizaine de maisons, avec une école comptant 30 à 50 enfants européens, un poste de forestiers, un restaurant-hôtel bien connu de nos collègues algériens du C. A. F. qui, de là, gravissent l'Abd-el-Kader en le prenant à revers, un boulanger, etc., quelques *gourbis* grossiers, en planches et blocs mal équarris, mal équilibrés, pour les Arabes de passage, ou pour ceux qui travaillent aux mines du voisinage. « Ils ne sont pas méchants, ni voleurs comme ceux des environs de Berrouaghia », nous dit une habitante de la localité. Nous n'avions pas besoin de cette affirmation pour nous sentir en parfaite sécurité.

Quelques-uns de ces Arabes sont accroupis immobiles au bord de la route dans leurs gandouras, dans des burnous en loques, vieux, crasseux, terreux qui les font absolument ressembler à ces mottes de terre relevées, entassées par les cantonniers le long des chemins ; d'autres se font raser la tête en plein air. Cette petite scène, toute teinte de couleur locale, intéresse vivement nos touristes. Les appareils photographiques fonctionnent aussitôt au mépris de la loi du prophète qui défend aux croyants de laisser prendre leur image. Il est vrai que mes photographes amateurs ignorent le Coran et n'ont point consulté les croyants avant d'opérer. Allah est grand ! Il pardonnera sûrement aux uns et aux autres cette légère infraction à sa loi.

Une brise exquise aux aromes printaniers souffle autour de nous ; le ciel est d'un bleu pur, tendre, profond à la fois ; le soleil d'avril luit sur les monts, dans le défilé élargi, frais et verdoyant ; quelques aigles planent autour des hautes cimes qui nous dominent ; des chardonnerets, oiseaux favoris de ces vallons et de toute cette région, gazouillent dans les arbustes, dans les broussailles et les palmiers nains. Il me souvient d'en avoir vu ici, vingt ans plus tôt, au temps du mardi gras, se lever devant moi des vols de 4 ou 500 à la fois, virevoltant de la façon la plus gracieuse, décrivant les courbes et les crochets les plus inattendus, se serrant en boules fleuries comme un bouquet de pensées, éclatant tout d'un coup comme une bombe et retombant en feu d'artifice aux cents couleurs, nuée colorée et vivante, revenant au lancer, se confondant avec les fleurs des amandiers plantés au bord de la route de Médéa,

> ... Gais oiseaux qu'un coup de vent rassemble
> Et qui, pour vingt *chansons*, n'ont qu'un arbuste en fleurs.

L'endroit nous paraît propice, merveilleux à souhait. Sans discussion, à l'unanimité — la faim aidant — nous résolûmes de déjeuner là — un déjeuner sur l'herbe — dans la brousse, près des genêts aux grappes d'or, des palmiers nains, à quatre pas du torrent, en face de monts hautains et souriants.

A 20 mètres de la maison du boulanger, au-dessus de la route, près d'une petite source captée aux eaux bien fraîches, bien saines, sous l'ombrage léger de quelques jeunes platanes, nous dressons la table... sur le gazon. Avec une habileté, une promptitude qui émerveillent ses camarades, Tr. déplie les journaux, dresse 13 couverts, fait les parts, et quelles parts ! — veau, poulet, galantine, conserves de poisson, œufs durs, sel, pain, oranges et autres fruits, fromage, etc. etc., vin blanc et vin rouge de première qualité, succulents, — envoie quérir des verres au restaurant voisin, de l'eau fraîche à la source, des pains supplémentaires chez le boulanger qui nous regarde, émerveillé lui aussi d'un si bel appétit, d'un si joyeux et si vivant déjeuner.

L'esprit vient en mangeant. Les uns mangent allongés sur l'herbe, à l'ombre ; les autres s'allongent en mangeant au soleil. P. chante entre deux bouchées ; V. rit entre deux gorgées ; S. semble faire des confidences à son orange ou à son fromage ; C., à genoux, regarde la montagne, et tout plein de béatitude ou d'admiration — ou semblant tel — rend grâces au soleil sans doute, à la splendeur du jour, à la beauté du site. La gaîté est franche, générale, vive, pas du tout bruyante ; elle est au ton du milieu. Il n'est rien de calmant, de sain comme la nature. Cela dure trois quarts d'heure environ.

... Eux repus, tous se lèvent : le général et les soldats. Un fin *kaoua* est servi et dégusté au restaurant d'en face. Quelques cigarettes sont tirées timidement, allumées d'un air un peu gauche, risible ; de petits flocons blanc bleuté s'élèvent au vent vers la cime des... palmiers nains. Les photographes profitent de l'à-propos pour fixer à jamais cette mémorable aventure, et le chef pour dire quelques histoires locales tout à fait de circonstance...

Cette gorge profonde, dit-il, n'a point toujours existé. Là vivaient sur les flancs de la montagne deux tribus ennemies. Ce n'étaient entre elles que pillages, luttes, meurtres, malheurs de

(Cl. Labitte.)

Algérie : gorges de la Chiffa. *Page 133.*

(Cl. Labille.)

Algérie : camp des chênes, café arabe. *Page 135.*

(Cl. Neurdein.)
Gorges de la Chiffa : Hôtel du Ruisseau des Singes. *Page 134.*

Déjeuner au camp des chênes. *Page 136.*

toute sorte. Pour mettre fin à ces calamités, des gens pieux et sages allèrent implorer un saint marabout du voisinage, puissant thaumaturge. Il vint, prit une hache, fendit la montagne en deux. Depuis, la Chiffa bondit dans l'énorme entaille. Depuis... la paix règne sur ses bords. Et d'une !

Et de deux !

Le marabout, son œuvre de paix achevée, se retira vers les plus hautes cimes de la montagne, loin des hommes, de leurs affaires, de leur tumulte. Longtemps, longtemps après, une grande sécheresse survint qui empêcha les pâturages de verdir, les moissons de lever, de mûrir, le bétail de croître et de multiplier. On songea de nouveau au marabout pour arrêter le fléau. Plusieurs habitants grimpèrent vers la cime, vers la grotte où le saint priait Allah, où il saluait chaque matin le jour naissant au loin, bien loin, derrière le Djurjura, vers la Mecque. Il écouta leurs plaintes, compatit à leurs maux : « Je suis vieux ; je vis de peu. Apportez-moi, dit-il, chaque jour une jatte de lait, un peu de laine blanche de la toison de vos brebis. Je prierai pour vous. Allah vous bénira ; il entendra vos vœux. » Ils obéirent au solitaire. La pluie tomba ; les prés reverdirent. Les troupeaux revinrent et prospérèrent. Ils vivent depuis en ces montagnes. On peut les voir descendre chaque lundi vers les marchés de Boufarik et d'Alger. Mais chaque jour aussi on peut voir de petits flocons laiteux, ouatés, tourner autour des sommets de la montagne ; puis, en hiver, un burnous blanc comme une laine bien lavée, étinceler au soleil, couvrir les flancs de tous ces monts. Ce sont les jattes de lait, les flocons de laine offerts jadis au saint marabout. Ils reviennent ainsi chaque jour, chaque année, se changeant en eau bienfaisante, répandre partout la joie et la fécondité.

Encore une pour faire trois !

Se sentant près de mourir, l'homme pieux voulut revoir les hommes et aller prier une dernière fois dans l'une des saintes mosquées de Koléa ou d'Alger. Il descendit donc. Le soir, il s'arrêta, dressa sa tente pour se reposer la nuit près de l'*oued Kébir*, à l'endroit où s'élève aujourd'hui Blida.

Les arbres, l'ombre manquaient en ce lieu. Les habitants des environs vinrent s'en plaindre à lui. Il leur promit d'y remédier.

Le lendemain, les piquets de sa tente étaient changés en oliviers, en orangers, en frênes feuillus, verts que l'on voit encore au Bois sacré. Il mourut peu après. Comme partout il avait fait le bien, sa mémoire fut, est encore vénérée dans toute la région. Son nom est resté à la cime culminante de l'Atlas de Blida : c'est *Abd-el-Kader* (1 642^{m}) (1).

Son œuvre eut pourtant une conséquence bien inattendue, bien singulière. Au sortir de la montagne fendue par sa hache, la Chiffa se changea en un immense serpent au corps gris et jaunâtre, aux replis tortueux, aux multiples têtes. Le serpent se mit à courir à travers la Mitidja, effrayant tout le monde, faisant fuir hommes et bêtes. Le marabout étant mort, on dut appeler Salomon (!). Salomon est une sorte d'Hercule, de grand justicier universel pour les Orientaux. Il vint. Les uns racontent qu'il coupa les têtes du serpent ; les autres disent qu'il les écrasa en posant dessus les collines qui forment aujourd'hui le Sahel d'Alger. Le sang du monstre s'épandit dans la plaine et forma le marais pestilentiel appelé *lac Halloula*. Les « roumis », c'est-à-dire les Français, plus puissants ou plus adroits que Salomon, sont en train de le dessécher en y faisant des tranchées profondes pour l'écoulement des eaux, et des plantations d'eucalyptus pour la disparition des fièvres.

Ces quatre légendes sont bien plus longuement racontées par les indigènes, avec des variantes très diverses, mais sans aucun lien qui les unisse. Elles sont, comme beaucoup d'autres, les preuves ingénues, amusantes, poétiques quelquefois des efforts faits partout par l'imagination des peuples enfants pour expliquer les grands phénomènes de la nature. Le coup de hache qui ouvrit les gorges de la Chiffa, c'est le formidable « travail d'érosion que les pluies, les vents accomplissent sur toute l'Afrique du Nord (2) », sur tous les pays voisins de la Méditerranée. Les petits flocons blancs, les sources renaissantes sur les flancs de l'Abd-el-Kader, la verdure des pâturages, la présence des troupeaux, etc., c'est l'effet du vent du nord et de l'altitude condensant en pluie les vapeurs venues de la Méditerranée où l'évaporation est toujours

(1) Il s'agit là d'un saint fameux dans tous les pays musulmans, *Sidi Abd-el-Kader*. On lui attribue la fondation de Blida ; la légende n'est pas tout à fait conforme à l'histoire.

(2) Commandant TITRE.

extrêmement active. Les vergers de Blida sont le résultat de la vie sédentaire, pacifique, opposée à la vie nomade et dévastatrice des bergers ; c'est aussi la preuve de la merveilleuse fécondité du sol de la Mitidja. Enfin le serpent, le lac Halloula sont des images symboliques du mauvais régime des eaux dans les pays déboisés ou mal cultivés.

Ces explications parurent intéresser et amuser mes compagnons. Il n'est point de fête, même champêtre, même algérienne qui ne prenne fin. A deux heures et demie, après un déjeuner dont les convives se souviendront longtemps, j'en suis sûr, nous commençons à descendre à pied les gorges de la Chiffa.

Les pans abrupts des rochers, auxquels est accrochée tantôt à droite, tantôt à gauche la route qui surplombe le torrent, sont garnis de mousses, de plantes à longs festons retombants où s'égouttent les sources et les suintements du rocher. Quelques jolies cascades glissent en longues nappes de mousseline argentée. On les prendrait pour le voile nuptial de quelque nymphe endormie dans les grottes de la montagne. Celle-ci paraît vivante. Elle sourit, elle pleure ; elle montre ses âpres nudités, ses éboulis ; elle se pare de fleurs, de vergers, de gourbis et de forêts. Il semble à certain moment que nous descendons dans un entonnoir sans issue, que nous allons disparaître dans quelque tournant, ou entrer dans les flancs mêmes de la montagne, tandis qu'au-dessus de nous les cimes se masquent, fuient, tournoient, s'élancent dans le ciel et s'évanouissent. La descente est belle.

Passé le pont hardi jeté sur le torrent à l'un de ses angles les plus brusques, l'horizon s'élargit peu à peu avec des échappées de vue sur la Mitidja, et au loin sur la mer. Quelques-uns d'entre nous, sur mon conseil, causent avec les rouliers, les cantonniers, les passants, les Arabes, les colons. C'est ainsi que l'on s'instruit des différentes choses de la vie, dit Montaigne. Il faut de tout aux entretiens et aux voyages.

Repos au *Ruisseau des Singes*. On « fait le pain » qui consiste ce soir-là en quelques verres de lait, de limonade, de grenadine, en quelques oranges ou mandarines. En Algérie, on a quelquefois un peu plus soif qu'en France.

A cinq heures, à la petite et agréable gare de *Sidi-Madani* — un joli nom — le train nous prend. Il nous ramène à Alger dans les enchantements d'une lumière limpide, bleue, violette, dorée, rose, changeante, idéale enfin, révélant, avec une netteté inconnue en Europe, les moindres détails du paysage féerique, reposant que forment, au coucher du soleil, la Mitidja, le Sahel, la mer, les fermes, les bourgs, les villes et les blanches koubas des Arabes.

Pour ajouter l'utile à l'agréable, le chef exposa brièvement, pendant que le train roulait lentement vers Alger, l'histoire de la fondation d'une ville française en Algérie, de Boufarik que nous avons vu à l'aller et au retour. De cette causerie familière il ne sera retenu ici que deux traits, héroïques tous les deux, chacun à sa façon, et bien caractéristiques des difficultés de la conquête et des résultats de la colonisation française en Algérie.

Boufarik fut fondé en 1835. Ce fut d'abord un camp, le *Camp d'Erlon*. Pendant sept ans, la garnison eut, pour ainsi dire, à lutter nuit et jour contre les Hadjoutes, pillards et féroces, habitants de la plaine, et contre les tribus fanatiques des montagnes voisines. Les attaques, les surprises ne se comptèrent pas. Quant aux engagements sérieux contre les 2 à 3 000 cavaliers qui tourbillonnaient sans cesse dans la Mitidja, appuyés souvent par 5 ou 6 000 fantassins, c'est par dizaines et dizaines qu'ils se chiffrèrent chaque année, en juin surtout, à l'époque de la fauchaison et des moissons ; et en octobre, avant les pluies d'hiver, quand les silos étaient pleins et les chaleurs moins grandes. Il y eut plus de vingt combats d'août à décembre en 1835, et cinq dans le seul mois de juin en 1836. De 1839 à 1842, après la rupture du *traité de la Tafna*, avec Abd-el-Kader, la lutte devint vraiment effrayante autour de Boufarik.

De tous ces combats, le plus connu — il y en eut de bien plus sanglants et de non moins glorieux — est le dernier, celui de *Beni-Méred*.

Le 11 avril 1842, à six heures du matin, le courrier quittait Boufarik pour aller à Blida. La plaine, fouillée au télescope, avait été déclarée libre. 21 hommes composaient l'escorte : un sergent, Blandan, âgé de vingt-trois ans ; 16 fantassins du 26e de ligne ; 3 cavaliers du 4e chasseurs ; un chirurgien rejoignant son poste.

(Cl. Neurdein.)

Gorges de la Chiffa. *Page 139.*

(Cl. Neurdein.)

Constantine : vue générale prise de la route de Mansourah. *Page 154.*

Ils marchent gaiement depuis une heure et arrivent près des bords de l'oued (rivière) Méred, à deux kilomètres en avant du blockhaus de Méred. Brusquement les trois cavaliers d'avant-garde se replient sur la petite troupe, annonçant un goum caché dans le ravin. Ces cavaliers auraient pu fuir et regagner Boufarik ; ils restent, décidés à vaincre ou à mourir avec leurs camarades.

« Halte ! baïonnette au canon ! » crie Blandan. Et tous se serrent autour de la voiture qui porte le courrier. 300 cavaliers fondent sur eux à l'instant même. Le chef arabe croit que cette poignée d'hommes n'osera résister. Il s'avance et la somme de se rendre. Pour toute réponse, Blandan le vise et le tue raide : « Tiens, voilà comment un Français se rend ! » Blandan sait qu'il n'a plus désormais qu'à mourir avec ses 20 hommes. « Camarades, montrons à ces gens-là comment des Français savent combattre et mourir ! Tirons lentement et visons juste. »

Alors dans cette plaine nue, sans abri possible, loin de tout secours, commença une lutte épique. Les Arabes fondent sur nos soldats, tirent, fuient, voltigent autour, reviennent cent fois à la charge et criblent de balles ces 21 héros. A la première décharge deux Français tombent morts ; cinq sont blessés. Blandan, atteint deux fois, ne bronche pas pour ne point décourager ses hommes. Une troisième blessure abat l'intrépide sergent : « Courage, amis, défendez-vous jusqu'à la mort ! » Et la lutte continue pendant 40 minutes sans que les Arabes osent approcher de ces hommes stoïques. On compte 7 morts, 9 blessés, 5 valides ; mais pas une tête n'a été coupée.

Tout à coup les Arabes hésitent, reculent, tourbillonnent et fuient. Une trombe humaine arrivant fond comme la foudre sur les assaillants. C'étaient les chasseurs du Camp d'Erlon attirés par la fusillade, conduits par le vaillant colonel Morris et le lieutenant de Breteuil. Ils joignent les fuyards, vengent au sabre leurs camarades et dispersent au loin le goum ennemi.

Blandan mourut le lendemain à Boufarik, assisté, loué, consolé par ses chefs et ses amis. Quatre des blessés furent décorés. Deux ordres du jour de Bugeaud portèrent ce fait d'armes à la connaissance de l'armée d'Afrique. Le premier racontait le combat, et après un juste tribut aux morts, donnait la palme du courage

« à ceux qui n'avaient pas été frappés, dont l'âme n'avait point été ébranlée par un danger toujours croissant ». Le second ouvrait une souscription pour l'érection d'une colonne commémorative : « Quel serait le cœur assez froid pour ne pas se sentir électrisé en passant devant un monument élevé sur le lieu du combat ? »

Le 1er mai 1887, la statue de Blandan a été érigée à Boufarik. Marchand, le dernier survivant du combat de Méred, assistait à la cérémonie.

Voilà pour l'épée. Voici pour la charrue :

La lutte contre le sol marécageux, où sous un soleil de feu, l'eau croupissante, verte et fétide exhalait des miasmes pestilentiels, fut plus meurtrière, plus longue et aussi décisive que la lutte contre l'homme. Les colons ne furent pas moins héroïques que les soldats. Ils creusèrent des fossés pour rendre l'eau courante et claire. Ils plantèrent des arbres pour assainir l'air, pour avoir de l'ombre et des fruits ; et nulle part on ne voit de saules et de platanes plus beaux, plus vigoureux que ceux qui couvrent Boufarik d'un dôme de verdure incomparable. Ils défrichèrent la terre inculte et firent jaillir du sol les trésors latents accumulés par la nature elle-même dans les profondes couches des alluvions : les moissons opulentes, les vins de feu, les fruits d'or, etc.

De 1835 à 1841, un cinquième des colons mouraient chaque année de la fièvre. En 1842, l'année de Beni-Méred, on enregistra 4 mariages, 17 naissances, et... 110 décès ! Toussenel, son administrateur, écrivait : « Boufarik est la localité la plus mortelle de l'Algérie ». Bugeaud conseilla aux colons de quitter ce poste ; on n'en fit rien et la victoire vint. Et quelle victoire ! Aujourd'hui, Boufarik a plus de 10 000 habitants occupant 700 maisons disposées en rues, boulevards et avenues. 18 fontaines distribuent partout une eau abondante et saine. Les médecins y envoient les malades recouvrer la force et la santé. 6 écoles distribuent l'instruction à plus de 1 200 élèves. Des usines actives mettent dans l'air des rumeurs vivantes. Un marché sur lequel se traitent 30 à 40 millions d'affaires par an, des docks où s'emmagasinent des montagnes de tabac, de lin, d'oranges, de céréales, etc., des chais immenses qui reçoivent 200 000 hectolitres de vin par an, plusieurs banques donnent satisfaction à tous les intérêts.

Aussi que de santé, que de jovialité sur tous les visages ! Que l'on banquette, danse et chante joyeusement sous les hauts ombrages, en septembre, quand vient la kermesse locale ! C'est que, grâce aux soldats et aux colons de la première heure, le désert a fait place à la cité vivante, le marais infect à l'oasis embaumée et salubre, la misère à l'aisance et à la richesse, la mort à la vie exubérante et la tristesse à la joie triomphante.

Quelle leçon d'énergie virile, de fierté noble et légitime pour de jeunes Français à l'esprit ouvert, attentif que la vue de cette terre qui, depuis trois quarts de siècle, sue l'héroïsme et où passent des souffles d'épopée (1) !

D'Alger à Constantine.

La Mitidja orientale La Kabylie. — Sétif.

11 avril.

C'est à très grand regret que nous quittons Alger, la belle,

(1) Le *verger algérien* est riche, et sa richesse s'accroît très vite. Il a été recensé dans ces dernières années 663 000 orangers, dont 315 000 dans le département d'Alger, 400 000 mandariniers, 142 000 citronniers et cédratiers, 82 000 bananiers, 500 000 grenadiers, 482 000 amandiers, 57 000 cerisiers, 490 000 figuiers, 66 000 néfliers du Japon, 2 953 000 palmiers-dattiers et 1 700 000 autres arbres fruitiers. On compte plus de 6 201 000 oliviers fournissant, bon an mal an, 250 à 300 000 hectolitres d'huile, et 182 000 quintaux d'olives à la consommation. La production pourrait être quintuplée aisément. Quant à la vigne, sa culture a pris un essor étonnant :

	1867	1878	1904	1907
Hectares plantés.	8 600	20 000	173 000	»
Hectol. récoltés. .	76 000	700 000	7 500 000	plus de 8 millions.

C'est la vigne qui, réellement, a fourni des capitaux aux colons et provoqué l'essor prodigieux de l'Algérie.

	VIGNES	ORANGERS	MANDARINIERS
Verger de Blida. . .	1 178ha	86 000 pieds	40 000 pieds
— de Boufarik. .	1 876 »	45 000	36 000.

l'aimable, « la blanche Alger » ; que nous voyons une deuxième fois défiler sous nos yeux les adorables coteaux de Mustapha, les avenues végétales, les colonnades vivantes du Jardin d'Essai, du *Ruisseau*, les villas, les usines, les jardins maraîchers si riches d'*Hussein Dey* (5 600 hab.), de *Kouba*, de *Maison-Carrée* (7 000 hab.), faubourgs, banlieue d'Alger qui se prolonge ainsi jusqu'à l'Harrach, c'est-à-dire jusqu'à la bifurcation des deux lignes d'Oran et de Constantine.

Au delà de l'Harrach nous entrons *nella terra incognita*, inconnue seulement de mes compagnons, bien entendu. Et dans la fraîche lumière du matin, sous nos yeux, défilent mille preuves nouvelles, irréfutables, de la merveilleuse activité des Français, de leur *génie colonisateur* ; le mot n'est pas trop fort.

Hussein Dey n'était, il y a un demi-siècle, qu'une vieille maison de plaisance des anciens deys changée en entrepôt de tabac, qu'un relai de diligence. Aujourd'hui, c'est une ville avec de puissants moulins, des ateliers de construction de norias, de tuyaux, de drains, de matériaux en ciment comprimé ; avec ses vignes en chaintre, avec ses jardins maraîchers, dont la location est plus élevée (à l'hectare 12 à 1 500 fr.) que le prix d'achat de la même surface en bien des endroits de France et d'Europe.

On chassait la grive, la bécassine, etc. dans les marais de Maison-Carrée, il y a trente ans ; et les chasseurs y attrapaient la fièvre, et les habitants grelottaient en des maisons en torchis suintant une verdâtre et mortelle humidité. La plantation d'eucalyptus, d'immenses vignobles, les cultures de céréales et de légumes ont tout transformé. 7 000 habitants se pressent autour des tanneries, des corroieries, des briqueteries et tuileries Altairac ou dans les entrepôts, les marchés si animés, sur les champs richissimes de cette ville aujourd'hui si prospère.

Jusqu'à l'Alma la voie ferrée court à travers la partie orientale de la Mitidja, aussi opulente à l'est qu'à l'ouest. A perte de vue, de chaque côté du chemin de fer, s'étendent les champs de céréales, les cultures maraîchères : artichauts et primeurs de toutes sortes, les grands vignobles de *Fort de l'Eau*, de *Rouiba*, de la *Régahia*, du *Fondouck*, de l'*Alma*, etc. On voit des chais gigantesques, tout neufs, aux toits rouges, bâtis pour loger le produit des vendanges. C'est une joie pour les yeux; c'est un fortifiant, un excitant spectacle pour de jeunes esprits vifs, ouverts, hardis, surtout quand ils apprennent que ces moissons, ces richesses ont jailli, comme à Boufarik, de marais et de broussailles incultes avant notre arrivée.

A partir du *Corso*, on sent les approches de la montagne. A *Ménerville* (8 000 hab.), on entre en plein, par le *col des Beni Aïcha*, dans le massif de la Kabylie. Hélas ! il nous manque deux ou trois jours pour pouvoir suivre le chemin le plus pittoresque par Tizi-Ouzou, Fort-National et Tirourda, pour voir la Kabylie vivante dans sa beauté sauvage.

La voie ferrée suit la vallée de l'*Isser*, puis celle de la *Soummam*, en contournant au sud le puissant massif du Djurjura.

Palestro nous rappelle l'héroïque résistance de ses habitants en 1871, lors de la grande insurrection de la Kabylie, 14 ans après la conquête. Ses gorges sont belles. Mais nous ne voyons le torrent, l'escarpement des roches, l'étroitesse du défilé que des portières de notre wagon. Le soleil jette sur le paysage un coup de pinceau qui en relève la beauté par le contraste de l'ombre, rive droite, et de la lumière, rive gauche.

Des travaux de réparation sur la voie forcent le train à ralentir. On va au pas. Les ouvriers nous saluent et nous demandent des journaux. En un instant, le stock politique très varié des journaux achetés au départ d'Alger, le matin même, passe par la portière. « Voilà, voilà ! bonnes gens qui travaillez si loin de la grande ville; qui, comme ces anachorètes d'Égypte retirés au désert, désirez savoir si, hier, il n'est rien arrivé d'extraordinaire dans le monde, si l'on s'est marié, si l'on est mort comme à l'ordinaire,—si l'on a bâti, démoli, embelli des villes, des maisons, comme les jours précédents, — si enfin l'on a trouvé la pierre philosophale, l'Eldorado, la fontaine de Jouvence, le moyen de rendre les hommes heureux et parfaits, — si tous ont du pain, de la joie, un logis confortable, des amis fidèles, — si les guerres sont finies, si la paix règne partout entre les poules et les renards, « paix générale, cette fois »,

« Si les peuples sont frères, »

enfin ! et si cent autres rêves millénaires, paradisiaques ou décevants se sont enfin réalisés!... » Des mercis chaleureux, bruyants répondent à nos envois, comme si nous étions porteurs de la « bonne nouvelle ». Hélas ! « les papiers », pour parler comme les Anglais, nous avaient peu coûté. Il est à craindre que tout ce noir sur tout ce blanc ne dépassait pas beaucoup en valeur le prix dont nous l'avions payé : rêves ou colères d'un jour qui s'effacèrent la nuit suivante !

Pendant qu'à travers les gorges de l'*Isser* le train monte lentement vers *Dra-el-Mizan* et *Bouira* pour gagner à Beni-Mansour la vallée du Sahel, nous causons de la Kabylie qui commence presque aux portes d'Alger et qui finit, à l'est, sur le *Sahel* même, le fleuve de Bougie.

La *Grande Kabylie* est une petite Suisse algérienne dont le plus haut sommet, le *Lella Kedidja*, a 2 308^m^. Pendant quatre mois et plus, les neiges persistent sur les cimes culminantes. Elles donnent au Lella Kedidja, vu d'Alger, au soleil couchant, l'aspect d'un géant mort, enveloppé dans un blanc linceul et couché la tête à l'est, les pieds à l'ouest, les deux mains posées sur la poitrine. Les sommets et les chaînons sont séparés par des ravins d'une profondeur vertigineuse ou par des vallées étroites, brûlantes en été. Des forêts d'oliviers superbes, des chênes-verts ou lièges, des frênes dont le frais et élégant feuillage nourrit en partie le bétail, et que les Kabyles appellent leurs « luzernières », couronnent les cimes ou vêtent les pentes en beaucoup d'endroits. De beaux jardins d'arbres fruitiers : figuiers, noyers, oliviers, vignes aux grappes magnifiques, orangers, entourent les villages.

Ceux-ci, construits en pierres, couverts de tuiles, perchés sur les sommets les plus abrupts, produisent de loin une pittoresque et agréable impression. De près, c'est autre chose ; alors l'œil et surtout l'odorat sont moins flattés.

La population est très dense en Kabylie (100 habitants au kilomètre carré).

Les Kabyles sont laborieux, économes, durs au travail, assez intelligents. Aucune parcelle cultivable de leur sol, même sur les pentes les plus raides, n'est laissée en friche. Ils aiment passionnément la terre. Au printemps, en été, ils viennent se louer comme laboureurs, vignerons, moissonneurs dans la plaine, chez les colons.

En hiver, ils se font colporteurs. Ils connaissent la valeur de l'argent, du travail et du temps. « Je fais autant de besogne qu'un Européen, disent-ils à l'employeur : paie-moi de même. » On leur reproche volontiers d'être faux-monnayeurs et de confondre aisément le tien et le mien.

Ils ont sur les voleurs des anecdotes et des légendes sans nombre. En voici une des plus amusantes empruntée au savant ouvrage du colonel Villot[1].

« Un jour deux amis devisaient de la difficulté des temps à l'ombre d'un chêne-ballote (belloutu à glands doux), et dans un endroit désert. Le hasard amena là un pauvre bûcheron dont l'air plein de bonhomie annonçait une âme naïve. Aussitôt nos compères pensent à l'exploiter. Le bûcheron marchait tranquillement, la tête baissée, et tenant à la main la bride de son mulet qui happait çà et là une touffe de *diss* derrière son maître.

« Alerte ! dit l'un des compères à son compagnon ; suis-moi ! » et il se glisse près du mulet, lui enlève prestement la bride et se la passe autour du cou, tandis que l'autre saute en selle et disparaît.

« Le bûcheron, qui ne s'était aperçu de rien, continuait son chemin sans penser à mal, quand, tout à coup, il sent une secousse ; il se retourne promptement, mais que voit-il ? un homme à la place de son mulet ! L'étonnement, la crainte glacent ses sens. Le larron ne lui laisse pas le temps de la réflexion, et dit d'une voix lamentable : « Combien je te dois de remerciements, ô toi qui, par tes vertus, es cause de ma délivrance !

— Comment cela ? dit le bûcheron.

— Oui, répond l'autre, pour me punir d'avoir insulté ma mère, Allah m'avait changé en mulet ; mais il a eu pitié de moi à cause de ton honnêteté. Maintenant, je t'appartiens ; fais de moi ce que tu voudras. »

Le bûcheron ne sut trop que répondre, et dit au larron :

« Je ne puis te garder ; je suis pauvre ; et, puisque Allah t'a délivré, je me garde d'aller contre sa volonté. Va retrouver ta mère. »

A quelques jours de là, le bûcheron s'étant rendu au marché

(1) *Mœurs et Coutumes des indigènes en Algérie.* (Jourdan, édit. Alger.)

voisin, rencontra son mulet qu'un individu mettait en vente. Il resta un moment interdit, craignant de s'être trompé; puis, d'un air de compassion, il s'approcha de l'animal et lui dit tout bas à l'oreille : « Tu as donc encore insulté ta mère ? »

M. Gaston Boissier dit qu'avec le Berbère, ou Kabyle, il faut être généreux, désintéressé, *juste,* mais sans pitié; car le pardon est considéré par lui comme une faiblesse. Un souvenir personnel nous permettra de corroborer l'une des parties de ce jugement. Le sentiment de l'égalité est assez fortement développé chez le Kabyle; celui de la justice l'est plus encore. Mustapha, ancien officier de tirailleurs, adjoint au maire d'une grosse commune mixte, me disait un jour : « Je commandais en Kabylie une escouade de soldats occupés à construire une route. Quelques jeunes oliviers ayant été abattus sur le bord du chemin, par suite d'une rectification du tracé, le propriétaire mécontent vint réclamer une indemnité de cinq francs. L'officier français présent les lui fit donner sur-le-champ. Le Kabyle, étonné et calmé, dit : « Si nous avions su à l'avance que tous les Français étaient aussi justes que celui-ci, nous nous serions soumis avant qu'ils fussent débarqués chez nous. »

Les hommes et les peuples gagnent à être justes.

Moins élégant dans son langage et ses manières, moins svelte dans sa tournure, moins fanatique mais aussi superstitieux que l'Arabe, moins aristocrate pour tout dire, le *Kabyle* ou Berbère est un paysan âpre, un artisan adroit à travailler les métaux, à fabriquer les tissus, les cuirs, etc., un commerçant habile, sensible au gain. Il parle, non l'arabe comme on le croit communément, mais une langue à part, dure, gutturale : le kabyle. Il apprend volontiers le français, vient à l'école, y envoie ses enfants, même sa fille, étudie nos arts mécaniques, nos outils et nos méthodes. On peut le civiliser, le prendre par l'intérêt bien plus aisément que l'Arabe.

C'est un *démocrate* qui a su se donner une organisation sociale et politique assez remarquable dont les trois éléments essentiels sont :

la *karouba,* ou famille ;

le *thaddert,* ou commune ;

la *tribu.*

Chaque famille délègue un *tamin* ou conseiller. La réunion des tamins forme la *djemmaâ,* ou conseil municipal, qui gouverne la commune, règle les affaires locales et les rapports avec l'administration française. Un *amin* ou maire, choisi dans la majorité, un *oukil* ou trésorier, pris dans la minorité de la djemmaâ, représentent celle-ci. Un groupe de thadderts forme une tribu. Jadis les tribus s'unissaient en *Confédérations* pour la défense, car le pays était en état de guerre presque constant.

Tout en causant ainsi, nous voyons défiler *Dra-el-Mizan,* où Hanoteau et Letourneux recueillirent et commentèrent si savamment les coutumes kabyles, où la terre fertile donne en abondance des figues, des huiles, du vin, etc. ; — puis *Bouira* (7 063 hab.) à l'entrée de la vaste *plaine du Hamza,* aujourd'hui couverte de fermes et de colons européens. Bombonnel y chassa la panthère et le lion. Celui-ci est aujourd'hui disparu ; celle-là se rencontre encore en Kabylie.

Nous déjeunons à Bouira où le train fait toujours une assez longue halte, prolongée ce jour-là par la rupture d'une des bielles de la locomotive, ce qui nous valut une heure et demie de retard. Il y a bien un buffet à Bouira. Nous ne doutons pas qu'il ne soit excellent ; mais nous nous sommes si bien trouvés de notre régime au Camp des Chênes que nous avons résolu de vivre ainsi chaque fois que l'occasion s'en présenterait ; elle se présenta quatre fois : à la Chiffa, à Bouira, à El Kantara, à Guelma. Nous en tirâmes profit et contentement. Avis aux amateurs.

Nous avions donc de nouveau, à Alger, fait emplir de vivres nos couffins complaisants, et nous déjeunâmes gaiement dans notre wagon, en attendant que l'on réparât la bielle ou la manivelle de la machine.

Nous prenons l'air ensuite en parlant des chasses de Bombonnel, de Gérard ; des panthères, des lions, etc. ; de l'effroi qu'inspiraient ces terribles bêtes aux indigènes, et de l'admiration de ceux-ci pour les chasseurs de lions.

Un souvenir de mes courses antérieures et déjà lointaines en Algérie me revient à la mémoire. Je le narre à mes compagnons. La région que nous venons de traverser en fut justement le théâtre. On pourrait l'intituler :

Un zouave qui eut peur une fois en sa vie.

La voici. Dans une de mes courses en la pré-Kabylie, je rencontrai, tout près d'une ferme isolée, dont il était d'ailleurs le propriétaire très accueillant, très intelligent, un ancien zouave devenu colon. Après avoir admiré les belles cultures qui entouraient sa ferme, je m'avisai de dire à mon cicerone : « Votre isolement ne vous inquiète pas un peu parfois? vous n'avez point peur que...? — Peur ! Connais pas ça... Un peu de vigilance, quelques bons chiens de garde, un fusil sérieux, l'œil au guet parfois la nuit... c'est tout ce qu'il faut pour être à peu près en sûreté contre les maraudeurs ; et il n'y a guère que cela à craindre par ici... Peur ! Tenez, Monsieur, je n'ai eu peur qu'une seule fois en ma vie, justement un peu au sud des montagnes que vous voyez là-bas — il montrait Bouira —, et il y a longtemps de cela.

J'étais encore au service. Nous faisions des manœuvres à double fin : exercice militaire d'abord ; grande police aussi probablement ; je veux dire que notre passage montrait aux indigènes que nous étions toujours les « maîtres de l'heure », comme ils disent, et qu'ils ne devaient point l'oublier.

En arrivant le soir à l'étape, nous campâmes, pour éviter toute surprise et la fièvre aussi, sur un petit plateau assez escarpé. Les uns dressèrent les tentes, soignèrent les bêtes, préparèrent les feux ; les autres, dont j'étais, allèrent à la corvée, chacun pour son escouade, c'est-à-dire à l'eau pour la « popotte », pour les hommes et pour les animaux. L'*oued* coulait assez loin au-dessous de nous. J'enfourche mon bourricot — je crois bien que c'était un petit mulet — et je descends. Arrivé à l'oued, j'emplis bidons et tonnelets et... marche pour le retour ! en suivant le sentier zigzaguant qui, à travers la brousse, devait me ramener au plateau.

Tout d'un coup, je sens ma monture trembler entre mes jambes comme feuille au vent. Je regarde, et à quelques mètres devant moi — devant nous, devrais-je dire —, dans le sentier, j'aperçois deux yeux étincelants. *Saïd* (le lion) était là campé bien tranquillement, remuant un peu la tête comme pour dire :

« Enfin, vous voilà donc ! je vous attendais. » Point d'arme ; pas même un coupe-chou ! Que faire ? Je presse mon baudet. Ah, ouais ! il tremble, mais ne bouge pas de place. Je crois qu'il voyait mieux que moi en ce moment-là le dénouement de l'affaire. Pauvre bête !... Il fallait pourtant sortir de là, mort ou vif. Ma foi, je tire les guides à gauche. Mon coursier comprend que j'essaie un mouvement tournant. Il obéit, entre dans la broussaille, et nous passons à deux ou trois mètres au-dessus du lion interloqué de la manœuvre. Nous faisons six pas sur le sentier rejoint, pas un de plus ! Un bond ; deux bonds ! et Saïd est de nouveau devant nous dans le sentier, dressé, remuant la queue, l'œil fixe et luisant. Il jouait avec sa proie. La route est barrée. « On ne passe plus ! » semble-t-il dire. Mon pauvre compagnon tremble de tous ses membres. J'essaie un nouvel à gauche. Rien. Mon baudet est figé. Ma foi, je ne fais ni une, ni *deusse* ; je saute à bas et je me jette dans la broussaille sans songer même à appeler les amis.

Je n'avais pas fait trois pas que Saïd, qui n'attendait sans doute que mon départ, que la séparation, bondit sur mon compagnon, lui donne une maîtresse gifle, le jette sur ses épaules et disparaît en quelques bonds dans le ravin, semant derrière lui bidons, tonnelets, etc., que je retrouvai le lendemain. Il avait son souper le gaillard. Il dut ce soir-là manger pour nous deux, je vous assure... Chaque fois que me revient à l'esprit cette petite aventure, je ne puis y songer sans un peu d'émotion tout de même. Il n'y a plus de lions en Kabylie, Monsieur. On peut donc habiter ici... sans peur. »

Ainsi parla mon interlocuteur, vieux « chacal » qui en avait vu pourtant de terribles en sa vie.

La machine étant enfin réparée, le train se remet en route. D'Alger à Bouira il y a 123 kilomètres seulement ; mais il faut gravir une rampe de 517 mètres où les courbes et les travaux d'art sont nombreux. La vitesse des trains est donc très médiocre, surtout à partir de Ménerville.

La plaine du *Hamza* dans laquelle nous entrons, la descente vers *Beni-Mansour* (289 m), à 171 kilomètres d'Alger, par la vallée du *Sahel* permettent une allure plus accélérée. Pendant les 50 kilomètres qui séparent ces deux localités importantes et prospères, nous n'avons d'yeux que pour la muraille énorme, abrupte du *Djurjura* qui domine de 2 000 mètres, d'un seul jet, la voie et la vallée. Le soleil donne des teintes gaies aux parois rocheuses ; la neige immaculée étincelle là-haut sur toutes les cimes de l'*Abouker* (2 300^{m}) et du *Lella-Kedidja* (2 308^{m}). C'est grandiose. Nous regardons.

Il y a, de Tunis à Fez, une dépression ou faille continue, parallèle à la côte, resserrée en quatre ou cinq endroits seulement : de Souk-Ahras à Chemtou, sur la haute Medjerda ; — de Ménerville à Bordj-bou-Arréridji, sur le Sahel et l'Isser ; — d'El Affroun, dans la Mitidja, à Affreville sur le Chéliff ; — enfin de Lalla Marnia par Isly, à Fez, par le col de *Taza*. Le chemin de fer et la route empruntent ce couloir constamment de Tunis à la frontière du Maroc. C'est la grande voie commerciale et militaire du nord de l'Afrique. Tous les conquérants l'ont suivie et parcourue, sauf dans la chaîne des *Bibans* (portes) où nous entrons en quittant Beni-Mansour.

Par la vallée tortueuse de l'oued *Mahrir*, à travers une région tourmentée, noirâtre, infertile, d'aspect lugubre et sauvage ; — en franchissant quantité de tunnels, de ponts, de défilés dont les plus célèbres sont les Bibans que les Français seuls ont osé traverser en 1839 ; — en gravissant une rampe continue et très forte, on atteint d'abord *Bordj-bou-Arreridji* (7 400 hab.) à 890 mètres, peuplé de Provençaux, centre de la fertile *Medjana ;* puis *Sétif,* situé à 1 074^{m} d'altitude et peuplé de 15 000 habitants contre 12 000 en 1884.

Je dois dire pour rendre témoignage à la vérité que les *défilés des Bibans,* ou portes, tant célébrés sous Louis-Philippe, presque comparés alors aux Thermopyles, firent peu d'impression sur mes compagnons. Et j'entendis même un : « Ce n'est que ça ! » qui indiquait une lecture antérieure de ce fait d'armes, et une déception.

Napoléon estimait le passage du Rhin (1672), chanté par Boileau, une opération de quatrième ordre. La marche très remarquable d'une colonne française, en 1839, de Sétif à Alger par les Bibans, ne fut en réalité qu'une opération d'ordre très secondaire. Elle montra pourtant aux indigènes que nous voulions rester en

Afrique. Cette démonstration ralluma immédiatement la guerre avec Abd-el-Kader. Pour conquérir la province d'Oran nous allâmes d'abord passer à Constantine. Tout chemin ne mène-t-il pas à Rome ? Nous pourrions ajouter que cette marche hardie fut ainsi une des étapes de la longue route qui nous conduira prochainement d'Oran à Tombouctou à travers le Sahara.

Vers cinq heures nous « faisons le pain » au buffet de la gare de Sétif, où nous trouvons pain blanc, vin, œufs durs, oranges, sardines en boîte, etc.

C'est que, vu le retard du train, nous ne serons à Constantine qu'à 9 heures ; or, des estomacs de 13 à 18 ans ne pourraient point, sans hurler la faim, rester dix heures sans manger. Oiselets, enfants et jeune colonie sont toujours prêts à picorer, à manger, à emprunter. Ils grandissent... ils ont faim. Heureux âges, heureux êtres !

De la gare, nous regardons la ville située au nord. Elle fut bâtie en 1839 par le général Galbois (1). Les rues sont tirées au cordeau et les places très larges. Le quartier militaire, le parc à fourrages avec ses grosses meules de paille, sont très vastes, bien construits. L'immense plateau de Sétif est nu ; les terres à blé s'étendent à perte de vue ; des prairies commencent à verdoyer le long de la voie ferrée ; l'eau coule abondamment dans les rigoles d'irrigation ; des chevaux, de jeunes poulains en pâture dressent la tête au passage du train et prennent un temps de galop. Ce sont de belles bêtes. Aussi Sétif est-il redevenu, comme dans l'antiquité, un grand marché de grain, de paille et de bétail (2). Cette ville a de l'avenir. La population européenne (7 500 hab.) et indigène est vigoureuse. On sent en voyant et gens, et bêtes, et fourrages, que le climat, bien que rude, est sain, fortifiant, à cette altitude de 1 100 mètres, où la température moyenne de l'année ne dépasse

(1) Sétif fut fondé par l'empereur Nerva.

(2) La récolte des *céréales* en Algérie est très variable d'une année à l'autre et peut aller de 16 à 25 millions de quintaux : blé tendre ou dur, orge, avoine, millet, maïs, seigle, etc. Le rapide accroissement de la population oblige parfois l'Algérie à importer des grains et des farines. — Quelques *plantes industrielles* sont cultivées, mais sur de médiocres étendues : le *lin*, 1 000 hectares environ, pour sa graine ; le *tabac*, 6 à 7 000 ha, donnant 50 à 60 000 quintaux ; le *géranium rosa*, la *ramie*, etc. L'*alfa* fournit annuellement 100 000 tonnes, surtout dans la province d'Oran ; il sert à la fabrication du papier.

pas 13°5 — celle de Bordeaux ou de Périgueux —, où la neige tombe quelquefois très abondamment en hiver, mais où les pluies sont assez rares, 442mm par an.

De Sétif à *El Guerrah,* le rail descend par *Saint-Arnaud, Châteaudun,* villages assez éloignés de la voie ferrée. Le pays est triste, monotone, d'aspect presque désertique. Pourtant, j'observe quelques alignements de peupliers, quelques bouquets d'arbres fruitiers européens en fleurs auprès des villages. Ils n'existaient point il y a vingt ans lors de mon premier passage en ces parages. Ces petits coins de verdure font plaisir à l'œil. Ils prouvent que l'on pourrait reboiser une partie de ce plateau si nu. Au sud, limitant l'horizon, se dresse une chaîne de montagnes complètement dénudée, d'aspect terreux, cendreux, formée de mamelons absolument semblables à des Arabes accroupis, encapuchonnés et enveloppés de vieux burnous.

La nuit est venue quand nous atteignons El Guerrah. Mais la lune se lève ; elle éclaire d'une lumière blanche la vallée de l'*oued Merzoug,* les champs silencieux et les monts lointains. C'est dans une sorte de rêverie que nous descendons à Constantine. On boucle les sacs, on visite les compartiments pour s'assurer que l'on n'a rien oublié ; dix minutes après nous arrivons à pied à l'hôtel ; un quart d'heure plus tard nous sommes à table. A dix heures, nous dormons tous. 15 heures de chemin de fer et d'attention : c'est une rude journée !

Constantine à Biskra.

A M. Brunet, Inspecteur d'Académie.

12 et 13 avril.

C'est jour de Pâques... Il fait un temps ensoleillé, magnifique ; il souffle une brise agréable. A dix heures, les devoirs de toilette et de conscience remplis, nous prenons l'essor. Nous avons deux heures de liberté avant le déjeuner. Nous les employons à parcourir les ruelles de la ville indigène où les Arabes travaillent dans leurs petites échoppes et préparent sous nos yeux les différents produits de l'industrie constantinoise : cuirs, basane, babouches, fils de laine, etc. Aucun article de luxe. — Les écoles arabes sont ouvertes ; nous regardons avec intérêt les petits écoliers accroupis lisant, chantant, répétant ensemble les versets du Coran ; notre présence les dérange à peine. Le maître, ou *taleb*, reste impassible, comme il convient à un bon musulman (1).

Nous allons à la pointe de *Sidi Rachèd* contempler l'entrée du Rummel dans les gorges célèbres qui isolent la ville sur trois de ses côtés, et nous revenons par la *Brèche*. L'après-midi est consacrée aux gorges elles-mêmes, aux voûtes, aux chutes du Rummel, à la vue grandiose dont on jouit de la Casba, soit vers le nord, soit sur la vallée verdoyante du Rummel, soit sur les plateaux et les monts dénudés qui fournissent au marché de Constantine une grande partie de ses blés. La foule se presse affairée, endimanchée, joyeuse dans les grandes voies du quartier européen, sur la place de Nemours, vers le *Coudiat* à peu près dérasé aujourd'hui et couvert d'une ville toute neuve dont les faubourgs *Saint-Jean, Saint-Antoine* se développent autour des places *Gambetta, Baudin*,

(1) Après avoir conquis l'Algérie par l'épée et la charrue, les Français s'efforcent de la gagner par le livre. L'instruction publique a pris un vif essor en Algérie et en Tunisie. L'école est le creuset où se fondront ensemble les différentes populations de nos deux très prospères colonies du nord de l'Afrique. Que l'on en juge par le très court tableau statistique suivant donnant l'état exact de l'enseignement en 1905 :

1° L'*enseignement supérieur* comptait près de 1 400 élèves, dont 1 184 étudiants [droit (359), médecine (152), sciences (222), lettres (451)] dans les *Facultés* d'Alger qui seront bientôt érigées en Université ; plus 213 étudiants indigènes dans les *trois médersas* d'Alger, Tlemcen et Constantine.

2° L'*enseignement secondaire* est donné dans 19 établissements (lycées, collèges, etc.) à 5 506 élèves — (5 421 dans 18 établissements, en 1904) — dont 1 249 filles et 4 257 garçons.

3° L'*enseignement primaire* avait 1 456 écoles publiques ou privées, 151 105 élèves — (contre 1 423 écoles et 147 826 élèves en 1904) — et 2 769 maîtres ou maîtresses ;

Plus 4 *écoles normales primaires* avec 43 professeurs, 257 élèves, dont 48 musulmans ;

Plus 269 écoles musulmanes. En 1902, on ne comptait que 243 de celles-ci, avec 25 921 élèves presque tous garçons. Le progrès est donc notable et régulier. Les sommes considérables votées récemment par la *Délégation financière*, à la demande du Gouverneur Général, M. Jonnart, encouragé par l'opinion publique, vont accélérer la diffusion de notre langue et de nos méthodes parmi les indigènes. On crée surtout, et avec raison, des *écoles professionnelles* dans les villes pour la broderie et la tapisserie ; des écoles d'agriculture et des *huileries modèles* en Kabylie. Un million d'indigènes entendent ou parlent déjà notre langue dont les colons sont eux-mêmes, par la force des choses, d'actifs propagateurs quotidiens.

le long des avenues *Victor-Hugo, Vallée*, etc., aux noms bien français. Elle se hâte vers le *Bardo*; elle court vers le champ de manœuvres où a lieu la bataille des fleurs. Nous nous mêlons à la kermesse. Cela nous permet de voir combien est belle, vigoureuse, pleine d'entrain, de vie, la race française qui s'est implantée sur ce rocher et dans la région constantinoise. Hommes et femmes, quel beau type! Et combien dames et demoiselles sont gracieuses en leurs claires toilettes!

En somme, en moins d'un jour, nous avons vu tout ce qu'il y avait d'intéressant à Constantine, ville de 50 000 habitants. Alger, Blida que nous avons visités, Oran, Bel Abbès, Philippeville, Bône, etc. sont des villes à peu près européennes. Constantine est encore, d'aspect au moins, une ville indigène. C'est que le milieu, l'assiette même de la ville ne se prête guèrent à une transformation radicale. Voici l'impression qu'elle a laissée dans nos esprits.

Pour le touriste, Constantine, ce sont les effrayantes gorges aux parois verticales (120^{m} de profondeur), qui commencent à Sidi Rached. Ce sont les quatre arches naturelles, phénomène rarissime, qui unissent par des voûtes ogivales les lèvres du précipice. Ce sont les chutes du Rummel, tombant, à la sortie de ces voûtes, en trois bonds successifs de 20, 25 et 30 mètres. Dans les grandes eaux, la cataracte se réunit en un seul arc liquide de 75^{m} de haut.

Constantine, c'est la cité aérienne juchée à 650^{m} d'altitude sur un rocher qui lui valut son nom ancien de *Cirtha* [rocher, en numide (ou ville ?)], rocher trapézoïdal dont les quatre angles sont exactement orientés aux quatre points cardinaux. La plate-forme où s'est installée la ville est inclinée de 200 mètres du nord au sud, de la Casba (790^{m}) à Sidi-Rached (580^{m}). On dirait un toit à un seul versant d'un kilomètre de long.

Avant l'arrivée des Français, c'était aussi la forteresse réputée imprenable, d'où les habitants voyaient et voient encore tournoyer au-dessous d'eux les vautours sales et les corbeaux voraces. « Ailleurs, disait-on, les oiseaux fientent sur les hommes; ici les hommes... » le leur rendent avec usure par les égouts, gouttières et canaux qui se déversent dans la crevasse. Aujourd'hui,

(*Cl. Neurdein.*)

Constantine : la cascade de Sidi-Mecid. *Page 157.*

Constantine : le pont d'El-Kantara. *Page 157.* (Cl. Neurdein.)

la fière cité est accessible aisément, soit par le beau pont d'El Kantara jeté au-dessus du Rummel pour unir la gare à la ville, soit, à l'ouest, par le large boulevard ou, plutôt, l'esplanade de la *Brèche* qu'on ne peut visiter sans émotion; car c'est par là qu'eut lieu le terrible et victorieux assaut de 1837. La prise de Constantine dompta toute la province. Cela dit assez l'importance stratégique de la ville de Massinissa et de Jugurtha.

Constantine est encore un grenier. Il serait plus juste de dire un *silo*; car ses immenses citernes, ses caves si fraîches conservaient jadis les céréales de toute la province qui s'entreposent aujourd'hui dans les deux grands marchés couverts de l'Esplanade ou, plutôt encore, s'en vont directement à Philippeville (1). La Halle aux grains de Constantine a été longtemps le plus important marché de blé de l'Algérie. — Constantine, c'est la *Casba* avec son musée incrusté dans les murs de la citadelle. C'est enfin le *palais du bey* avec son jardin intérieur, ses fresques grossières, beaucoup trop vantées.

De la route de la Corniche, nous regardâmes au-dessous de nous le délicieux recoin de *Sidi-Mecid*, où des sources abondantes et claires remplissent, sans fin ni trêve, un gentil bassin de natation et de petites baignoires naturelles adossées à des rochers d'un gris-rougeâtre, ombragées d'eucalyptus, de figuiers et tapissées d'adiante. Cette grâce souriante forme un contraste saisissant avec les chutes du Rummel, toutes voisines, avec les formidables escarpements de la Casba, avec l'austère campagne qui s'étend au loin vers le nord et le N.-O.

De loin, nous regardons à l'est les massifs de cèdres, de pins, de chênes, etc. du *Djebel Ouach* (1 020^{m}), qui ombragent les trois grands réservoirs d'où viennent les eaux d'alimentation de la ville. Le temps nous manque pour aller « goûter l'ombre et le frais » au bord de ces petits lacs.

Gâtés, choyés maternellement à l'*hôtel Saint-Georges et d'Orient*,

(1) Le climat du plateau constantinois ne connaît pas les morbidesses de celui d'Alger et du littoral. Parfois les hivers sont rigoureux; aussi toutes les chambres ont des cheminées. En été, les nuits sont toujours assez fraîches pour qu'on puisse reposer et sommeiller à l'aise. Conditions excellentes pour l'installation en grand nombre de colons français dans la province de Constantine.

grâce sans doute un peu à notre bonne mine, un peu au Club, beaucoup à l'aimable bienveillance de mon ami, M. Brunet, inspecteur d'Académie, qui, à l'avance, nous avait retenu gîte et couvert, nous quittons Constantine le lundi 13, presque à regret, en remerciant notre bienveillant hôtelier. Il aura toutes nos grâces encore à *El Kantara*, à midi, quand nous ouvrirons les couffins, où, sur mon ordre et par ses soins, par ceux de sa femme — une bonne grand'maman — un déjeuner merveilleux nous a été préparé.

Nous ne sommes point des ingrats. La dernière goutte d'un vin blanc algérien parfait bue, la dernière bouchée d'un pain frais, d'une viande savoureuse engloutie, la dernière orange sucée, un ban sonore, un cri unanime envoient aux échos du désert où file notre train un retentissant : « Vive Constantine ! »

Deux heures et demie plus tard nous étions à Biskra.

Et le désert ?... Eh bien ! ainsi réconfortés, le désert nous avait paru très... acceptable.

Le désert !... Voyez la magie des mots. Deux ou trois de nos compagnons m'avouèrent que c'était la certitude de voir le désert qui les avait surtout décidés à entreprendre le voyage. Le désert a sa grandeur, sa beauté ; mais il faut le voir plus d'un jour, et autrement qu'en chemin de fer, pour en comprendre la morne désolation, le silence énorme, impressionnant, pour accoutumer l'œil à ses fauves horizons, à son ciel immaculé d'une sérénité implacable.

Il y a 239 kilomètres de Constantine à Biskra. Voilà ce qui frappa le plus, à l'aller et au retour, mes compagnons, nouveaux venus sur cette route parcourue jadis par moi dans des conditions bien moins confortables.

Les saules ombrageant le *Bou Merzoug*, les prairies verdoyantes bordant ses deux rives et vêtant d'une fraîche, luisante et souple émeraude les collines arrondies du *Kroubs*, jadis si dénudées, si déplaisantes, leur laissent croire un instant qu'ils sont dans un coin de France. Mais les cigognes perchées sur les toits des gares et des maisons d'*El Guerrah* et des villages suivants, les routes poudreuses, les indigènes conduisant des bœufs, des chevaux, des moutons au marché d'*Aïn Mlila* leur révèlent tout de suite un autre monde.

A Aïn Mlila finit le Tell. Les *Hauts-Plateaux*, qui le suivent, en diffèrent moins que dans les deux autres provinces; les cultures telliennes se prolongent ici jusqu'à l'Aurès. A droite de la ligne, nous regardons le chott (lac) *Tensilt* en ce moment à sec, et où, jadis, nous pûmes admirer des bandes de flamants roses, de grèbes, etc. Justement un colon, qui a dû passer sa matinée sur les rives éloignées du lac, revient avec deux ou trois chapelets d'oiseaux aquatiques. Il est tout fier de sa chasse. A gauche, nous apercevons le *Medracen*, énorme mausolée construit par les anciens rois numides avant la conquête romaine.

Le pays est fort dénudé, rocailleux dans cette partie du parcours de la voie ferrée. La verdure ne reparaît qu'en approchant de Batna; elle se maintient, elle égaie un peu le paysage jusqu'à *Aïn Touta*, ou mieux *Mac-Mahon*.

Au delà, les montagnes perdent leur parure de forêts ou de broussailles. En se rapprochant, elles forment un long couloir bordé de murailles verticales aux teintes violettes, bleuâtres ou rosées suivant l'exposition, la nature des roches et l'heure du jour. Les torrents dont la réunion donne naissance à l'oued Kantara ont raviné profondément toute cette région. Ils ont ouvert la brèche fameuse, le défilé d'*El Kantara* (le pont), le *Foum-es-Sahara*, porte ou bouche du désert, où passent le sirocco, les caravanes, les troupeaux; où ont passé tous les maîtres de l'Afrique du Nord les uns après les autres.

Quel changement instantané, prodigieux, saisissant en l'espace de moins de 500 mètres ! Vous déjeunez à la gare, ou à l'*hôtel Bertrand* plus rapproché du défilé, et vous voyez autour de vous des arbustes très verts, des lilas, des glycines, des orangers, des citronniers, des plantes et des arbres que vous avez trouvés à Batna, à 1 174 mètres d'altitude, dans le Tell, en Provence. La terre est grise. Le vent froid et la pluie viennent jusque-là; la neige aussi. Trois semaines avant notre passage, il y en avait encore sur les cimes voisines, et partout en amont : c'est le nord ; ce sont les âpres plateaux de Sétif et de Batna.

A pied, par le pont romain et la route — ou en wagon — vous traversez le défilé en l'espace de trois à quatre minutes. Vous n'avez pas eu le temps de dire « ah ! oh ! » et vous voilà dans un monde étrange, nouveau, inconnu, éblouissant. Vous êtes dans le désert, dans le Sahara (Voir chap. IV, vue d'El Kantara).

Une oasis de 100 000 palmiers s'allonge à droite et à gauche du torrent. Les hauts fûts écaillés, d'un gris terreux sec, portent vers le soleil, dans l'air tiède ou brûlant leurs régimes, leurs feuilles d'un vert-bleuté tout métallique. On entend les rares cris des *moutchatchous,* quelques *you you* joyeux ou plaintifs des femmes portant des fardeaux sur leurs têtes, ou lavant avec leurs pieds le linge dans l'oued Kantara. Les maisons en *tob* (briques, ou plutôt carreaux séchés au soleil) sont disséminées sous les palmiers. On sent que la vie, aux bruissements presque imperceptibles, dépend entièrement, sous un soleil de plomb, du mince filet d'eau glissant entre les galets du lit de l'oued. En somme, le silence règne dans ce coin de verdure qui semble protester contre la morne aridité du désert commençant ici-même.

La montagne finit là brusquement par des à pic qui ont l'air d'anciennes falaises. Brûlées, arides, *fauves,* elles encadrent la verte oasis ; elles dominent au loin l'immense plaine fauve, semée de galets, de sables qui semblent avoir été laissés là par une mer disparue. Malgré l'éclat de la lumière, la splendeur d'un ciel bleu, on se sent comme oppressé, angoissé devant cette destruction, cette désolation. On entre dans le pays de la soif, *blad el ateuf.* On est dans le séjour de la mort. Plus d'eau qu'en quelques points ; plus de plantes, ni d'animaux, ni d'hommes que de loin en très loin. C'est le Sahara, le fauve et silencieux Sahara ! Comment oublier jamais une si subite, une si saisissante révélation !

Nous avons eu, en amont et en aval du défilé, l'heureuse chance de voir la montée des nomades *chaouias* (bergers) de l'Aurès et de leurs troupeaux vers les Plateaux, vers le Tell ; car la transhumance existe là depuis les plus lointains âges, sans que rien ait modifié ni les routes, ni les mœurs des pasteurs. Tels les virent les Carthaginois, les Romains, tels nous les voyons. Depuis des siècles, des dizaines de siècles l'Orient et la vie du désert sont restés immuables.

En tête de la caravane — c'est une caravane aussi, un peu différente de la nôtre, il est vrai — quelques cavaliers caracolent, sur leurs petits chevaux arabes si fins, si nerveux. Ce sont certainement les chefs. Derrière eux viennent des bœufs maigres tout petits; des chèvres, toujours si nombreuses dans les troupeaux indigènes — quelquefois le tiers du troupeau — donnant aux Arabes du lait et une chair fort appréciée ; puis des moutons à la toison terreuse ; puis des chameaux ; puis, de quart d'heure en demi-heure, d'autres moutons encore, des chèvres, des bourricots, des mulets, des chameaux, et ainsi de suite sur une ou deux lieues de long.

Quelques cavaliers trottent sur les flancs de la caravane ; quelques *khamès* (domestiques) à pied ferment la marche. Des *sloughis* (lévriers) maigres, hauts, silencieux, rapides comme le vent, voltigent autour du long convoi. Entre les groupes d'animaux, les femmes de la tribu, les pauvres moukères, portant leurs enfants sur leur dos, courbées sous de lourds fardeaux, vêtues de loques jaunes, rouges, bleues, bariolées, sales surtout, tatouées aux bras, aux mains, à la figure, marchent pieds nus et comme accablées de fatigue, tandis que leurs seigneurs et maîtres se font porter par les chevaux, les mulets ou les ânes, et se prélassent à leur aise. Le sort des femmes est misérable chez les musulmans algériens. Il n'est fait d'exception en faveur du sexe faible que pour les femmes des chefs cachées en des palanquins hissés sur le dos des chameaux. Celles-ci rythment la marche de la caravane par des chants, des mélopées insipides, ou des *you you* sans cesse répétés. Un coin d'Orient, du plus vieil Orient passe ainsi sous nos yeux.

En octobre, aux premières pluies, aux premiers froids, les nomades reprendront la route du sud. Ils iront hiverner dans le Sahara. Ils avaient apporté des dattes pour les vendre dans le Tell ; ils remporteront du blé, de l'orge pour leurs besoins ou leurs échanges avec les Sahariens. La transhumance se retrouve donc partout. Elle joue un rôle de premier ordre dans la vie des Arabes algériens, des habitants des Hauts-Plateaux et du désert.

A *El Outaïa* (l'immense), où se produit souvent le phénomène du mirage, on fait la moisson ; on coupe les orges. Voilà du nouveau ; car à Sétif, les blés sont encore en herbe, pas plus avancés qu'en Brie. A Batna, il gèle la nuit ; la vigne n'est point taillée. A Alger, tout est fleuri, et les primeurs s'entassent dans les marchés ou sur les quais pour Paris, Londres, etc. Ici... on fait la moisson.

Une riche demeure européenne, la villa Dufourg, noyée dans la plus opulente verdure, s'élève à peu de distance de la gare d'El Outaïa. L'oued Biskra qui baigne le tertre sur lequel on a édifié cette demeure est poissonneux. Les gamins et gamines arabes pieds nus, vêtus d'une simple gandoura, tout bronzés se jettent à l'eau sitôt que l'on en manifeste le désir, et, pour un sou ou deux, vous apportent de petits poissons blancs qu'ils ont pris à la main. C'est amusant : « Un sou, un sou ! moussi ! »

« *Biskra* ! tout le monde descend ! »

Là, plantée dans le sable, en plein désert, est la dernière gare du réseau de l'Est algérien. Dix mètres plus loin, on est à l'ombre ; car le jardin public apporte sa verdure, comme un salut de bienvenue, jusqu'à la véranda de la gare.

Nous fûmes très bien à Biskra, à l'*hôtel de l'Oasis*. Il y a 25 ans, il était difficile d'y trouver table et logement. Il est vrai que bien rares alors étaient les voyageurs se hasardant à visiter la reine des *Zibans* (villages). C'était le bout du monde. Un fort occupé par une garnison assez importante, quelques maisons européennes sises à l'abri du fort, le Vieux-Biskra caché dans son oasis : c'était tout. — Et quelle route ! 200 mètres de large ! — Et quelles voitures pour y arriver ! Les plus confortables roulaient — c'est une manière de parler — ou plutôt cahotaient sur une roue et demie à deux roues trois quarts, débris des quatre primitives. Pas de vitres naturellement ! Neuves, ces guimbardes avaient dû débuter à Lille ou à Brest. Vieilles, rebutées, chassées de partout, honnies, elles venaient s'enliser et finir dans les sables du Sahara. C'était le bon temps, disaient les « chacals » et les conducteurs de chameaux.

Aujourd'hui, Biskra est une ville charmante, une manière de paradis terrestre, où l'on vient de tous les points de la terre chercher soulagement ou guérison aux maladies de poitrine. L'air est sec, l'hiver doux, égal, le milieu très calme, la lumière gaie. Tous les jours le soleil brille ; la lune rend les nuits adorables. Or, calme et lumière sont des agents merveilleux contre les microbes. — Il faut ajouter à ces avantages un *Casino* bien tenu ; des distractions variées ; des promenades en des squares ombreux ; des bains chauds sulfureux d'une efficacité rare à *Hammam Salahin,* où jaillissent de si puissantes sources en plein désert ; une table excellente, abondante, dans cinq ou six hôtels spacieux ; partout un logement commode, approprié au climat ; des voitures, des cabs, des trams sans bruit, ni fumée. Voilà des réconfortants sérieux pour les fatigués, les malades ou les blessés de la vie.

Pour les poètes, les artistes, les touristes et... les caravanes scolaires, il y a l'immensité morne et solennelle du désert qu'il faut aller contempler du *col de Sfa*, un peu au nord de Biskra. Il y a les brises odorantes de l'oasis, les souffles légers du matin balançant mollement les fines dentelles végétales du gommier et la cime des palmiers penchés sous leurs longs panaches, la lumière rose des divins levers de soleil de l'Aurès, là-bas sur l'*Amarkadou* (la joue rouge) ; il y a les clairs de lune idéalement doux dans le silence reposant et mélancolique de la nuit quand

. . . . aux prés bleus
Du ciel, la lune épand son pollen nébuleux.

Pourtant le touriste, le passant non malade trouvera le nouveau Biskra bien européanisé. Il cherchera le pittoresque, l'inédit. Il n'est pas loin.

Le *parc Landon,* un peu au sud, lui donnera, en ses six hectares, l'illusion d'un paysage tropical, d'un véritable Eden, avec ses allées, ses sentiers sableux ratissés sans cesse, bordés de *séguia* (canaux d'irrigation) qui répandent l'eau et la fraîcheur partout, ombragés de quatre étages de végétation superposés : légumes, orge ou luzerne, — néfliers ou gommiers, — orangers ou bambous, — palmiers-dattiers et cinquante autres espèces aux parfums subtils, capiteux, supportant des lianes géantes, des glycines, des rosiers, etc. ; avec ses kiosques chinois ou turcs discrets, silencieux, ombreux, tapissés de mille fleurs aux couleurs étincelantes. Un peu plus d'eau, et l'on se croirait à Rio-de-Janeiro, à Buitenzorg ou à Calcutta. Le parc borde l'oued Biskra, large mais à sec ; son lit semé de petits cailloux et de sable, très uni, semble, lui aussi, ratissé. Quelques palmiers isolés, comme plantés sur un cône terreux, restés au milieu du lit de l'oued, sont des *témoins* parlants de la puissance du flot à certains moments et de sa force d'érosion.

C'est l'eau seule qui fait la beauté du parc et la richesse de l'oasis. La dernière goutte d'eau apportée par l'oued ou fournie par les puits artésiens absorbée, la végétation s'arrête net. Là, on est encore sur la pelouse, à l'ombre ; un pas de plus, un seul, et l'on foule le sable, on est dans le désert calciné. Donc de l'eau, de l'eau ! et le désert reculera et l'Algérie deviendra la terre des merveilles. Les Français ont créé en cinquante ans des centaines de puits artésiens entre Biskra et Touggourt, dans la vallée de l'oued Rhir. Résultat : les oasis mortes ont reparu ; les autres ont vu s'étendre énormément leurs palmeraies ; la population a passé de 5 000 à 15 000 habitants vivant en paix, commerçant, apprenant notre langue, demandant de nouveaux puits.

Le *Vieux-Biskra* que nous parcourons ensuite nous donne l'exacte notion, l'idée précise d'une ville indigène, d'une oasis saharienne. De hautes murailles en terre battue ou en tob bordent les chemins terreux et sinueux, masquent la vue des jardins. Elles sont percées de loin en loin d'une porte donnant accès à des maisons sombres et sales, où logent les indigènes pêle-mêle avec leurs troupeaux de chèvres, de moutons, de bourricots, etc. que des bergers emmènent chaque jour autour de l'oasis lécher les pierres sans doute, ou recueillir quelques brindilles d'herbes dans le lit de l'oued et les plis du terrain. La rentrée des troupeaux, à laquelle nous assistons, anime un peu les ruelles, en faisant sortir les enfants et les vieilles femmes.

Après avoir visité deux ou trois des « zibans » qu'abritent les 150 000 palmiers de l'oasis, nous allons au *vieux fort turc* où la vue est belle et très étendue. Nous revenons par la route de Touggourt et la ligne du tram, en longeant le cimetière arabe.

Un jeune biskri, dit le « philosophe » (il se pare cent fois de ce nom en deux heures), digne de figurer à la table et en la compagnie de frère Jean des Entomeures — à la bravoure près —, nous accompagne un peu malgré nous. Son allure et ses discours « titubants » amusent fort notre petite troupe. Il connaît

(Cl. Sauvage.)

Constantine : ruelle en descendant à Sidi-Rached. *Page 155.*

(Cl. Neurdein.)

Biskra : le casino. *Page 163.*

(Cl. Neurdein.)

Vieux-Biskra : la mosquée de Sidi-Maleck. *Page 164.*

(Cl. Neurdein.)

Biskra : le Royal-hôtel. *Page 166.*

tout ; il sait tout, les aventures du prochain comme les siennes, celles des Arabes et celles des Européens ; il dit tout en un français demi-nègre comme lui... « Il a guidé ce matin des touristes dans le désert... il a bien déjeuné avec eux... il a bu *besef botèles vin bono* », ce qui se voit bien du reste. De soucis, point ; d'argent, guère ; mais une soif inextinguible ; un rire idem. Aussi est-il heureux et gras comme un « p...hilosophe cynique ».

Au dîner, la vaste salle à manger de l'hôtel était bondée, bien qu'on fût à la fin de la saison. Rarement nous humâmes un potage plus exquis et bûmes un vin blanc plus frais que ce soir-là. On peut aller à Biskra sans crainte de mourir de soif ou de faim, sans risque d'attraper le *clou de Biskra*. Ce vin et cette cuisine m'expliquèrent, avec l'agrément du milieu, le nombre des clients et la joie exhilarante du « philosophe ».

La lune, comme un oiseau blanc, monta au-dessus des palmiers,

> Et l'*oasis* s'emplit comme une basilique
> Du silence embaumé des soirs mélancoliques (1).

Cette mélancolie douce de la nuit, ce silence parfumé du désert sont troublés par les chants... burlesques — j'atténue — et les accords fêlés, tapageurs d'un café-concert (??) tout au plus digne de l'extrême banlieue d'une grande ville où brillent des étoiles du centième ordre. Cela choque, cela détonne partout. Ici cela outrage le bon sens et ternit l'indicible beauté de la nuit. Tout au plus serait-ce bon pour des marmitons, des cochers, des muletiers ou des « philosophes » ...nègres. Pourquoi y voit-on des Européens ? Les concerts des cafés maures sont moins choquants vraiment. La bonne musique fait partie d'une bonne cure. Or il y a de la musique berceuse, lente et douce, de la musique de rêve. Qu'on l'importe donc au pays des palmiers, et que ses notes légères, diaphanes, aériennes voltigent seules dans l'ombre mouvante des gommiers où dansent, ténus et impalpables, les mille rayons d'argent de la lune !

(1) Marie DAUGUET, *Par l'amour*, p. 31, « *les foins* ».

Nous nous couchâmes tard ce soir-là. Le lendemain, hélas ! nous reprenions la route du nord.

Batna.

14 avril.

A nos amis de Batna.

Nous sommes restés peu de temps à Batna : les 3/4 d'un jour et d'une nuit. Arrivés à 10 heures du matin, nous eûmes bientôt parcouru ses larges rues rectilignes bien ombragées, visité son *village nègre* peu intéressant, reconnu son vaste quartier militaire presque inoccupé, et le caractère tout européen de sa végétation : peupliers d'Italie, platanes, poiriers, arbres fruitiers du nord de la France. Batna (6 900 hab.) est à 1 040 mètres d'altitude.

Le déjeuner fut promptement expédié. Une voiture nous attendait pour nous conduire à Lambessa. Sans la mauvaise volonté d'un « étranger » qui, malgré l'humeur plus accommodante de sa femme — une maman sans doute — ne voulut point consentir à l'échange d'un des chevaux de louage attelés à sa carriole, nous serions allés à Timgad voir les étonnantes ruines exhumées par M. Ballut. C'eût été un vrai tour de force : 78 kilomètres aller et retour en un après-midi. Nous nous sentions de taille, le voiturier et nous, à l'accomplir. Mais il fallait le cheval... et le consentement de l'autre, de celui dont Charles-Quint disait qu'il parlerait sa langue aux chevaux. Le cheval eût consenti. « Il nous regardait, dit le loueur, bienveillamment. » Notre jeunesse, notre vivacité, notre *légèreté* aussi lui plaisaient. Il était lui-même jeune, ardent, fin, léger. Mais l'étranger lourd, rouge, colérique, apoplectique allait voir les énormes cèdres du *Bellezma* (2 086 ^{m}). Eût-il peur, avec des chevaux plus lents, plus lourds, de ne point arriver à la forêt (13 kilomètres à l'ouest)? de n'en point revenir? Il ne voulut rien entendre : ni sa femme, ni le conducteur, ni le cheval, et resta « étranger » à tout bon sentiment.

(Cl. Neurdein.)

Ruines romaines de Timgad : le Forum, vue d'ensemble prise du portique sud. *Page 166.*

(Cl. Neurdein.)

Timgad : l'arc de Trajan, face est. *Page 166.*

(Cl. Sauvage.)

Prætorium à Lambessa. *Page 167.*

Lo straniero è il nemico, dis-je à mes compagnons.

Nous n'allâmes donc pas à Timgad. — Mais *Lambessa* vaut bien une visite ; nous la fîmes.

Ses ruines couvrent, entre l'oued Taguesserit et l'oued Khabouzen, un long rectangle de près de 500 hectares s'élevant en terrasses, en collines du nord-ouest au sud-est. Le *Capitole* dédié à Jupiter, le *temple d'Esculape*, des *Thermes*, plusieurs *arcs de triomphe* assez bien conservés occupaient la partie sud-est d'où la vue est la plus étendue, d'où les sources d'*Aïn Drinn* et les eaux de l'Aurès se distribuaient aisément dans toute la ville. Le *Camp romain* (500 m sur 450), exactement orienté aux quatre points cardinaux, et dont le tiers est couvert aujourd'hui par le Pénitencier et ses jardins, l'*Amphithéâtre*, près de la porte est du Camp, occupaient tout le nord-ouest. Entre ces deux groupes essentiels et encore si apparents s'étendait une ville romaine de 40 000 âmes.

Le *Prætorium*, resté debout, imposant par sa masse, point de départ de larges voies se dirigeant à l'ouest, au nord, à l'est, est encadré au sud par une vaste cour dallée, entourée de portiques dont les colonnes ont été redressées et sous lesquelles s'ouvraient de petites salles de réunion, des bureaux recouvrant soit des caveaux pour l'argent des soldats, les enseignes de la légion, les armes peut-être ; soit des cachots militaires bien conservés. Les substructions des Thermes sont en assez bon état. Là, seulement, et un peu autour du *temple d'Esculape*, on trouve des parties déblayées.

Notre promenade à travers ces vastes ruines, dont nos pieds heurtent partout des débris — fûts de colonnes brisés, chapiteaux, murailles —, se termine par un arrêt au Pénitencier, une assez longue station au village de *Lambèse* et à son petit musée en plein air dont plusieurs habitants nous firent les honneurs. On y trouve des traces des cultes de l'Inde. — Les bords du Taguesserit, où l'eau bruit sur les cailloux du lit de l'oued, sont ombragés d'acacias et d'autres arbres dont les frondaisons vont s'épanouir. Au sud, nous apercevons, dans les massifs boisés de l'Aurès, deux châteaux européens. L'un appartient à un ancien dompteur reconnaissant qui a fait fortune en exhibant partout des lions capturés dans l'Aurès.

Le *Pénitencier* a de vastes jardins, un verger magnifique tout peuplé d'arbres fruitiers européens très vigoureux et s'apprêtant à fleurir. Pas un cep de vigne n'est taillé ; les boutons sont encore en bourre. La neige couvrait le sol il y a trois semaines à peine. Le climat est donc rude et sain sur tout le versant nord de l'Aurès. Et c'est sans doute pour cela que les Romains y avaient établi tant de colonies si importantes, si prospères; qu'ils avaient placé là le siège de la 3e légion auguste, dont on voyait, il y a quelques années seulement, dans le Prætorium, les rôles sculptés dans des stèles d'une conservation étonnante. Il nous a été impossible de savoir où ont été transportés ces registres aux feuillets lapidaires.

Des Gaulois ont servi dans cette légion célèbre, et, avant nous, sont venus à Lambèse vivante. *Solemnis,* personnage très important de la cité des Véducasses (*Vieux*, 500 habitants, à 11 kilomètres de Caen), tribun auxiliaire de la 6e légion (Bretagne), y fut envoyé, dit l'*inscription de Thorigny*(1). Le tribun de la 3e légion était « contrôleur de la Caisse de l'administration des mines ». Ce qui prouve que les Romains exploitaient les riches mines de fer, de plomb, de zinc, etc. de cette vaste région. C'est par les mines qu'elle va renaître. On en a trouvé et on en exploite partout dans la moitié orientale de la province de Constantine et dans les parties limitrophes de la Tunisie. Veillons à ce que cette renaissance rapide soit en des mains françaises surtout !

Il faut semer des idées quand l'occasion s'en présente; ce sont plantes qui germent et fructifient quelquefois. Mes compagnons ont regardé très attentivement le travail des condamnés du Pénitencier dans les jardins y attenant. Je leur insinue cette idée que depuis 40 ans, les 3 000 condamnés des trois pénitenciers algériens et quelques milliers d'autres venus de France eussent pu défricher et mettre en valeur un million d'hectares de terres sur lesquelles on eût établi 200 000 familles de colons français, libérés ainsi des fièvres, des déboires et mécomptes du défrichement. Là où on a employé sérieusement ce procédé, on a réussi. Le fumier social, tout comme l'autre, eût servi à préparer et à féconder les moissons futures. Les 8 ou 10 millions d'hectares des plateaux constantinois

(1) E. Desjardins, *Géogie de la Gaule romaine.*

(Cl. Sauvage.)

Groupe et temple d'Esculape à Lambessa. *Page 167.*

(Cl. Neurdein.)

Tunis : la Porte de France. *Page 185.*

(Cl. Neurdein.)

Tunis : vue générale, la grande mosquée. *Page 183.*

et tunisiens auraient dû être défrichés — ils pourraient l'être encore —, reboisés, replantés, assainis par la colonisation pénale *ambulante* (1).

La sécurité laisse à désirer pour les colons isolés, nous dit-on, autour de Batna. Que l'on crée un chemin de fer économique de Batna à Tébessa par Timgad et Krenchéla; que, sur les ruines des innombrables établissements romains, on installe, en vingt ans, 100 ou 200 000 colons français, et la prospérité, et la sécurité seront rétablies et consolidées pour jamais.

A la demande de notre voiturier et du contrôleur de Lambessa, nous acceptons de ramener avec nous à Batna une jeune fille et une gentille fillette, sa sœur, qui ne pourraient sans danger, vu l'heure avancée, regagner seules la ville. Notre générosité est récompensée aussitôt par les renseignements précis, détaillés, dramatiques que cette jeune fille nous donne sur les méfaits des bandits et rôdeurs indigènes, et qui intéressent au plus haut point la caravane.

Avant le dîner, nous faisons provision de cartes illustrées; nous en jetons des quantités à la poste. Le couvre-feu a lieu presque aussitôt après. Les sacs sont mis en ordre. La consigne est... de dormir double et vite; car l'étape de demain sera rude et longue. Le chef règle les derniers détails et la note; il s'endort lui aussi. Aucun *birbante* n'osa venir troubler notre sommeil. L'ombre de Solemnis veillait sur nous.

De Batna à Tunis.

15 avril.

A mes chers Compagnons; à leurs parents.

Lever à 3 heures du matin. Départ du train à 4. La note a été

(1) Un directeur intelligent et énergique, M. M..., l'a tenté et mené à bonne fin à *Berrouaghia*, il y a un quart de siècle, en faisant défricher et exploiter un vaste domaine par les condamnés de son pénitencier, le seul, en France et en Algérie, dont la gestion se soldât en bénéfice.

réglée la veille au soir et les provisions de bouche — « les harnois de gueule », comme dit Rabelais — soigneusement préparées en de solides couffins. Nous avons 18 heures de route en une seule traite avant d'atteindre Tunis.

Batna dort encore quand nous quittons, sac au dos, en file indienne, l'*hôtel Continental.* Nos pas, quelques mots d'adieu chuchotés à mi-voix troublent à peine le calme de la nuit. Au loin les aboiements répétés des chiens de garde se répondent des douars et des tentes arabes aux fermes et aux villages européens. « hôu ! hôu !... ou, ouhoûm ! rôdeurs, chacals, êtres malfaisants, prenez garde ! nous veillons : hoû ! hou, hou, hou, hoûou ! » Que les nuits de l'homme seraient pénibles et dangereuses pour ses troupeaux, pour sa famille s'il n'avait de fidèles gardiens à côté de lui pour l'avertir et le défendre ! C'est la nuit bien plus que le jour qui a scellé le pacte d'amitié indissoluble et réciproque entre l'homme et son compagnon. Dormez, colons ! dormez, troupeaux ! Passez, caravanes ! Les gardiens fidèles prêtent l'oreille aux bruits insolites et regardent les ombres menaçantes de la nuit ! « *hoû hoû! ou, ou, hoû !* »

Nous occupons les deux seuls compartiments de seconde du train qui doit rejoindre au Kroubs le direct de Tunis.

Une heure après notre départ, la nuit s'envole derrière les monts lointains du Hodna, les ombres s'effacent, les étoiles s'éteignent ou s'enfoncent dans l'infini, et l'on voit poindre sur les cimes de l'Aurès, au sommet du *Chélia* (2 331^{m}), les premières clartés de l'aurore. C'est la revanche du jour sur la nuit. Enseveli hier dans la pourpre fastueuse et flamboyante du couchant, il renaît aujourd'hui dans les lueurs blondes et l'or frais du matin. Double et merveilleux spectacle qui se renouvelle chaque jour, et qui jamais ne laisse l'âme insensible !

La Nuit et l'Aurore.

Suivant le jour qui toujours fuit,
Epouse triste et délaissée
La Nuit, pourtant jamais lassée,
Suspend au ciel l'écrin qui luit.

. . . .

La Nuit, silencieuse et molle,
Pliant le large et noir manteau
Qui vêt la plaine et le coteau,
Lentement vers l'Ouest s'envole.

Elle reprend ses diamants
Pour les mettre au coffret d'ébène
Qu'en tous les lieux elle promène
Et pose en tous les firmaments.

Relevant les heures tombées,
Membres divins de son époux,
Elle verse un baume si doux
Que revivent les fleurs fanées.

Suivant le jour qui toujours fuit,
Epouse triste et délaissée,
La calme Nuit, jamais lassée,
Chaque soir apaise le bruit.

Son fils Horus, si cher au pâtre,
Naît et sourit à l'Orient.
Il vient, assis sur un bras blanc ;
Il court sur des fuseaux d'albâtre.

Rose, blond, frais, l'œil ébloui,
Il boit la goutte de rosée,
Perle, par sa mère oubliée :
Le monde entier est rajeuni.

Quand au matin tout s'auréole,
Quand s'éclaire son noir manteau,
La Nuit, fuyant val et coteau,
Dans l'infini, bien loin s'envole (1).

Il fait grand jour. Les chiens se taisent... La caravane est loin ! Fauves et rôdeurs, bêtes et gens de proie ont regagné leurs repaires. Le meurtre, la ruse, l'intrigue, le vol, fils de la nuit, le mal, pour mieux dire, a peur de la lumière.

(1) L. Leroy, *Brins de verveine* (chez l'auteur, Paris).

Nous avons deux compagnons de route. L'un se lève, et, s'adressant à moi :

« Mein Herr ! Sind Sie nicht Herr Professor Leroy ?

— Pour vous servir, mein Herr ! »

Et il me remet une carte de mon ami F., venu en vacances à Alger avec sa famille, rencontré par le porteur en Kabylie, carte me présentant un médecin de Breslau et un professeur de Berlin. Mon ami leur avait vanté ma connaissance de l'Algérie et leur avait dit : « Si vous le rencontrez, adressez-vous à lui sans crainte; il vous donnera tous les renseignements dont vous aurez besoin. Vous le reconnaîtrez à ce signe : il est accompagné de douze jeunes gens charmants, gais, curieux, polis et bien portants, des Parisiens, qui ont voulu voir l'Algérie et à qui il la montre. »

Mes camarades si bien peints m'avaient dénoncé tout de suite en jouant aux dés, à pigeon vole, aux devinettes, à la réussite pour tuer le temps; en regardant la campagne déjà vue, en riant, en faisant des calembours, en exécutant une vraie symphonie en *la*... en bamboula !... sur une guitare... nègre et monocorde, carapace d'une petite tortue surmontée de quelque boyau de chat d'où sortaient des miaulements... nègres aussi; sur un mirliton bien plus d'à moitié fêlé; sur plusieurs flûtes arabes à un ou plusieurs trous achetées à Biskra; sur... les vitres ou les parois du wagon. Là, c'était notre fort pianiste qui faisait des gammes monotones et... boisées. Ah, désert ! ruines ! que vous pesiez sur ces jeunes âmes ! La musique détend les nerfs ; nous détendions les nôtres.

Les deux Allemands, point du tout choqués, très sensibles aux charmes d'un « concerto » improvisé, nous adressèrent donc la parole. Nous n'avions point volé les tours de Notre-Dame, ni la célèbre flûte du Grand-Frédéric ; nous ne manifestions aucune convoitise sur le Maroc, ni sur le Saint-Empire germanique; ils n'étaient point des gendarmes... internationaux. Nous ne fûmes point arrêtés. Le voyage et la conversation continuèrent sans encombre. Sauvage parlait l'allemand ; moi aussi, un peu. Cela facilita nos relations. Nous apprîmes que deux cents étudiants allemands, en voyage dans la Méditerranée, étaient descendus à Philippeville, et, amenés par un train spécial, venaient de visiter Lambèse et *Timgad.* Quand verra-t-on 200 étudiants français, oubliant l'asphalte et les brasseries, le Digeste et les fatras, les grimoires, les chinoiseries et tant de diplômes en parchemin, venir visiter le merveilleux domaine qui leur appartient, qu'ils ont charge de mettre en valeur?

Nos étudiants sont trop grands personnages pour se déranger. Que l'Algérie vienne à Paris! Ils n'iront point en Algérie, eux.

Nous apprenons *de auditu*, avec plaisir, que les étudiants allemands et nos deux compagnons sont stupéfaits des merveilles accomplies par les Français en Algérie. Ports, routes, voies ferrées, villages, villes, hôtels, productions, commerce et... sécurité surtout, — tout leur semble inouï, renversant. Ils n'en reviennent pas, et ne tarissent pas d'éloges!... Nous sommes montés de 100 degrés dans leur estime. Soyez sûrs que des dizaines de voyageurs de commerce suivront bientôt ces étudiants, s'ils ne les ont précédés déjà. Craignez que quelques pangermanistes, sachant que les échos de l'Atlas ont répercuté des mots et des syllabes germaniques, ne déclarent un jour que ces pays doivent revenir au grand empire allemand, en vertu de cet axiome si cher aux pangermanistes, que la « Patrie allemande » doit aller

So weit die deutsche Zunge klingt (1).

Au Kroubs, notre « *Frühstück* » — un café au lait — ou, comme on dit dans les Ardennes, notre « *frichti* », fut égayé par un incident encore inconnu dans les fastes des caravanes scolaires. Un tout petit cochon rose et blanc, très propre, le museau en l'air, les yeux pleins de malice et de sous-entendu, la queue en vrille toute frétillante, pour fêter notre arrivée, sans doute, fit irruption fort gentiment dans la salle de la buvette. Arrivé au milieu, il s'arrêta court, bien planté sur ses quatre pattes pour nous regarder : « *Grou! grou! grou!* Messieurs, me voilà. N'y aurait-il pas un peu de sucre, de lait ou de brioche pour moi? » Et morceaux de sucre ou de brioche de pleuvoir. — « *Groui! groui!* très bien. Merci! » Et le petit cochon rose va sous toutes les tables, passe entre toutes les chaises et toutes les jambes. — « *Grou! Grou!*

(1) Les récents incidents du Maroc et de la Légion étrangère donnent quelque actualité à ces observations. (Voir plus loin la note sur le Transsaharien.) On nous prend pour Carthage et l'on cherche, à l'ouest, un Massinissa.

pardon, Messieurs ! » Et sa récolte finie, il file prestement dans le jardinet attenant à la gare pour échapper aux familiarités, aux quolibets, aux tentatives faites pour saisir la vrille frétillante, — peut-être aussi pour respirer l'air pur, le parfum des roses? Et l'instant d'après, il est de retour : « *Groui ! groui !* il fait très beau aujourd'hui. » Puis il va s'assurer de l'arrivée des voyageurs, de la présence des employés sur le quai et du chef de gare en son bureau, du bon état de la voie ; et il revient, vannant, ricochant de l'avant et de l'arrière, assurer que tout est bien : « *Grou ! grou ! grou !* » Le petit cochon rose eut un franc succès. Sa bonne humeur et ses façons... porciennes nous mirent en gaîté pour le reste de la journée.

Le *Kroubs* (koroub, les ruines) (600 hab. européens) est un des nœuds orageux de l'Algérie. Il y pleut, il y tonne assez souvent. Tout autour, de beaux pâturages. Une fois par semaine, gros marché de bétail. Eau, herbe, bétail : c'est logique et naturel.

La voie emprunte bientôt la vallée de l'*oued Zenati*, pays jadis triste et fiévreux, aujourd'hui bien transformé et d'apparence prospère. Nous traversons l'un des coins du colossal domaine (90 000 hectares), concédé à la Compagnie Algérienne, « opération qui fut au point de vue du peuplement français un lamentable échec » (Guide Joanne). Par l'emploi de la main-d'œuvre indigène, la Compagnie en tire de très beaux revenus ; mais elle n'a point ou très peu installé de colons français. En Algérie et en Tunisie les grandes Compagnies semblent plutôt être ennemies de la colonisation européenne.

Nous regardons paître de gentils petits bœufs gris, à la tête et aux membres fins, aux cornes noires, durs au travail, excellents pour la boucherie. Ils appartiennent à la *race de Guelma* améliorée tous les jours par des croisements judicieux. On les trouve dans les vallées de la Seybouse et de la Haute Medjerda jusqu'en Tunisie. C'est une des richesses de l'Algérie orientale. Les marchés du Kroubs, d'*Oued Zenati* (850 hab. européens), de Guelma, de *Duvivier* (1 900 hab., dont 800 Européens) leur doivent leur importance (1).

(1) Le *troupeau algérien* a une réelle importance. On compte, en effet, 229 000 che-

La voie ferrée suit d'un peu trop près la rivière. Dans les grandes crues, elle est menacée et parfois coupée. On voit, aux blocs qui parsèment le lit de l'oued, qu'à certains jours d'orage ou de fonte de neige le torrent a des colères sauvages.

Deux coudes brusques jettent l'oued Zenati du sud au nord d'abord, puis de l'ouest à l'est, vers Hammam-Meskoutine et Guelma.

Hammam-Meskoutine (les bains maudits), avec son établissement thermal ouvert de novembre à mai pour les rhumatisants et les arthritiques, est une des curiosités de l'Algérie. A l'horizon sud, la *Mahouna* (1 440 m) souvent couverte de neige en hiver; autour des sources, une végétation presque tropicale. Une multitude d'orifices en entonnoirs versent, à la minute, 100 000 litres d'eau presque bouillante (95°). Cent cônes d'éjection de 3 à 5 mètres d'élévation marquent la place des anciennes sources recouvertes aujourd'hui par ces dépôts pétrifiés. On dirait une procession de fantômes géants en burnous blancs. Des couches de dépôts calcaires, de longues et épaisses murailles, sortes d'aqueducs, marquent la direction des eaux après leur sortie des sources ou des lacs souterrains. Le niveau de la nappe aquifère a baissé ; et, en beaucoup d'endroits, le sol caverneux résonne sous les pieds des passants. Des colonnes de vapeur d'un blanc-bleuâtre montent tout droit comme des fusées, ou s'élèvent doucement en spirales, ou se dispersent au vent.

Pour les Arabes, les cônes étranges qui couvrent le sol seraient une noce maudite foudroyée et pétrifiée par Allah, pour infraction à sa loi. Quant à la haute température des eaux elle s'expliquerait ainsi : « Salomon ayant créé de son vivant des bains pour toute la terre en avait confié la garde à des génies sourds, muets et aveugles... Mais depuis 2 000 ans, personne n'a pu faire compren-

vaux, 173 000 mulets, 264 500 ânes, 190 000 chameaux, 1 050 000 bœufs, vaches et veaux, 8 612 000 moutons, 4 083 000 chèvres, 88 000 porcs en la possession des colons et des indigènes, soit plus de 14 millions de têtes. Les espèces bovine et ovine ont été grandement améliorées depuis trente ans. — Il est produit 15 000 tonnes de laine chaque année. Il est récolté 5 à 600 000 kg. de miel. Les vers à soie ont fourni 2 500 kg. de cocons en ces dernières années avec 2 kg., 500 de graine et 66 000 mûriers. Cette dernière production pourrait prendre un très grand développement chez les indigènes.

dre à ces génies que Salomon est mort. Fidèles à l'ordre qu'ils ont reçu, ils continuent et continueront probablement à chauffer les bains jusqu'à la fin des siècles. » *Se non è vero è ben trovato.*

« Vous allez entrer dans la Normandie algérienne », nous dit un colon. Les arbres réapparaissent, en effet, les montagnes sont moins dénudées. On en éprouve un véritable soulagement ; car de Bordj-bou-Arréridji et de Biskra à l'oued Zenati le pays est si nu, sauf aux environs de Batna, que l'on est obsédé, attristé par cette nudité. La vallée de la Seybouse s'élargit autour de *Guelma* (7 000 hab. ; 2 500 Européens). Des villages prospères ont pu s'y installer : *Clauzel, Héliopolis, Millésimo, Petit, Nador,* entourés de vergers, de vignes, de cultures de *coton,* de fraisiers, de céréales, ou enrichis par l'extraction du zinc. Un arc de triomphe en bois est dressé devant la gare, à l'entrée de Guelma. On attend dans quelques jours la visite du Président de la République dont nous sommes pour ainsi dire les fourriers. Un arrêt de dix minutes nous permet d'écrire et d'expédier force cartes postales à nos amis de France.

Nous déjeunons très gaiement en wagon. Jamais table de festin ambulant n'a été dressée au fond d'une plus immense et plus magnifique corbeille de fleurs. Tout est fleuri, tout est diapré, souriant dans la vallée, sur les flancs des montagnes et jusque sur leurs cimes. Printemps soudain, éclatant, éphémère ! Mais quelle splendeur ! Quelle magnificence ! Peintres, venez là tremper vos palettes !

Une dame de Bône admire notre bonne humeur, notre appétit. Elle s'informe. « Comment, des lycéens de Paris en Algérie ? Comment, des caravanes scolaires ? mais c'est parfait... parfait ! Je vais écrire cela tout de suite à mon neveu qui est au collège pour qu'il le dise à ses professeurs, à ses camarades... » Nous faisons des prosélytes ; c'est parfait aussi.

De *Duvivier* à Souk-Ahras, la montée est superbe. C'est un vrai tour de force des ingénieurs que d'avoir fait gravir par des rampes, des lacets étonnants, des viaducs, des tunnels, les 700 mètres d'altitude (Duvivier, 95 m ; Souk-Ahras, 780 m) qui séparent ces deux points. C'est une des plus belles œuvres de l'art des ingénieurs en Algérie. Mais, de Duvivier à Gardimaou, la voie — une voie unique — a coûté près de 440 000 francs au kilomètre.

A chacun de ses coudes, particulièrement à *Aïn Affra*, à *La Verdure*, à *Aïn Sennour*, le panorama est grandiose. Le fond, au nord, est formé par la masse noire de l'*Edough* (1 008 ^{m}) qui surgit avec ses forêts au fur et à mesure que l'on s'élève. A l'est, les monts des *Beni-Salah* sont admirablement boisés. Des aliziers, ou faux-ébéniers, aux belles grappes jaunes, bordent la voie, et des genêts épineux en fleurs forment des lacs d'or dans les clairières de cette sylve nord-africaine. Nous traversons la zone du chêne-liège qui s'étend le long de la mer depuis la Kabylie jusqu'à la Kroumirie incluse. La nature gréseuse des montagnes, l'abondance des pluies, plus grandes là qu'en aucune autre partie de l'Algérie, sont très favorables à la végétation forestière. L'eau susurre, ruisselle, coule, cascade partout. Elle rend extrêmement fertile la vaste plaine où grandissent Duvivier, *Saint-Joseph, Barral, Mondovi, Randon, Duzerville, Bône* enfin (40 000 hab.), port naturel du vaste et riche bassin de la Seybouse. Des points blancs nous signalent l'emplacement de ces villages, bourgs et villes.

A *Aïn Sennour*, on pouvait entendre le soir, il y a encore vingt ans, Saïd faisant résonner au loin les échos de la forêt et des gorges de la montagne. Habitants et troupeaux n'ont plus rien à craindre : Saïd est mort. Qui voudrait choisir un beau site pour y planter ses pénates pourrait aller s'installer aux environs d'Aïn Sennour, au point de partage des eaux de la Seybouse et de la Medjerda. Il y a là de quoi charmer un enthousiaste de la nature, de quoi le faire rêver sans l'endormir ni le fatiguer jamais. Des sanatoires s'y établiront sûrement sur les flancs du *djebel Mcid* (1260 à 1408 ^{m}.)

Souk-Ahras (8 000 hab.), l'ancienne Thagaste, la patrie de saint Augustin, renouvelle à l'est, la merveilleuse éclosion de Bel Abbès. Cette petite et si active cité a vu plus que quadrupler sa population depuis un quart de siècle. Un vieux colon franc-comtois me disait sur le seuil même de sa maison en 1883 : « J'ai vu souvent la hyène venir à ma porte pendant mes repas. Souvent Saïd observait mes allées et venues de la crête des rochers d'alentour. Les doigts de mes deux mains longtemps ont suffi à nombrer les maisons voisines du bordj, embryon de la ville naissante. Puis on se mit à planter des arbres fruitiers : pommiers, poiriers, cerisiers, noyers, abricotiers dans les jardins du petit vallon qui borne la ville à l'est. Puis la vigne s'est emparée peu à peu du sol. Le chemin de fer a fait le reste. La fortune du pays est maintenant assurée... » Ainsi parlait mon vieux prophète ; sa prophétie s'est réalisée à la lettre.

Les terres sont bonnes autour de Souk-Ahras ; le climat y est agréable et sain, grâce à l'altitude (673^{m}) et aux forêts voisines ; le vin, d'un goût léger qui le rapproche de nos bourgognes, est fort bon et très haut coté ; les troupeaux de bœufs enrichissent colons et Berbères *Hanencha*. Mais ce qui va révolutionner la vaste contrée située à l'est d'une ligne allant de Batna à Bône, et lui rendre enfin la place prépondérante qu'elle a déjà occupée dans l'antiquité, ce sont les mines de zinc, de plomb, de cuivre, et surtout celles de fer du *djebel* (montagne) *Ouenza* (1), si colossalement riches, celles des phosphates de l'Aurès, déjà les premières du monde et dont les ingénieurs ont évalué la valeur à *sept milliards* de francs. Cela vaut autant, voire mieux, que de l'or. Le pays étant sain, pittoresque et fertile, on fondera des fermes, des villages auprès des mines. Les mineurs resteront comme colons. Et *Tébessa, Krenchéla, Timgad, Lambessa, Thuburicum, Madauri,* patrie d'Apulée, *Thala,* etc. etc. retrouveront leur prospérité antique et leur population de 30 à 40 000 habitants. C'est là qu'était le siège très bien choisi de la puissance romaine. C'est là qu'est la citadelle de l'Algérie et de la Tunisie. C'est là que doivent porter dorénavant nos plus grands efforts de colonisation ; il nous faut y installer au plus vite 3 à 400 000 Français. On n'eût même pas dû attendre si longtemps. Constantine est fort en retard au point de vue du peuplement européen et français sur les deux autres provinces. Mais le plateau est attaqué, pénétré de toutes parts ; le progrès y marche à pas de géant.

Franc-Comtois, Jurassiens, Dauphinois d'origine, les colons de

(1) Les derniers débats parlementaires (mars 1909) ont fait savoir au public que les gisements déjà connus dépassaient 60 millions de tonnes d'un fer non pyriteux de première qualité, et que l'administration coloniale algérienne préparait la création de seize villages nouveaux dans cette même région. Et ce n'est qu'un début.

Souk-Ahras, avec leurs blouses bleues, leurs chapeaux à larges bords, leurs gros parapluies, sont de solides hommes. Les jeunes gens, filles et garçons, ont une carnation superbe. L'anémie et la phtisie doivent être inconnues par ici. — Le mouvement est grand dans la gare de Souk-Ahras. Nous y attendons un assez long moment l'arrivée du train de Tunis, tout bondé de voyageurs et de congressistes qui font le voyage en sens inverse de nous. Il y a tant de dames, de toilettes, d'entrain et de gaîté qu'on dirait un train de plaisir et non de savants. L'animation est due surtout au transbordement des minerais de fer, de zinc, de blende, de calamine de la région, et des phosphates de Tébessa amenés là par une ligne à voie étroite, et dirigés sur Bône à qui ils assurent un développement rapide (1).

(1) *Le transsaharien.* — Cent questions, ai-je dit, nous sont posées en voyage par nos jeunes gens. Les quelques notes mises au bas des pages de ce récit sont des réponses aux *pourquoi* de leur curiosité éveillée. En voici une dernière.

« Monsieur, est-ce qu'on pourrait faire un transsaharien ? » me dit, en allant vers Biskra, un de mes compagnons. — « Oui, puisque les Russes ont fait le transcaspien à travers 12 à 1 500 km. de désert, après avoir étudié sur place notre ligne de Saïda à Colomb-Béchar ; puisqu'ils ont jeté le transsibérien (7 000 kilomètres) à travers les vastes solitudes boisées et glacées de la Sibérie ; puisque les Américains ont franchi en cinq ou six endroits différents l'immense plateau désert ou neigeux des Rocheuses (2 000 kilomètres), couvert de chaînes plus hautes que les Alpes ; puisque les Anglais construisent avec ardeur et célérité le transcontinental africain du Caire au Cap (8 000 kilomètres) à travers des marais, des monts, des forêts et des déserts hostiles ou très insalubres. Les ingénieurs ne connaissent plus d'obstacles insurmontables. Oui, on le pourrait. Et de plus, nous devrions construire le transsaharien au plus vite, car ce serait une des œuvres les plus grandes et les plus profitables que la France ait jamais faites pour elle. » Et nous voilà à examiner, le crayon en main, les divers tracés possibles pour aller de nos belles colonies nord-africaines au *Soudan français* si vaste et bien plus riche encore — le coût probable de la ligne : 3 à 350 millions au plus, puisqu'on n'aurait point à payer le terrain —, les avantages enfin de cette simple et pourtant grandiose entreprise qui pourrait être terminée en 3 ans tout au plus. — Et nous concluons que le tracé Oran, Colomb-Béchar, le Touat et Tombouctou dont 650 kilomètres sont déjà construits, dont tout le parcours est aujourd'hui parfaitement connu, pacifié, relevé minutieusement par nos officiers, professeurs, savants, voyageurs en ces dix dernières années, est le plus avantageux, le plus facile aussi. C'est sans doute une des raisons pour lesquelles l'action de l'Allemagne se montre si active et si hostile maintenant au Maroc, contre nous ; elle veut non seulement nous mettre une pointe au flanc en Algérie, gêner notre essor, mais se réserver une route vers le Soudan pour un avenir plus ou moins prochain. Ce calcul est à longue portée, mais il existe : amener les produits du Soudan central, — ou plutôt les y ramener, car ils y venaient jusqu'en 1895 par les caravanes marocaines — au Maroc où les prendraient en passant les *Compagnies de navigation* allemandes faisant escale à Tanger devenu port allemand. Ce problème géographique, politique et commercial se résout, par la simple inspection de la carte et l'étude des éléments africains de la question, aussi aisément qu'un simple problème de mathématiques. La route soudano-marocaine aux mains des Allemands, même indirectement, serait un des plus gros affluents commer-

La vallée de la Medjerda jusqu'à son entrée en Tunisie est pittoresque. Le sillon creusé par le fleuve est étroit, sinueux par endroits, dominé par des monts embroussaillés ou boisés, hauts de 950 à 1 100 mètres. La Medjerda, dont le débit est très inégal, roule des eaux brunes et limpides.

—

ciaux des courants maritimes qui aboutissent à Hambourg par l'Atlantique sud et la Méditerranée.

Les avantages énormes de la création de la ligne transsaharienne frappent immédiatement l'esprit même des moins avertis :

1° Elle mettrait Paris à 5 jours de Tombouctou et de la vallée du Niger; 2° en cas de guerre elle permettrait, si la mer n'était plus libre sur l'Océan, les communications entre les deux colonies, et la défense du Soudan par l'Algérie ou réciproquement. Grâce à la réunion possible et prompte des contingents noirs et algériens, le danger germano-marocain serait paralysé ou annihilé aisément, et il serait facile de trouver là au besoin d'inépuisables réserves d'hommes pour la métropole. Le transsaharien serait donc d'abord *militaire* comme l'a été le transcaspien ; 3° les Algériens, gens hardis, entreprenants, se porteraient volontiers au Soudan, double profit : cet exode décongestionnerait l'Algérie dont la population s'accroît très vite et où les terres de colonisation vont manquer bientôt ; — les produits tropicaux afflueraient en masse en quelques années sur cette voie qui deviendrait notre *vrai chemin du coton.* Quel essor en 20 ans de notre empire africain du nord et de l'ouest ! Le transsaharien serait la barre d'acier, la soudure qui le rendrait intangible et prospère ! 4° le transsaharien prolongé par le *transsoudanien* en voie d'exécution, et aboutissant à Dakar ou à Konakry, nous mettrait à 12 jours de l'Amérique du Sud ; et les voyageurs pressés afflueraient sur cette route plus rapide vers Rio, Buenos-Ayres, ou même le Cap. 5° Enfin cela forcerait les Français, inattentifs à leurs intérêts ou trop lents à bien faire, à rendre le Rhône navigable de Lyon à la mer, ce qui donnerait en 30 ans, à Marseille et à Lyon, 1 million d'habitants, et en ferait des *emporia* de premier ordre, pareils à Hambourg, à Rotterdam, à Rührort, à Düsseldorf, à Cologne, etc. ; car la vallée du Rhône, ouverte sur la mer au sud, est une *des grandes voies naturelles du monde* depuis l'antiquité, cela saute aux yeux. — Outre la Méditerranée entière qui redevient si active, trois prodigieux courants commerciaux aboutiraient au Rhône : 1° par l'*isthme de Suez* : c'est tout l'Orient arrivant cinq à six jours plus tôt que par Hambourg ou le Rhin dans la région la plus peuplée, la plus active et la plus riche du monde : l'Europe centrale et occidentale ; 2° par le *détroit de Gibraltar* : c'est toute l'Amérique centrale et méridionale avec l'apport prochain du Pacifique par Panama ; 3° par le transsaharien, racine profonde enfoncée au cœur de l'Afrique occidentale, vrai pivot du système.

La France entière verrait se produire chez elle en moins d'un demi-siècle un tel mouvement, et si intense, de vie économique de Marseille à Lille, à Givet, à Belfort et à Genève que tout serait renouvelé chez nous, et qu'il faudrait au plus vite élargir canaux ou fleuves déjà navigables comme la Seine, la Marne, la Meuse, mais encore rendre la Loire praticable, et créer enfin ce canal maritime du Midi qui ne se fera jamais sans cela, parce qu'un non-sens, isolé. Notre marine marchande, notre population aussi se relèveraient du coup. Sans phrases sentimentales et vaines, ce serait pour nous la résurrection, puis la réalisation immédiate de ce rêve : l'union des peuples de race latine dont Marseille serait le premier centre économique, dont le Rhône serait, avec ses branches reverdies (Loire, Seine, etc.), l'*arbre de vie.* Nous pourrions alors et sans crainte soutenir ou défier toute concurrence ; et il en coûterait un milliard à peine : 400 pour le Rhône, 300 pour le transsaharien, autant pour le reste. Au prix où sont les capitaux, ce n'est là qu'une bagatelle pour nous. Voilà le programme de demain pour la génération d'aujourd'hui. Quelle vision d'avenir pacifique et de puissance illimitée pour nous ! »

Ses berges assez hautes, herbues sont ombragées d'arbres d'essences variées : érables, frênes, oliviers, chênes zéens. Malgré la forte pente de la voie et les nombreux travaux d'art, tunnels, ponts, etc., nous avons tout le loisir de voir et d'admirer les fermes créées dans la vallée, la station coquette de *Sidi-Bader* et quelques sites fort beaux sur la droite, particulièrement au confluent de l'*oued Kranem*.

EN TUNISIE.

Nous entrons en plaine et en Tunisie à Gardimaou. Adieu, l'Algérie !

La douane tunisienne visite attentivement nos sacs. Rien à payer. — Que le pays est triste entre Gardimaou et Tebourba ! Plus de montagnes boisées ou abruptes ; rien que des croupes arrondies, dénudées ou simplement embroussaillées. Pas un arbre au loin ; pas une blanche kouba pour reposer la vue en rompant la monotonie du paysage. Le long de la voie, des eucalyptus, des pins d'Alep, des acacias, des casuarinas plantés en bordure par la Compagnie Bône-Guelma : 400 000 arbres en tout.

Deux grandes plaines très riches en céréales et très chaudes, la *Regba,* la *Dakla,* anciens lacs qu'unissait le défilé de *Sidi Meskine,* toutes parsemées de fermes, voient grandir rapidement deux centres européens : Gardimaou et Souk-el-Arba.

A *Gardimaou,* en 1883, nous avons compté un bordj avec une petite garnison, deux maisons en pierre, plus quelques gourbis. En 1903, il y a 400 Européens.

Souk-el-Arba, aujourd'hui gros marché de céréales, siège d'un contrôle civil, bureau de postes et télégraphe, centre des services quotidiens de diligences pour le *Kef* et pour *Tabarca* à travers le belles forêts et les paysages curieux de la Kroumirie, a 1 500 habitants presque tous européens. D'abord voisin de la gare, le bourg s'est porté plus au nord sur les bords de la rivière. Ses rues rectilignes sont ombragées par des plantations d'arbres. Voici ce que nous notions sur place vingt ans avant : ... « On compte 4 ou 5 maisons en pierres à Souk-el-Arba, bourgade destinée à devenir très importante soit par la richesse de sa campagne, soit par sa position intermédiaire entre Tabarca et le Kef. C'est déjà un marché considérable. Le reste des habitations est en planches de toutes largeurs, longueurs, de tous âges, bois et couleurs. Maisons et rues, quand ces dernières existent, sont pavées en-planches... Les toits de ces cabanes sont bien originaux aussi. On a éployé des bidons de pétrole vides, des boîtes à sardines, des morceaux de zinc ou de fer blanc invraisemblables ; et voilà des tuiles, des ardoises, des terrasses toutes trouvées... Boucheries, boulangeries, cuisines sont en plein air quand il fait beau ; à l'intérieur quand il pleut. C'est original...

... Et quelle population ! Très aimable, toute fiévreuse d'ardeur, aussi mélangée, aussi étrange et bien plus bigarrée que les matériaux de ses maisons... ». — Résultats : vingt ans après s'élève là une ville nouvelle avec toutes les commodités modernes, et une gare très bien installée avec un buffet fort bon où nous dînons d'une façon très confortable. Ainsi naissent les cités.

J'ai eu soin, il est vrai, à Souk-Ahras, de passer une dépêche pour commander 13 dîners. Tout est prêt. Nous avons une table et une salle particulières. Nous y courons si vite que l'un de nous glisse sur le gravier bien ratissé du large quai de la gare et s'étend de tout son long. Pour conjurer un aussi mauvais présage, il ouvre les bras, frappe la terre du bout de ses pieds changés en pioches, hoche la tête, et, tel César à Tapsus, fait un discours dans lequel nous ne distinguons que ces mots déjà célèbres : « Afrique ! je te tiens sous moi. » Ayant ainsi affirmé sa conquête, il se relève. Nous sommes tous rassurés ; et bientôt nous combattons vaillamment de la fourchette et du couteau... La faim est mise en déroute.

Quand nous remontons en wagon pour faire les 156 kilomètres qui nous séparent encore du gîte, la nuit est presque venue. Nous distinguons assez vaguement les vignobles de *Souk-el-Kmis*. La voie passe sur la rive gauche de la Medjerda. Nous entendons appeler toute une série de petites gares : *Béja, Oued-Zarga, Medjez-el-Bab, Tébourba*. Dans le crépuscule, si court en Afrique, puis dans la molle clarté de la lune, nous voyons s'enfuir les ombres lourdes de wagons chargés de minerais, des têtes de palmiers, les silhouettes des jolies villas de la *Manouba*, des vieux forts et des murailles qui protégeaient Tunis au sud-ouest. Nous traversons un tunnel, et... nous sommes à Tunis. Il est presque dix heures. Une demi-heure après nous dormions tous à l'*hôtel du Louvre*. Longue journée, mais gaie et bonne.

Tunis et Carthage.

A nos amis de Tunis ; aux Français.

16 avril.

Tunis est une grande ville orientale. Grande, puisqu'elle a 250 000 habitants (dont 40 à 50 000 Européens), qu'elle s'accroît très vite et couvre déjà 3 kilomètres et demi du nord au sud, sur 2 kilomètres et demi de l'est à l'ouest ; orientale, puisqu'elle est toute blanche avec des maisons à terrasses, des minarets, des mosquées, des Orientaux pour habitants, un soleil et un ciel étincelants.

Le soleil et le ciel pouvaient se défendre tout seuls contre les entreprises des hommes après l'occupation en 1881 et continuer à verser des torrents de lumière, en quoi ils n'ont point failli. Mais la ville ?... On a eu l'intelligence et le bon goût de ne point toucher à la ville arabe, sinon pour en faire disparaître les cloaques et la malpropreté. Elle est assise mollement sur le versant oriental d'une colline peu élevée, faiblement ondulée et doucement inclinée à l'est vers la Bahira (petite mer). Ses rues, très tortueuses, forment un véritable dédale. Entre le lac et la vieille ville s'est installée la ville européenne, projetant si hardiment au nord, au sud et vers le lac, ses avenues, ses rues disposées en damier, ses palais, ses maisons, ses magasins, ses banques, ses théâtres, ses docks, ses trams, sa vie intense (1).

C'est du Belvédère, vers la fin de l'après-midi, qu'il faut voir Tunis blanc, uni, endormi entre ses deux lacs, *Bahira* et *Sedjoumi,* polis et miroitants comme des armures d'acier. Devant ce paysage écrasé par un soleil de plomb, cette mer lumineuse et plate, ce sol poudreux, ce ciel embrasé sur lequel se détachent, deci, de-là, quelques palmiers penchés sous leurs longs cheveux, la ville donne l'impression de l'immuable Orient. Mais voilà un vapeur qui part et file en emplissant l'air des beuglements rauques de sa sirène, en le salissant de sa noire fumée ; voilà des trams qui circulent à toute vitesse, des gens affairés qui en descendent, des dames européennes ou juives indigènes aux toilettes claires allant et venant librement avec des enfants, voilà... l'Orient qui change et se transforme depuis 25 ans.

On peut visiter aisément Tunis en une journée, disent les guides. Nous y sommes restés deux jours, et n'avons point perdu notre temps. Que l'on en juge !

Malgré l'écrasante journée d'hier, nous sommes tous debout dès patron jacquet. Naturellement, chacun de nous a fait de larges ablutions, et a changé de linge pour réagir contre la fatigue et la poussière de la veille, pour rafraîchir le corps, c'est-à-dire par be-

(1) L'essor économique de la Tunisie a été plus facile et plus rapide que celui de l'Algérie. Son commerce général atteignait au moment de l'occupation — en 1881 — 15 à 20 millions de francs.

Il s'est élevé : en 1905 à 149 millions
en 1906 à 160 —
en 1907 à 220 —

Ce progrès est dû à la création de routes, de chemins de fer, de ports excellents et surtout à la découverte de richissimes mines d'*étain*, de *zinc*, de *fer* et de *phosphates* dont l'exploitation, vieille de moins de 10 ans, s'est élevée de 63 516 tonnes en 1899 à 1 087 000 t. en 1907 et atteindra 2 millions avant un an. De là l'obligation de multiplier au plus vite les voies ferrées, d'accroître leur matériel roulant, d'agrandir encore les ports de Bizerte, Tunis, Sousse et Sfax où aboutissent déjà cinq lignes allant de la mer à la frontière algérienne près de laquelle sont les plus puissants gisements : *Gafsa, Fériana, Kalaat ès Senam,* etc. On estime qu'au taux d'extraction annuelle de 2 millions de tonnes de phosphates les gisements connus pourraient durer 500 ans. — Toute l'Europe industrielle et agricole a les regards et les convoitises tournés de ce côté-là ; et les Chambres françaises ont maintes fois discuté le régime de concession de ces dépôts inépuisables.

soin et habitude. Mais j'observe que tous, en plus de la propreté, ont mis un brin de coquetterie dans leur toilette. On a sorti des chemises de couleur bien glacées et des cravates rutilantes. Ne faut-il pas que l'on dise, en nous voyant gais, lestes, curieux et pimpants : « Ce sont des Parisiens ! » Ce fut notre salut à Tunis. Ainsi faisaient nos pères les jours de bataille : ils arboraient dentelles et rubans, leur tenue des grands jours, et saluaient ceux d'entre eux qui allaient mourir.

Par où commencer ? — Le chef avait fait une étude sérieuse du guide ; il avait pâli presque sur un plan de la ville. Mais le moindre incident peut, au dernier moment, chavirer les plans les mieux conçus, changer l'ordre et le sort des batailles, rendre aisé ce qui paraissait difficile. L'incident se produisit juste comme nous achevions de prendre notre café au lait... « Messieurs ! le Bey, sa cour et ses ministres vont arriver dans vingt minutes à *Dahr-el-Bey* », nous dit l'aimable maître d'*hôtel du Louvre* qui venait nous saluer d'un matinal bonjour. Nous avions vu Tarascon et Carpentras, la Cannebière, les... habitants des gorges de la Chiffa et le désert. A Paris, maintes et maintes fois, nous avions vu des rois, des empereurs, des... orfèvres. Mais un bey, une cour orientale, des ministres orientaux ou désorientés — *rarissimi aves* — là, tous ensemble, avec leurs équipages, leurs gardes, arrivant en grand tralala devant un palais où ils entreront, recevront, délibéreront, ordonneront, orienteront : non, nous n'avions pas encore vu cela ! C'était si nouveau, si imprévu, que sans en avoir délibéré, d'un seul mouvement, nous partîmes tous du même pied.

Veder Napoli
E poi mori.

Nous ne vîmes pas Naples et nous n'en mourûmes point.

La *Porte de France,* point de rencontre et de passage de deux mondes, nous servit de table d'orientation. Nous prîmes la rue de la Casba, et... l'on nous prit, nous, en voyant un groupe si brillant, pour des personnages d'importance, des *Kébirs* sans doute, car des agents de police très polis vinrent nous placer à l'ombre et au meilleur endroit pour voir et être vus. La foule, badaude en tous pays, s'amassa sur la place.

Bientôt arrivèrent les voitures traînées par des mules et accompagnées ou suivies par des cavaliers. Un mouvement de sympathie ou de curiosité se produisit dans le public. On entendit quelques ordres. Les agents s'alignèrent en files parallèles, et le Bey, sa cour, ses ministres entrèrent à pied au palais. Le Bey, avec sa haute taille, ses vêtements simples, son maintien et sa démarche naturels, nous parut un homme que le pouvoir n'éblouissait point. Certainement il savait ce qu'en vaut l'aune. Les courtisans souriaient tous d'un air béat ou important. Les ministres, vieux ou jeunes, grands ou petits, gros ou maigres, l'air préoccupé ou confiant, triste ou souriant, profond ou léger, convaincu ou sceptique, comme il convient à des ministres... orientaux, marchaient courbés, redressés, trottinant à pas mesurés autour du Bey qui, vraiment, avait l'air d'être le maître rien que par sa simplicité et son naturel. O comédie humaine !

Un de mes compagnons s'attendait sans doute à plus de faste, de pompe et d'éclat, car je l'entendis murmurer : « C'est tout ça un gouvernement ? » — Autre incident. Au moment où nous allions démarrer, je vis un certain trouble dans un groupe, des gestes précipités et inquiets ; et à mon oreille arriva un : « je suis volé ! » puis aussitôt après un : « c'est bien fait. » Une main agile de pickpocket venait de se glisser dans la poche du veston beaucoup trop ouvert de X., et lui avait « fait son portefeuille », qui ne renfermait que des lettres, des timbres... extraordinaires ; l'argent était sauf, disait-il. J'avais recommandé maintes fois, et le matin même, la prudence, l'attention. J'avais crié, comme les charretiers, âniers, marchands d'huile surtout, chameliers et porteurs arabes crient aux passants : « *Bara Baleck !* Gardez-vous !... attention ! » X., en cours de route, avait pris quelquefois avec ses camarades des airs un peu avantageux, connaisseurs ; des airs d' « un qui en a vu bien d'autres », que rien n'étonne, qui est supérieur aux accidents et aux précautions vulgaires. Cela leur avait paru d'abord... épatant ; puis cela les avait agacés. Or jusque-là X. n'avait pas eu de mécompte. « Bara Baleck ?... à d'autres s. v. p ! » Il triomphait. Il avait donc exhibé ce jour-là sa cravate la plus « voyante », sa chemise la plus rose, sa ceinture la plus noire. Il ouvrait largement son veston pour que l'on admirât cravate, chemise, ceinture et...

porteur plastronnant, se pavanant, s'aveuglant.— « *Bara Baleck !...* » — Trop tard, hélas ! Le portefeuille était enlevé. On alla chez le commissaire, on promit récompense... Rien ne fut rapporté.

« Rien ne se perd; tout se paie », disait Napoléon, appliquant très justement à la morale la loi fondamentale du monde physique formulée par Lavoisier, loi dont lui et Lavoisier sont d'éclatants exemples. Les camarades du volé se sentirent un tantinet supérieurs à leur tour; ils sourirent discrètement de la mésaventure. La morale était satisfaite. X., un peu dépité, boutonna, mais un peu tard, son veston et redevint ce qu'il était, un bon compagnon.

« *Bara Baleck !* » « Gardez-vous ! » Eh oui ! c'est là l'axiome élémentaire fondamental de la sagesse pour les individus et pour les nations. Eh oui ! un instant d'inattention, de sotte vanité, et c'en est fait de la bourse, de l'honneur et de la vie !

Nous allons ensuite visiter le *Collège Sadiki* (1), tout neuf, en un style moresque que les briques noires vernissées de la façade rendent peu attrayant. Il est fréquenté par les jeunes Tunisiens musulmans. Nous les eussions volontiers salués, mais il y avait inspection générale !... De ses jardins fleuris, de sa terrasse, on a une très belle vue de Tunis et de ses environs.

Puis le tram électrique nous transporte en quelques minutes place *Halfaouine*, l'un des centres les plus curieux de la vie indigène. Potiers et forgerons nous intéressent beaucoup, mais leur industrie périclite; ils ne peuvent soutenir la concurrence européenne. Leurs voisins, les ouvriers en soie du *Souk Djédia*, souffrent du même mal; et les souks des menuisiers et des ébénistes sont presque vides pour le même motif.

Mille scènes de la vie arabe passent sous nos yeux. Nous notons

(1) L'instruction a progressé rapidement en Tunisie. En 1903, on comptait 140 *écoles primaires* françaises avec 19 000 élèves, dont 26 privées avec 4 120 élèves. Le *Collège Allaoui* est à la fois École normale (125 élèves) et Collège (440 élèves indigènes). Le Lycée Carnot (660 élèves, Français ou Juifs pour la plupart) distribue l'enseignement secondaire. Il existe dans la Régence 1 424 écoles primaires musulmanes et une Université musulmane à la Grande Mosquée de Tunis.

Les Italiens ont des écoles primaires dans les grandes villes.

Le budget de l'instruction publique dépassait en 1903 un million de francs. L'*Alliance française* a beaucoup contribué depuis un quart de siècle à cet essor de l'enseignement français en Tunisie et en Algérie.

la suivante : un fou (maboul) crie, gesticule devant la porte d'un boucher. Rassemblement sympathique. Je prie mes compagnons de ne point trop s'approcher, de ne point rire; et, s'ils sont apostrophés, bousculés par le dément, de ne point répondre. C'est que les Arabes considèrent les *mabouls* comme des favoris d'Allah et ils se gardent bien de les irriter, ce qui est un bon moyen de les guérir. Être touché, frappé, recevoir un crachat, un soufflet d'un de ces mabouls, c'est bénédiction. Le fou regarde et palpe la viande exposée. Aujourd'hui, le boucher fera une recette superbe, sa maison tirera de ce fait réputation et profit pour l'avenir. Sauvage et Labille photographient sans arrêt. Nous revenons à pied à la Porte de France, à travers ce quartier pittoresque.

Après le déjeuner, en manière de repos, nous allons prendre notre *kaoua* dans un des brillants cafés de l'*avenue de France,* et chercher notre courrier à la grande poste. En voyant, sous les hautes galeries qui bordent l'avenue, les grands et beaux magasins d'étoffes claires et gaies, de chapeaux légers et diaphanes comme des ailes de libellules, de cent articles de toilette aux couleurs tendres et ravissantes, de parfums subtils enfermés en des fioles et flacons mirifiques, de meubles, de poteries, de glaces miroitantes et translucides, de tableaux et de photographies, de tabac et de mille autres objets dont on peut avoir besoin ou envie, on se sent au pays de la lumière; on est fier d'une si prodigieuse transformation opérée en un quart de siècle.

L'*avenue Jules-Ferry,* prolongeant jusqu'au port cette voie triomphale, est bordée de vastes théâtres, d'hôtels, d'un casino, d'un kiosque à musique, d'une cathédrale, etc.; elle est ornée de la statue du célèbre homme d'État qui nous a rendu un empire colonial, et ombragée de palmiers, de ficus, etc. Une autre voie superbe formée par l'*avenue de Carthage* et le *boulevard de Paris,* la coupant à angle droit, conduit au Belvédère. Toutes les rues de la ville européenne sont parallèles ou perpendiculaires à ces deux grandes artères. On a eu soin de leur donner des noms français. — En bas de l'avenue Jules-Ferry, à droite, près du port, « la Petite Sicile », étrange, sale et dangereuse agglomération de huttes, cabanes, gourbis misérables où grouille et pullule un monde sicilien plus étrange encore : c'est une tache. On l'a fait disparaître

(Cl. Sauvage.)
La caravane se rendant à Dahr-el-Bey. Page 185.

(Cl. Sauvage.)
Une rue à Tunis, quartier Halfaouine. Page 187.

(Cl. Neurdein.)

Tunis : café maure de la Casba. Page 191.

(Cl. Neurdein.)

Tunis : le Souk des chechias. Page 200.

depuis notre passage. On estime à plus de 30 millions les capitaux engagés dans la construction du quartier européen, achat de terrain non compris. Ce n'est qu'un début, car avant un demi-siècle Tunis aura cinq cent mille âmes assurément.

Notre après-midi fut consacré au Bardo et au Belvédère. Le Bardo est un musée; le Belvédère est un jardin et un pavillon, succursale d'été du casino municipal.

Le *Bardo,* à 3 kilomètres de Tunis, est bien connu par le traité de 1881 qui plaçait la Tunisie sous notre protectorat. C'était alors un palais entouré de souks, de jardins, de hautes murailles fortifiées. Les beys en avaient fait une de leurs résidences. Dépendances, souks, fortifications ont disparu. On n'a conservé que le palais du Bey et le harem dans lesquels on a installé le *Musée Allaoui,* inauguré en 1891, créé, organisé, enrichi chaque jour par une élite de savants infatigables. Dans ses trois salles très belles, le *Patio,* la *Salle des Mosaïques,* celle des *Femmes du Harem,* revit l' « Afrique », c'est-à-dire la Tunisie depuis la plus lointaine antiquité.

La Vie... ! Voici des scènes de chasse, de pêche, de navigation, d'exploitation rurale, de courses, représentées en des mosaïques merveilleuses de fraîcheur, de coloris, d'une conservation et d'une vérité admirables. Les plus grandes ont servi au pavement des salles du Musée, ou à l'ornementation des murs. — Des statuettes finement drapées, des bustes, des statues de déesses, de dames romaines, d'impératrices, nous font connaître la beauté féminine dans l'antiquité. — Des fibules, des miroirs, mille objets de toilette délicats, des bijoux d'un art et d'une finesse incomparables en métal, en verre irisé aux reflets magiques, profonds, inouïs, en pierres fines de toutes formes et de toutes couleurs, tels que nous n'avons fait rien de mieux, nous disent ce que l'art et l'artifice savaient ajouter à cette beauté, éternel attrait, éternelle préoccupation des filles d'Ève. — Des lampes puniques, romaines, chrétiennes nous rappellent que l'on veillait le soir, ou que le feu sacré brûlait jour et nuit sur l'autel domestique et au sanctuaire des temples. Des amulettes invraisemblables de formes, d'aspect évoquent les craintes, les espoirs de ces si lointains parents, etc

La Mort... ! Voici des stèles, des sarcophages, des coffrets et des urnes cinéraires, des inscriptions, etc.

Au-dessus des vivants et des morts, les dieux ! Jupiter, Apollon, Neptune, Hercule, Bacchus, Isis, Vénus, Diane, tous les maîtres de la vie sont là : têtes, bustes, statues gracieuses ou colossales.

Entre ses deux muses inspiratrices, en un portrait-mosaïque surprenant, Virgile, qui chanta ces rivages, est là, lui aussi, triste, regardant la vie, la mort et les dieux.

Quels regrets pour nous de ne pouvoir rester ici que quelques heures ! Mais quelle leçon d'histoire !

En sortant, nous trouvons, non loin de la station des trams électriques, le lieu d'exécution des condamnés à mort indigènes. La *dia*, ou rachat du sang à prix d'argent, existe encore en Tunisie. Le Bey doit assister à l'exécution du condamné, ainsi que les familles du meurtrier et de la victime. Si la première propose la dia, si la seconde l'accepte, l'exécution n'a point lieu ; le condamné est remis en liberté. Il y a là une solution partielle à la question de la peine de mort, ce nous semble !

Le *Belvédère,* parc de 100 hectares (130, avec le Jardin d'Essai voisin), son pavillon oriental, nous retinrent de 4 à 6 heures. Avec ses allées sinueuses, ses sentiers verdoyants, avec ses palmiers, ses plantes et ses arbres tropicaux, ses lauriers-roses toujours fleuris, ses cactus énormes, ses phénix géants, ses pelouses, le Belvédère sera avant peu d'années l'un des plus beaux jardins du monde entier. Du point culminant (100^{m}), le panorama est tout à fait grandiose sur la mer, vers *Zaghouan* et le *Bou Kornéin,* derrière lesquels nous voyons le soleil s'abîmer en des flots d'or et de pourpre.

Nous sommes de retour une demi-heure avant le dîner. Nous entrons au salon de l'hôtel. Les uns lisent ; les autres écrivent, causent, rient. Jourdan se met au piano et, par ses improvisations savantes, par des modulations berceuses et douces, il nous aide à attendre l'heure de la soupe. Nos courses de l'après-midi ont mis tout le monde dans un état d'esprit charmant. Tunis nous plaît, et nous sommes contents d'être ensemble. « Le dîner est servi, Messieurs. » On ne se le fait pas répéter deux fois ; car

« M. l'appétit était venu », lui aussi, très exact au rendez-vous. Je crois même qu'il l'avait devancé.

Le dîner fut parfait d'entrain, d'heureuse gaîté. Nous complétons cette si agréable journée par une visite à un café arabe de la place de *Sidi-Baïan*. Beaucoup de touristes, de congressistes s'y étaient rendus aussi. Les danses indigènes sont, en somme, peu intéressantes, monotones ; et les chants, interminables mélopées, fort criards. Seul le milieu méritait quelque attention par les costumes bariolés des jeunes lions qui le fréquentaient. Tout cela intéressa mes compagnons par son exotisme sans doute. Les goûts ne s'affinent qu'avec l'âge.

La prise de Carthage.

17 avril.

On ne peut séjourner à Tunis, ne fût-ce que deux jours, sans aller voir Carthage, ou plutôt son emplacement, et les ruines cachées, profondément enfouies, qui couvrent le plateau immense où s'élevait cette ville fameuse ; ruines que d'ardents chercheurs, d'infatigables savants explorent, révèlent, étudient tous les jours pour l'émerveillement des touristes et l'instruction des autres hommes.

A la *gare du Nord,* nous montons dans de petits et lourds wagons en bois, bordés de galeries et de garde-fous également en bois, qui nous conduisent de bon matin jusqu'à Carthage. Un temps à souhait, brise et soleil, favorise notre excursion. A droite, la *Bahira* est à peine ridée par le vent. A gauche, devant et derrière nous, toute verdoyante d'arbres, de légumes, de moissons, la campagne s'étend à perte de vue vers le nord, avec des collines d'émeraude, des routes poudreuses, des villages coquets, de blanches fermes, une École d'agriculture, avec tous les signes de la vie retrouvée.

Le voisinage immédiat de la voie ferrée, par sa bande étroite de terrains incultes, salés, par sa stérilité, ses boues et autres détritus de la grande ville, détonne seul en face de ces deux formes de la vie agissante : la mer travailleuse, sillonnée de navires ; la campagne peuplée, cultivée. Quels changements ! quel contraste pour celui qui a vu — au lendemain de l'occupation — ce même golfe puant, sans autres voiles que quelques petites barques de pêcheurs, sans vie en somme, dormant d'un morne sommeil ou étincelant en lac d'argent fondu sous un soleil implacable ; — cette même campagne sans fermes, sans villages, sans routes, sans habitants presque ; — ces mêmes collines couvertes de quelques misérables oliviers, de palmiers-nains, de landes, de friches partout ! — Du premier coup d'œil, le Français peut dire, joyeux, avec fierté et vérité : « Ici, nous avons apporté la paix, la vie et la prospérité ! »

Ce spectacle réconfortant, réjouissant met la caravane en bonne humeur. Celle-ci se change en gaîté franche, aimable, bruyante aussi, lorsque, à 50 mètres de la gare de *la Malga*, nous voyons accourir au-devant de nous, sortant de leurs pauvres gourbis — ils ont flairé des clients, les malins —, une bande d'Arabes avec des ânes qu'ils offrent de *prêter* généreusement à « leurs amis », les « Sidi Français » à la façon dont l'honnête M. Jourdain prêtait du drap... contre de l'argent.

On débat le prix de la course entière (4 heures), ânes et guides compris. Cinq ou six des voyageurs enfourchent des aliborons présentables. Ne voulant commettre sa haute dignité, ni confier sa personne à ces coursiers aux longues oreilles, aux mauvaises têtes, aux farces malicieuses, inattendues, souvent amusantes, le chef reste à pied avec le demeurant de la troupe. Notre nombre s'est singulièrement accru. De 13 au départ, nous voilà, bêtes et gens compris, moutchatchous accourus en criant : « Un sou ! moussi, un sou ! » une quarantaine au moins. Nous avons figure d'armée, de petite armée : infanterie solide, cavalerie légère, véritable goum semi-européen, train d'équipage sérieux bien qu'un peu bruyant. A cet aspect, notre humeur devient belliqueuse. Il nous monte au cerveau des idées de conquête, d'escalade, de victoires triomphantes. Nous aussi, nous allons prendre Carthage. Nous sommes venus de France pour cela justement ; nous le sentons très bien maintenant. Voici quel fut notre plan d'attaque :

La cavalerie, suivant la route située à 300 mètres de la gare, tournera, pour dissimuler son mouvement, une sorte de cimetière et les petits jardins fermés de haies vives qui sont à 20 ou 25 mètres devant nous. Elle emportera, puis occupera solidement les citernes de la Malga, ce qui, au besoin, obligera l'ennemi à se rendre par manque d'eau, et permettra à toute l'armée de « boire frais » après la victoire, plus heureuse ainsi que celle de ce « pauvre fol de Picrochole allant conquester Afrique et Arabie » avec ses fameux lieutenants, le comte de Spadassin, le duc de Menuaille, etc.

L'infanterie, ayant à sa tête le général en chef, montera droit devant elle ; et, par un « assaut brusqué », elle emportera de vive force la clef de la position : *Byrsa,* elle-même. — Le train suivra ; il relèvera les morts et les blessés.

Tout étant ainsi réglé, le chef lève... son bâton de commandement. C'est le signal de l'attaque : « En avant ! chargez ! » Et l'infanterie monte avec une vigueur, une furie dignes de guerriers qui viennent de faire, en une rude campagne de quinze jours, plus de 4 000 kilomètres. Et la cavalerie, dans une ruée formidable, une galopade frénétique, infernale, avec des cris, des chants, des rires que l'on prendrait — de loin — pour des rires homériques, dans un tourbillon de poussière — de poussière glorieuse et aveuglante — escalade les pentes, prend possession du plateau. Victoire ! Carthage est à nous.

Les Romains avaient mis six mois et plus, il leur avait fallu une puissante armée pour la prendre, en 146. Nous autres qui avons passé par Tarascon et Marseille, nous n'avons pas mis beaucoup plus de six minutes. Hourrah ! hourrah ! Cent fois hourrah ! Que l'on nous parle après cela des Romains !...

Ni morts, ni blessés. Quelques cavaliers ont bien été désarçonnés ; les ânes, débarrassés d'un si glorieux fardeau, n'en sont arrivés que plus vite au sommet des fortifications... en ruines, sonnant, en de retentissantes fanfares, la victoire après la charge. Nous ne savons pas bien encore aujourd'hui si leurs notes moqueuses, discordantes, brayantes, bruyantes et triomphantes s'adressaient à l'ennemi en fuite, évanoui comme rêve au matin, comme fumée au vent, ou aux *célères* novices ayant lâché bride, les pauvres ! et roulé par terre. On ne sait jamais ce que pensent les bêtes ; et c'est fort heureux pour nous.

Notre conquête est magnifique. Notre victoire est douce : c'est une victoire sans larmes. Ce que nous prenions pour des ennemis serrés en épais bataillons, des citadelles imprenables, des ingénieurs élevant des forts nouveaux en arrière des remparts, creusant des galeries de mines, ce sont des champs de blé, d'avoine, de grosses fèves en fleur, joie des Arabes ; ce sont des agaves aux feuilles pareilles à des fers de lance à reflets d'acier neuf, aux tiges semblables à des mâts ténus ou à de très légers poteaux télégraphiques, des vignes qui fournissent les crûs « Lavigerie » et « Carthage », crûs déjà glorieux dont j'offrirai, ce soir même, en notre hôtel, un verre à mes gentils et vaillants compagnons, en guise d'adieu à la terre d'Afrique. — Ce sont aussi des maisons de colons établis sur les terrains où fleurissaient, peut-être, les jardins parfumés, aux allées ombreuses, des puissants et opulents marchands de Carthage ; puis des hôtels — il y en a deux fort bien installés en face du Musée Delattre, au bord d'une belle route — ; puis un séminaire, une cathédrale toute blanche, cygne plutôt que mouette, un peu massive sous un ciel si lumineux, mais qui le paraîtrait moins assurément si une « ville nouvelle » — *Karthago* — l'enveloppait de ses rues, de ses magasins, de ses palais, de ses rumeurs ; puis un musée richissime. — Ce sont enfin des savants aidés d'équipes d'ouvriers creusant, fouillant, reconquérant, eux aussi, Carthage détrüite si souvent, tant de fois renaissante. Car ce n'est pas une seule ville que nous foulons ; c'est quatre ou cinq villes superposées : lybienne, phénicienne, romaine, chrétienne, vandale, etc. Le site est si merveilleux, l'emplacement si avantageux, à tous les points de vue, qu'il n'y a rien d'étonnant que les hommes aient toujours occupé ce point de l'Afrique du Nord, qu'ils y aient fondé, tour à tour, une grande cité, une de ces éphémères maîtresses du monde.

Don Quichotte éternellement aura des fils. Nous venons de charger sur les moulins à vent de l'histoire de l'humanité, sur les ombres de villes mortes depuis bien longtemps. Mais nous avons tous 15 à 20 ans en ce moment même. Et l'imagination est si fraîche, elle a des ailes si puissantes à cet âge ! En trois bonds, elle remonte aux plus lointaines époques du monde et les ressuscite ; elle anime le présent ; elle escompte audacieusement l'avenir.

Mes jeunes amis sont — eux aussi — saisis de la grandeur des souvenirs et du spectacle, de la beauté du panorama. Comme une digue puissante, la presqu'île du *Dakla*, avec ses petites collines noir-bleuté, ferme l'horizon à l'est, par delà le golfe lumineux. Quelle devait être la joie des marins de Tyr, du Béryte, d'Asie Mineure, de Grèce, de Sicile lorsque, doublant le Cap Bon, ils voyaient s'ouvrir devant eux une rade immense, un golfe plus paisible que la haute mer, dominé à l'ouest par une cité colossale avec ses temples resplendissants, — les uns terribles comme celui de Baal-Hamon à qui l'on immolait des enfants, les autres souriants, consolants comme celui d'Echmoun, le guérisseur; — avec ses maisons à six étages, ses remparts géants d'un développement total de 27 kilomètres, son peuple de plus d'un million d'hommes, ses quais, ses ports et ses merveilleuses campagnes aux cultures riches et variées.

Carthage a été grande. Elle pourrait le redevenir. Beaucoup pensent — entre autres Elisée Reclus, le cardinal de Lavigerie — que nous aurions dû relever Carthage et en faire la capitale de notre empire africain. Mon humble avis est conforme à celui de ces hommes éminents; car, vers la « mer bleue » et au delà, vers l'intérieur du continent noir, son horizon, sa force de rayonnement ou d'attraction sont bien plus vastes que ceux d'Alger, d'Oran ou de toute autre ville du nord de l'Afrique.

Tunis, la blanche, qui étincelle un peu écrasée, là-bas à l'ouest dans sa ceinture verte, a pris la place de Carthage. Elle la gardera sans doute, puisque les grands navires y viennent à quai aujourd'hui, puisqu'elle est plus à l'abri des risques terribles des guerres modernes.

En 1883, il n'y avait à Carthage ni champs cultivés, ni hôtels, ni cathédrale, rien qu'un sol bouleversé, de tristes débris, une toute petite chapelle élevée sur l'emplacement où l'on croit que mourut saint Louis en 1270, et, à côté, le musée naissant du P. Delattre, dont les richesses étaient entassées ou éparpillées sur quatre ou cinq pauvres tables de bois et dans quelques petites vitrines.

Aujourd'hui, des routes carrossables sillonnent le plateau et les collines, depuis Sidi-Bou-Saïd et la Marsa jusqu'à la Goulette.

Bou-Saïd si pittoresquement accrochée au Cap Carthage, les grandes citernes de *la Malga* et de *Bordj Djedid* où aboutissait jadis l'aqueduc du Zaghouan qui alimente aujourd'hui Tunis, retiennent d'abord notre attention. Nous assistons ensuite aux fouilles d'une tombe punique. Sous nos yeux, par un puits communiquant avec la chambre funéraire souterraine, on remonte le sarcophage et tout l'attirail sacré placé auprès des morts pour le *double*. Tout à côté du puits, une très belle mosaïque intacte marque l'emplacement d'une salle de bains d'une villa romaine. On l'enlèvera dans quelques jours pour la porter au Bardo. On nous fait le grand honneur, pour nous la montrer, de balayer l'épaisse couche de sable jaune qui la recouvre momentanément afin d'empêcher une dessiccation trop rapide et des craquelures désastreuses sous l'action directe et brutale du soleil.

Au bord de la mer apparaissent encore les épaisses murailles des quais par lesquels les Romains donnèrent et réussirent l'assaut final. Huit jours après, Carthage n'existait plus. Là-bas, vers *la Goulette*, nous apercevons deux lagons minuscules dans les « jardins anglais » d'un des palais beylicaux ; c'est tout ce qui reste des deux ports de guerre et de commerce. C'est là que fut construite la dernière flotte carthaginoise — et à quel prix ! — C'est de là qu'elle sortit pour essayer vainement de forcer le blocus et de rouvrir la voie de la mer : avant-dernier spasme de l'agonie d'une grande cité.

Mais ce qui nous retint surtout et longtemps, ce fut le très intéressant *musée Saint-Louis* ou *Lavigerie*, créé par le P. Delattre en 25 ans de laborieux efforts, de recherches infatigables. Ce musée est tout local. Au Bardo, on trouve le produit des fouilles de toute la Tunisie. Ici, Carthage figure seule. Il y a d'abord le *musée extérieur*, scellé, appuyé aux murs d'enceinte du séminaire, épandu dans le beau jardin qui entoure la chapelle Saint-Louis. Nous regardons ses inscriptions puniques si mutilées, ses pierres tombales, ses statues colossales, ses salles voûtées. Nous pénétrons ensuite dans le musée proprement dit. La *salle punique* fait revivre à nos yeux la vie, les croyances des Carthaginois, ces sémites orientaux si profondément influencés par l'Égypte, la Grèce et l'Étrurie. Elle nous montre l'étendue de leurs relations commerciales et maritimes. Il y a là des collections d'amulettes et de bijoux merveilleux. Quelques-uns, en pâte de verre, ont des reflets colorés si profonds que l'on est troublé comme d'un regard venu des pays et des âges les plus lointains de l'antiquité et de l'Orient. La surface paraît morte, éteinte ; mais une lueur luit encore au fond de la prunelle, mystérieuse, inquiétante et triste.

La salle des *Antiquités romaines et chrétiennes* est très riche également en bustes, statues, bas-reliefs, mosaïques ; en lampes, monnaies, etc. etc. Tout cela est classé, exposé en un ordre parfait par un homme d'une science profonde et impeccable qui a mis là son âme, sa science et sa vie. Il n'y a pas que les laboureurs qui soient des colons. L'ingénieur qui trace un chemin de fer, une route, qui creuse un port ; l'armateur qui écoule les produits d'un pays ; le géologue, le topographe, le mineur fouillant, mesurant le sol ; le soldat qui conquiert ou qui garde ; le politique qui dirige ; le magistrat qui retrouve ou maintient la loi ; le savant qui ressuscite le passé ou éclaire le présent, tous sont des colons, eux aussi. Colons encore les banquiers, les médecins qui gardent la santé ou fécondent l'activité de tous les autres. C'est pourquoi Bugeaud, de Bourmont et Duperré, Letourneux, Hanoteau et Berbrüger, de Lavigerie et J. Ferry, pour ne citer que des morts, et mille autres, morts ou vivants, compteront parmi les grands colons de l'Algérie et de la Tunisie.

En descendant de *Byrsa* (63^{m} d'altitude), nous prenons une vue de l'*Amphithéâtre romain* en grande partie déblayé. A midi, nous sommes à Tunis.

Après-midi.

Les bons auteurs dramatiques, les romanciers, les orateurs et *tutti quanti* graduent leurs effets jusqu'à la fin de leurs œuvres ou de leurs discours. Les touristes en doivent faire autant et prendre pour règle : « de plus en plus fort, en plus beau, en plus émouvant, en plus intéressant ou amusant. »

Le clou de notre séjour à Tunis fut la visite des *Souks* (marché, bazar), où il est si agréable de flâner et de se perdre, si facile de se retrouver. Ils sont autour de la Grande-Mosquée, dans le voisinage de Dahr-el-Bey, c'est-à-dire dans la *Médina* (ville). Les rues étroites, montantes, sinueuses, aux pavés glissants et durs, aux rigoles centrales, communiquant entre elles par des passages transversaux, sont couvertes de planches mal jointes pour atténuer la lumière et la chaleur, et bordées d'ateliers, d'échoppes minuscules et de magasins innombrables ouverts librement au public. Entrez, voyez, achetez, si vous voulez. Naturellement le marchand fait tout ce qu'il peut pour amener cette conclusion. Il accourt, lui ou son commis, au-devant de vous. Il crie, il prie, il flatte; il vous connaît avant de vous avoir vu : « Moi, connais toi, Sidi; avoir vu toi à Paris... Exposition ! » Tous, ils vous ont vu à l'Exposition. Tous me reconnaissent bien, moi. Quant à mes compagnons, trop jeunes alors... eh bien ! ils ont connu leur père, leur rue. Et ils me saluent, resaluent, me sourient; car ils ont peur que je ne contrarie les achats attendus. J'ai, en effet, recommandé d'offrir hardiment la moitié, le tiers, le dixième du prix demandé, ou moins encore, si l'on ne veut pas être... plumé.

Chaque souk a ses spécialités : cuivre, armes, livres, chaussures, grains, fruits secs. Voici des teinturiers, des tailleurs, des selliers. Voici des étoffes, des tapis, des broderies, des parfums par rues entières. Parmi tous ces souks, les plus brillants sont ceux des *parfums*, des *tailleurs*, des *étoffes* et des *selliers*, où s'exhalent les senteurs les plus capiteuses des essences de rose, de jasmin, de géranium, du camphre, de l'encens, du henné, du tabac d'Orient, etc.; où ruissellent sur les habits l'or, l'argent, la nacre, les perles, les pierres fausses à la grosse et tout le clinquant de la verroterie; où les couleurs les plus vives ou les plus tendres réjouissent l'œil; où les broderies et les dessins les plus fantasques et les plus harmonieux recouvrent vestes, gilets, babouches, gandouras, tapis, portières, velours, armes ou meubles légers. Voilà des fils d'or et de soie et de laine. Voilà des flissas, des mokalas, des cimeterres ciselés, incrustés, des selles arabes et des harnais rouges, jaunes, verts, rehaussés d'or, festonnés de broderies; de longues bottes aux éperons d'acier reluisants, aigus comme des poignards; des babouches bleues, roses pour des pieds de Cendrillon. Tout cela s'empile en des coins d'ombre, sur des tabourets ou des étagères, s'accroche aux murs, puis au plafond, flotte à la devanture. Les grains et les fruits secs, le poivre rouge, les amandes, les figues, les dattes, etc. etc. remplissent des sacs, des couffins, des jarres et des amphores en grès rouge, vert, brun.

Le marchand est là debout entre les sacs, les piles, les colonnes peinturlurées de la façade de sa petite boutique, maigre et pauvrement habillé de cotonnade teinte si sa fortune est médiocre, son commerce humble, ou sa secte austère; ou bien assis, les jambes croisées, sur des coussins dans son magasin, vêtu d'un turban léger, d'une veste très courte soutachée, d'un gilet brodé, d'une large ceinture, d'une culotte noire, bleue ou blanche, de bas de même couleur, de babouches fines s'il est riche ou si son commerce est de luxe. Ce riche a des airs de bouddha : teint bistre ou pâle, taille médiocre, corps trapu, tête ronde, cou gras, tout enfoncé dans les épaules, jambes courtes en losange, bras en anses d'amphore, mains potelées, gestes sobres et lents : c'est un Maure. On en voit pourtant de grands et de maigres parmi ces riches; ce sont alors des Juifs, des Berbères et des Mzabites.

Immobile, il fume une « cigalette » parfumée, comme dit un de mes amis qui ne peut prononcer les r. Les légères spirales de la fumée, le parfum du tabac paraissent le plonger dans la béatitude ou les rêves du nirvâna. — Il a des commis vêtus de gandouras ou blouses de soie bleues, roses, vertes, jaunes, saumon, etc. Un rapide échange de regards avec lui leur dit s'ils doivent insister, céder, livrer, laisser partir ou rappeler le client... On le rappelle toujours.

Pendant trois ou quatre heures, nous errâmes dans ce décor oriental. Il nous fallait bien rapporter quelques souvenirs de notre voyage. On songea alors aux mamans, aux papas, oncles, frères, sœurs, parents et amis. Dès Alger, les achats avaient commencé. Pour modérer les acheteurs j'avais dû faire entrevoir l'acquisition de malles caverneuses, des fourgons et des caravanes de renfort, des flottes de transport supplémentaires. A Alger, on acheta des yatagans, des flissas... pour se donner des airs terribles. A Biskra, des cornes de gazelle, des lézards empaillés, des chapelets arabes à gros grains bruns parfumés, des instruments de musique soudaniens qui ne purent supporter tout le voyage... pour se rendre intéressants. A Tunis, des dattes envoyées à l'avance en colis postal, des soieries de Tunis... ou de Lyon, des babouches vaporeuses, des parfums tunisiens, et surtout des chéchias superbes de Zaghouan... ou d'Autriche tout simplement... pour se montrer aimables ou reconnaissants.

Je dus alors déférer au vœu unanime; et, général, obéir à mes soldats qui voulaient que je fusse coiffé comme eux. Le marchand déclarait naturellement qu'une chéchia m'irait bien. J'achetai, je me couvris et tout le monde fut dans une joie délirante. Avec ma barbe en pointe ça m'allait, en effet, ... très bien. Plus loin, j'essayai des babouches en marocain rouge, et je fus « Turc », « jeune Turc » — des pieds à la tête. Les rires redoublèrent. Je ressemblais au marchand qui venait de faire une bien bonne affaire.

La chéchia en tête, à travers les quartiers arabes, nous regagnâmes notre hôtel où l'on crut un instant, en nous voyant, à un retour de la domination turque.

... On fit les valises. On alla encore revoir un peu l'avenue de France. On soupa, on toasta, avec du vin de Carthage, aux caravanes scolaires, au Club alpin, à l'Algérie et à la Tunisie françaises si intéressantes, à la France et à son génie colonisateur si humain, à notre heureux retour.

Le chef régla la note. L'hôtelier, en nous serrant la main, nous souhaita bon voyage. Une heure après, nous étions installés sur le « *Maréchal-Bugeaud* ».

Adieu, pays de la lumière! Pays des soldats valeureux et des vaillants colons, adieu! Puisse notre drapeau flotter éternellement sur toi! — Était-ce le siroco qui commençait à souffler son haleine lourde et brûlante? Était-ce un peu d'émotion, un ressouvenir lointain des cinq ans passés là-bas?... *Non lo so.* Il me sembla un moment que j'avais la gorge un peu serrée, et les paupières lourdes et chaudes. Il faisait nuit. Personne n'en vit rien.

De Tunis à Paris.

18-19-20 avril.

A mon collègue PAUTHIER.

Notre beau voyage « scolaire » touchait à sa fin. Nous n'avions plus qu'à revenir. Le retour dura *trois nuits et trois jours pleins*. Il fut donc lent, non sans intérêt, mais pourtant moins gai que l'aller. Étions-nous fatigués, ruinés, blasés? non. Impatients de rentrer au logis paternel? pas encore. Alors?... Eh bien! physiquement et moralement, nous étions sous la déprimante influence du retour. Car les retours sont souvent tristes dans la vie. Finis l'imprévu, la nouveauté; finies les découvertes, les saillies promptes de l'esprit et les vives répliques, les illuminations soudaines qui jaillissent du temps et des choses! On revient aux banalités courantes; on rentre dans le cadre étroit de la vie, dans tout ce qui est tracé, convenu, obligatoire, nécessaire aussi. Et le rire s'arrête; et la curiosité s'éteint; et le corps, l'esprit se sentent moins libres, moins vivants. Les écoliers plus que tous autres sont accessibles à cette dépression; pour eux, le retour... c'est la fin des vacances.

Avant notre départ, nous étions allés saluer M. Proust, chef de la municipalité, président de la section de Carthage du C. A. F., à qui nous devions d'avoir pu trouver bon gîte et bonne table à Tunis encombré de visiteurs. Il était absent. Sa fille, une aimable maman, me dit à mi-voix, en nous reconduisant à la porte du jardin : « Ne craignez-vous pas le mal de mer? Le siroco commence à souffler bien fort; le temps s'assombrit au sud, et le baromètre baisse rapidement. Vous aurez du mauvais temps cette nuit. » Je ne fis part à personne de ce pronostic fâcheux. Nos billets étaient pris; notre résolution aussi.

Après le dîner, moins gais que d'habitude, tous comptes réglés, tous devoirs remplis, nous gagnons le quai d'embarquement plongé dans l'obscurité par des nuages de poussière et de pluie qui vont crever tout à l'heure. Il y a foule, cohue même; car plusieurs congrès tenus à Tunis venaient de clore leurs travaux. Nous appelant, nous poussant, nous hissant, au milieu des cris, de la bousculade, du désordre, nous arrivons enfin sur le pont du navire. Il n'y a plus de cabines de seconde pour nous; nous sommes logés à l'avant dans l'entrepont, aménagé en un immense dortoir baptisé « secondes », avec 80 autres passagers aussi peu favorisés que nous. Il y eut mécontentement légitime et réclamations inutiles. On offrit une cabine au chef, qui refusa naturellement, un chef devant être au milieu de ses soldats, dormir, souffrir et mourir avec eux, s'il le faut.

Sur le pont du navire cris, appels, chants, rires, longues fusées de rires. Les dames, très nombreuses, sont les plus intrépides. On eût dit que touristes, dames et congressistes avaient fait un pacte avec Neptune ; ou que ce dieu antique leur devait des égards ; ou que son trident était cassé : « La mer !... Allons donc !... Qu'elle s'avise de broncher un peu !... Elle serait fouettée ! L'homme n'est-il pas maître des éléments... aujourd'hui ? Causons, rions, chantons !... » Était-ce bravoure ou bravade ? ignorance ou dédain du mauvais temps probable, certain même ?...

Le bateau très calme leva l'ancre, suivit, sans une oscillation, le canal de 10 kilomètres qui unit Tunis à la Goulette ; il entra dans le golfe et doubla le cap Carthage. Rires, chants, appels, chuchotements se turent subitement. Comme par enchantement le pont devint désert. On n'eut plus l'air d'être dans les grâces spéciales du capitaine, ni dans celles de Neptune... ah, non ! La grande voix de la tempête couvrit tout, même les... grâces rendues à Neptune. Cabines et entreponts étaient changés en hôpitaux. Le navire roulait et surtout tanguait d'une façon formidable, tremblant tout entier quand l'hélice sortait de l'eau et tournait à vide. Des paquets de mer énormes frappaient de coups sourds les flancs du bateau et en balayaient le pont avec furie. Mes compagnons ne bougèrent pas de leurs couchettes improvisées. Nul n'essaya de monter sur le pont ou de circuler. Si mon inquiétude s'accrut, ma surveillance fut réduite à rien. Mes soins consistèrent à prier les garçons d'apporter limonade, citron ou thé léger à mes pauvres passagers étendus là, dormants ou prostrés. La tempête achevait leur éducation ; et, pour eux, les émotions du voyage étaient complètes.

Le bateau marcha à 4, 5 ou 6 nœuds à l'heure, et n'arriva que la seconde nuit à la hauteur du cap *San Pietro* sur les côtes de la Sardaigne que la tourmente, les embruns et la rafale empêchèrent de voir. La Corse et ses hautes montagnes nous couvrirent un peu contre les fureurs du vent. L'allure du navire fut moins lente. Tous, « scolaires », congressistes, dames et savants, jeûnèrent pendant ces deux jours si longs et ces deux plus longues nuits. Au déjeuner, le second jour, nous nous trouvâmes cinq à table, dont une dame — une seule — en robe de soie gris perle fort élégante qui faisait valoir sa taille et rehaussait son courage, que nous louâmes fort.

Quelle traversée ! L'approche de la terre de France ranima tout le monde vers la fin du second jour. Les plus solides revinrent peu à peu sur le pont. A huit ou neuf heures du soir, nous mettions le pied sur le quai de la Joliette.

Nous nous étions bien promis de voir Marseille en détail au retour. Hélas ! au lieu de 32 à 36 heures, durée ordinaire de la traversée, nous en avions mis 52 ou 53. Nous étions sains et saufs, affamés aussi. Il était nuit. Que faire ? Nous gagnâmes la gare à pied... Et, à 11 heures, un des deux express de Nice, tout bondé de voyageurs, nous emportait vers Paris. Petit déjeuner mauvais à Lyon où l'on nous sert un café si brûlant que nous ne pouvons l'avaler. Excellent déjeuner au buffet de Dijon où j'ai télégraphié. Les vides — presque des abîmes — faits par la tempête dans nos estomacs commencent à se remplir. On dînera ce soir en famille. Demain tout sera comblé et l'équilibre rétabli. — « Pain » à Tonnerre ou à la Roche.

Ce matin, à notre passage, les *Bouttières* et le *Pilate* étaient couverts de neige. Un vent tiède nous accueille en approchant de Paris... souffle venu d'Afrique. Le siroco a été plus vite que nous. Il nous rend la gaîté et l'animation ; et c'est en souriant, que, cordialement, et en manière d'adieu, nous nous serrons la main en sortant de la gare de Lyon. Nous venions de passer ensemble seize heureux jours, en une caravane scolaire qui tient le record de la durée, de la distance parcourue : 5 482 kilomètres, de la dépense : 400 francs par personne. Dans l'une de ses courses, elle avait atteint 1 230 mètres d'altitude.

VI

QUELQUES PETITES EXCURSIONS

Aux docteurs Cayla, Dainville, Tolédano.

Nos petites excursions sont les plus nombreuses ; elles ont lieu les jeudis et dimanches après-midi, de 1 heure à 6 ou 7 ; les jeudis surtout, parce que les enfants ont, ce jour-là, classe le matin. Les dimanches — particulièrement dans la belle saison — permettent les voyages d'une journée entière. Alors on peut aller plus loin, ou faire à pied un trajet bien plus considérable de 18, 20 et 25 kilomètres souvent. Chacun emporte ses vivres, et on déjeune en cours de route : c'est le *déjeuner tiré des sacs,* très apprécié des jeunes gens. Songez donc ! On est libre. On va... hardiment, en vrai découvreur, causant, musant, riant, sûr de trouver un endroit propice, et l'appétit au rendez-vous. La table, c'est le talus d'un fossé, la clairière d'un bois, le bord d'un ruisseau ou d'une rivière. L'herbe sert de nappe, et les fleurs, d'ornements naturels. Les oiseaux, les insectes ou les vents se chargent de la musique. La salle du festin est immense et l'on ne paie rien pour s'y asseoir. Puis quand, la faim apaisée, on lève les yeux, la voûte bleue si doucement appuyée sur l'horizon, ou sur la cime mouvante de la forêt, laisse couler en tout votre être comme des torrents de saphir, d'émeraude et de béatitude. Ils n'ont pas tort, nos scolaires, d'aimer les grandes courses !

Écouen, Châtenay.

Cinq ou six fois j'ai conduit, l'après-midi, des caravanes à

(Cl. Bregeault.)

Théâtre romain de Champlieu (Oise), Pentecôte 1904. Une causerie de M. Leroy et poésie de M. Toledano fils placés à gauche sur la scène. Page 258.

(Cl. Martin-Sabon.)

Écouen (Seine-et-Oise) : le château. Page 204.

(Cl. Martin-Sabon.)

Écouen : le château, salle d'honneur. *Page 205.*

(Cl. Martin-Sabon.)

Goussainville (Seine-et-Oise) : retable du XVIe siècle. *Page 205.*

Écouen, à Châtenay et dans la plaine un peu nue et monotone, très fertile, intéressante aussi, que dominent de 50 à 60 mètres ces deux petites éminences (160 mètres d'altitude à Châtenay, 152 à Écouen) du haut desquelles on a, par beau temps, après que la pluie, le vent ont abattu ou chassé la brume, un horizon fort étendu. Comme le manque d'arbres rendrait pénible en été une promenade à travers ces plaines aux vastes cultures de blé, d'avoine, de betteraves ou de plantes fourragères, ou dans leurs minuscules vallons sans eau, ces courses ont lieu au printemps, en automne et en hiver. C'est donc aux saisons les plus favorables à la marche que nous déambulons dans les domaines des anciens barons de Montmorency, des Capétiens et des moines de Saint-Denis.

Tantôt nous sommes 16 seulement — comme le 18 janvier 1906 — à patauger dans des terres détrempées, par des chemins ruraux que les pluies ont transformés en ruisseaux de boue liquide; à lutter contre un vent furieux, un « vent debout » qui nous retarde de trois bons quarts d'heure rien que pour aller de *Goussainville* à *Écouen* par *Bouqueval,* puis contre une vraie tempête accompagnée de pluie diluvienne durant les quatre derniers kilomètres, d'Écouen à la gare de *Villiers-le-Bel.* Cela nous fatigue un peu, mais n'enlève rien à notre bonne humeur. On pique droit au vent en courbant la tête, on nargue la tempête, on rit des corbeaux qu'elle emporte et roule dans ses rafales. Quel vent! quel temps! Plusieurs en furent mouillés; personne n'en fut malade. Le chef avait recommandé de prendre, aussitôt arrivés à la maison, du linge sec et chaud après s'être frictionné vigoureusement la peau avec une mixture moitié eau de Cologne, moitié essence de térébenthine.

Une autre fois, le 16 avril 1902, nous sommes 53 pour Écouen; et le soir en rentrant, je note au rapport de la course ceci :

« L'excursion d'aujourd'hui a été favorisée par un temps admirable, d'une douceur et d'un agrément tout printaniers. Les blés verts et vigoureux, les luzernes en pousse et déjà hautes, les arbres fruitiers en fleurs — pêchers, pommiers — tout autour d'Écouen, de Villiers-le-Bel, le ciel d'un bleu idéalement tendre ont mis une note douce et gaie dans le paysage et dans l'esprit de nos jeunes gens... Tout s'est très bien passé... Il a été fait deux petits speechs par le chef : l'un sur la topographie générale et le caractère exclusivement agricole du pays traversé, de la plaine au limon gras et profond, au sol riche où pas un pouce de terrain ne reste inculte ; — sur les noms de lieux et leur parfaite adaptation au sol, aux conditions économiques, à l'histoire des différentes localités ; — l'autre, sur le château d'Écouen — et sur Jean Bullant dont l'œuvre est réunie, pour ainsi dire, autour d'Écouen et de Chantilly.

On a *fait le pain* à Écouen. Boulangers, marchands d'oranges ou de chocolat ont été dévalisés. Il parut bien à la façon dont les mâchoires et les lazzis allaient que la marche, le beau temps avaient aiguisé les esprits et les dents : fort bon signe pour des touristes... Photographies nombreuses... »

*
* *

Le 24 avril 1904, nous allons de *Louvres* à *Fontenay, Mesnil-Aubry, Écouen, Ézanville.* En suivant de vieilles chaussées bordées de poiriers et de pommiers, nous marchons littéralement sur un tapis fleuri de pâquerettes, de primevères, de violettes, sous une voûte de neige odorante où butinent et bourdonnent les abeilles. Ah ! le gentil vieux chemin creux et tortueux ! ah ! les jolies feuilles vertes et lustrées, les beaux bouquets blancs immaculés des poiriers !

*
* *

Le 17 mars 1901, c'est *Fontenay, Châtenay, Puiseux, Louvres* qui marquent les étapes de la promenade. Et le rapport parla ainsi :

Notre promenade d'hier a été de tous points excellente :

a) Le nombre des touristes s'est élevé à 40 (1) ;

(1) La caravane la plus facile, la plus agréable et la plus fructueuse aussi est celle où le nombre des jeunes touristes se tient entre 15 et 25. On est plus ensemble ; on communique mieux et la caravane a une âme. Les excursions de *classe*, une fois ou deux par mois, dans chaque Lycée, Collège, École donneraient des résultats moraux et intellectuels merveilleux, la classe ne dépassant jamais ces chiffres.

b) Leur tenue a été parfaite de la première à la dernière minute. Je n'ai pas encore conduit de caravane plus calme, ni moins fatigante. Pas un cri discordant ; pas un mot déplacé... Pas une observation à faire !

c) Le temps a été à l'unisson des esprits, — à moins que l'inverse ne soit vrai. Je ne le jugerais cependant pas ; car nous savons à l'occasion braver gaiement le mauvais temps et les frimas... Ciel d'un gris léger, semi-clair ; air d'une douceur presque printanière et d'un calme agréable. Les alouettes bien haut, très haut, chantaient leur long

Tire l'ire,
Leur tire l'ire en l'air.

Et cela fut très remarqué, très discuté aussi, de les voir s'élever en longues spirales ; chanter, chanter là-haut vers le ciel ; puis la montée et le chant finis, tomber d'un seul coup comme frappées soudainement d'une blessure mortelle, ouvrir deux ou trois fois les ailes en approchant de terre, rebondir, virer en filant de côté et se poser gentiment sur le sillon...

La terre fraîchement remuée par les laboureurs sentait bon sur les hauteurs. Elle n'avait plus l'aspect morne ou gris terne de l'hiver. Elle semblait dire au soleil caressant : « Je n'attends que ton sourire pour donner essor à la vie, à la beauté. » Il y avait du printemps dans l'air. Cela, les jeunes gens l'ont senti, mais sans pouvoir le définir que bien vaguement, et ils n'en ont rien dit. Ils sont encore à l'âge où l'on vit sans souci, où l'on a les pensées mobiles, changeantes, la vue courte, et pourtant déjà de longs espoirs ; l'âge où l'on dit : « Oui, oui, c'est beau ; mais je reviendrai voir cela plus tard. » On fait traite sur l'avenir. Quel heureux âge !

Et c'était plaisir de voir nos compagnons déambuler deux à deux, trois à trois ou à la file indienne très gaiement... fourmis courant récolter santé, souvenirs, faisant provision de ces bonnes choses inconsciemment pour l'avenir qui leur appartient un peu.

MM. Rogery, Jenn et moi, n'avons eu qu'à suivre, chacun aussi à notre guise, qui en tête, qui en flanc, qui en queue ; tantôt ensemble, tantôt séparément. Et le soir, nous sommes rentrés, tous les 40, frais et dispos, après avoir fait à pied, en 3 heures environ, 12 à 14 kilomètres, bonne moyenne étape d'après-midi.

Le chemin a été un peu boueux jusqu'à Fontenay ; mais les accotements de la route étaient bons, et nous filions allègrement sans gêne et sans fatigue.

Fontenay, vu du petit tournant en pente qui le précède, rappelle d'une façon saisissante Bayeux ; mais un Bayeux minuscule. Le point de vue a frappé tout le monde par sa gentillesse. On a photographié pendant 10 minutes ; puis l'on est entré au village, l'on a visité l'église classée parmi les monuments historiques. Elle aussi ferait bien petite figure auprès de la superbe cathédrale de Bayeux. M. Rogery avait pris les devants pour nous en faire ouvrir la porte et nous en faire voir les quelques curiosités : pierres tombales, cuve baptismale de grès rougeâtre veinulé très vieille, boiseries, moisissures du temps sur les murs blanchâtres et lépreux par suite de l'humidité. La silhouette extérieure de l'édifice a une certaine légèreté plus accentuée de loin que de près... En nous reconduisant à la porte, le sacristain a cru devoir nous dire, le finaud, un finaud de vingt ans et de village : « Voilà une bien belle visite pour notre église aujourd'hui ! » On lui bailla 20 sous de pourboire pour une si aimable flatterie. Il a dû nous prendre pour des princes ou quelque chose d'approchant. C'était la première fois que, sous sa forme scolaire, le club passait à Fontenay.

Châtenay a un bel et vaste horizon à l'est et au sud vers Paris. Hier, il manquait un peu de lumière pour donner au tableau toute son ampleur et sa beauté.

Louvres est assez pittoresque avec ses rues pavées, étroites, tortueuses, montantes, mais pas du tout malaisées, avec sa tour et les fenêtres point banales de son église. Cela dénote un vieux bourg jadis très prospère, et qui a gardé de son passé une certaine coquetterie historique... Bullant a travaillé là, comme à Belloy, à Mesnil-Aubry, à Goussainville, à l'Isle-Adam, etc., créant partout des merveilles.

(Cl. Martin-Sabon.)

Fontenay-les-Louvre (Seine-et-Oise) : église. *Page 208.*

(Cl. Martin-Sabon.)

Belloy (Seine-et-Oise) : portail ouest, XVIe siècle, le tympan. *Page 208.*

(*Cl. Martin-Sabon.*)

Le Mesnil-Aubry (Seine-et-Oise) : église, chœur. *Page 208.*

(*Cl. Martin-Sabon.*)

Gonesse (Seine-et-Oise) : église, chœur. *Page 213.*

*
* *

Une autre fois, en 1893 ou 1894, en compagnie de M. de Jarnac, notre course fut coupée en deux : une heure et demie à Saint-Denis d'abord, pour visiter la cathédrale, ses tombeaux de la Renaissance, son trésor, etc. ; — deux heures à Villiers-le-Bel et à Écouen ensuite, pour prendre l'air, marcher, se dégourdir l'esprit et les jambes. Çà, c'était de la gourmandise, du luxe : deux courses en un après-midi et avec le même groupe ! Mais quoi ? Si Saint-Denis nous instruisait, il était bon aussi de donner à nos poumons le profit et à notre odorat le plaisir du grand air trop rare à Saint-Denis. Et puis nous débutions dans la carrière.

*
* *

A M. Brouchot, Substitut du Procureur général, en souvenir d'un beau voyage dans le Barrois en 1904.

J'ai dit que le chef parlait à l'occasion — et l'occasion ici, c'est l'ordinaire — de topographie, d'économie, d'art, d'histoire, d'archéologie. Voici quelques spécimens écourtés de ces causeries familières.

1° Du haut d'Écouen ou de Châtenay, belvédères naturels, nous prenons d'abord un tour d'horizon ; puis, regardant à l'est et au sud, nous constatons la vaste étendue plane du pays en ces deux directions. Dans un rayon restreint, des dizaines de villages sont sous nos yeux ; dans le lointain, apparaissent Saint-Denis et la Tour Eiffel. Nous ouvrons la carte d'État-major, ou celle du ministère de l'Intérieur, et nous lisons, en les repérant au fur et à mesure : *Châtenay, Belloy, Épinay,* le *Thillay, Bouqueval,* plusieurs *Plessis,* le *vallon des Druides,* etc. Qu'est-ce à dire que ces noms ? Sinon que ce pays d'admirables cultures était jadis boisé ; que les forêts du Lys, de Chantilly, d'Ermenonville, si fréquentées par nos « scolaires », s'avançaient bien plus au sud vers Paris et ne faisaient qu'un avec la forêt de Montmorency ; qu'elles avaient des essences variées : des *chênes* (vallon des Druides) ; des *bouleaux* ou des arbres et avenues de hautes futaies (Belloy); des *tilleuls* (Thillay) ; des *châtaigniers* (Châtenay) ; ou des *épines*, des *buissons*, des *bosquets* clairsemés (Bouqueval, Épinay) ; des *lieux enclos de haies* (Plessis).

Ainsi, par la simple étymologie des noms de lieux, nous reconstituons l'aspect de la contrée à une époque très reculée. Là existait une forêt.

2° Mais cette forêt a été défrichée ; et nous savons même les noms des défricheurs, ou plutôt des propriétaires aux lointains temps féodaux ou gallo-francs. Lisons notre carte : *Attainville, Ezanville, Goussainville,* Villiers-*Le-Bel,* le Mesnil-*Aubry,* le Mesnil-*Amelot,* le Plessis *Gassot,* Vaud *Herland.* Concluons : *Attain, Ezan, Goussain, Le Bel, Aubry, Gassot, Herland* (ces deux derniers noms semblent déceler une origine franque) ont vécu, chassé, commandé, combattu peut-être en ces lieux. Nous ne savons rien de leurs joies ou de leurs peines, de leurs vertus ou de leurs vices, rien que le nom qu'ils ont donné à jamais au coin de terre qui les a vu naître, vivre, rire, souffrir et mourir.

Non seulement les noms des premiers occupants, ou des principaux, nous sont ainsi révélés, mais encore l'état relatif de leur fortune, l'étendue de leur domaine, l'organisation de ce domaine, l'époque historique à laquelle il remonte. Voyons :

Plessis... Le Plessis (de *plessa*) était un jardin, un clos, un parc, une maison de plaisance entouré de *haies,* donc relativement peu considérable. Il est vrai que la haie était parfois une palissade, mode de *fortification,* ou de protection, *antérieur aux invasions normandes*. De là les redevances en bardeaux, planches, piquets imposées par le seigneur aux serfs et vilains de ses domaines.

Mesnil ou *Ménil* (de *mansionile,* petit *manse*)... Le Ménil était un petit morceau de terre avec une *habitation,* une ferme minuscule.

Le « manse » (en latin *mansus, mansum*) n'est autre chose au ve siècle, *après les invasions germaniques,* que la *terra Salica* (*Sala,* domaine), la terre *patrimoniale,* ou alleu, que le propriétaire fait valoir lui-même et qui se trouve près de sa principale habitation, transmissible de mâle en mâle à l'exclusion des filles... Sous les Carlovingiens, ce mot est synonyme de domaine occupé par le propriétaire et ne pouvant être donné en bénéfice ni en tenure [1]. Le « manse » fut du ve au xe siècle, sous les deux premières races, le principal élément de la propriété territoriale, par conséquent de la puissance et de la richesse. C'était une ferme, ou une habitation rurale, d'une étendue déterminée, invariable.

On distinguait, dans le domaine, le *manse seigneurial* dont le chef devait le service militaire. C'est là que Charlemagne trouva les solides éléments de ses armées ; et c'est l'affaiblissement de cette classe d'hommes qui amena la chute de l'empire carlovingien assurément. Sur la partie du domaine non exploitée directement par le propriétaire, on trouvait les *manses tributaires tenus* par des *colons* (manses ingénuiles), des *lides* (manses lidiles), des *serfs* (manses serviles). Si nous consultons le Polyptique (terrier) d'Irminon, abbé de Saint-Germain au IXe siècle, nous voyons que sur le domaine de la *Celle-Saint-Cloud* qui appartenait au célèbre monastère parisien, et avait près de trois lieues de tour, on comptait — outre le manse seigneurial, fort important avec son prieuré, ses granges, basses-cours, jardins, église et cimetière — 51 manses ingénuiles, 5 demi manses serviles, plusieurs *hôtises* (ou très petits manses), de 10 à 15 hectares chacun en terres arables, vignes, prés, etc.

Ce Polyptique et les Capitulaires de Charlemagne nous disent très en détail les produits de la terre et les redevances des colons et des serfs. Or cette organisation étant générale et caractéristique d'une longue période de notre histoire, il n'est point étonnant de trouver aujourd'hui par toute la France tant de bourgs, villes ou villages rappelant cet important fait social, tant de *Manse, Mas, Mazet, Mazeau, Mée, Meix, Mex, Metz, Mez..., Mesnil, Ménil, Maisnil,* et tous leurs dérivés.

Ville... Des centaines et milliers de noms de villages se termi-

(1) H. COCHERIS, *Origine et formation des noms de lieux.* (Delagrave, édit. Paris).

nent, en France, par ce mot venu de *villa*. Une villa dans la *Gaule romaine*, et *mérovingienne* aussi, désignait une exploitation rurale, un grand domaine comprenant : 1° une demeure riche, luxueuse, entourée de grands jardins : c'était la résidence du maître, la villa proprement dite ; 2° une partie rustique : habitations des esclaves et serviteurs, granges, fruitiers, celliers, remises pour le bétail, moulin, etc. ; 3° de vastes champs autour, et, souvent, des fermes disséminées. De là à devenir peu à peu un centre plus important, un village, puis un bourg, une ville, il n'y avait plus qu'une question de temps et de situation avantageuse. Et, en effet, beaucoup de ces villas ont été l'origine de nos villages ou villes actuels. Il suffit de consulter la carte pour se rendre compte de ce fait historique et connaître les régions où le mouvement a été le plus général ou le plus intense. Dans le midi, villa est devenu *viala*.

Villiers... avec ou sans *s*, se trouve quelquefois au début, mais presque toujours à la fin des noms de lieux sous les formes diverses de *Villiers, Viller, Villers, Weier, Weiller* (Alsace), etc. suivant les provinces. C'est un simple dérivé, un augmentatif de villa. Il désigne donc un domaine beaucoup plus important, souvent un petit village, un hameau ; mais cette forme a eu une bien moindre fortune que la précédente.

3° On pourrait croire que nos lointains aïeux n'accordaient que peu ou point d'attention à la nature du sol, aux productions, au climat, etc. Qu'on en juge par les exemples suivants choisis dans le minuscule coin de terre qui est sous nos yeux ! La nature du sol : *Marly*-la-Ville [marly, marne (1)] ; — le genre de productions : *Chennevières*-les-Louvres ; — l'eau... elle manque ou bien est rare à l'ouest de Châtenay : Villiers-*le-Sec* ; au contraire elle abonde à l'est : *Puiseux, Bellefontaine, Fontenay*, etc.

4° Enfin en remontant plus loin encore dans le passé, on peut croire que *Louvres* et *Belloy* sont des mots d'origine celtique ; car

(1) *Champlâtreux* rappelle probablement aussi la présence du plâtre, abondant dans toute la région parisienne.

(Cl. Bregeault.)

Porte du château des ducs à Bar-le-Duc (1907). *Page 214.*

(Cl. Bregeault.)

A Vaucouleurs : après le déjeuner (14 juin 1905). *Page 216.*

(Cl. Bregeault.)

Vaucouleurs : la Porte de France par où sortit Jeanne d'Arc partant pour Chinon (juin 1905). *Page 215.*

Louvres existait dès le IIIe siècle de notre ère, et *Lovr* en breton signifie lépreux ; d'où Lovrec, Louvres, endroit habité par des lépreux ; ce qui semblerait indiquer des conditions climatériques ou topographiques mauvaises, humides, insalubres. Belloy (en d'autres régions Bellay, Boulay, Ballay, Bailleul, etc.) viendrait du celtique *betula*, bouleau, ou *bali*, allée d'arbres de haute venue ; le bouleau a justement ce caractère ; il est droit, élancé, d'un seul jet ; ce qui dénoncerait à la fois un sol pauvre, un endroit froid et pourtant très ancien. Peut-être les Romains, en défrichant et en occupant la plaine, n'avaient-ils laissé aux vaincus que les cantons les plus malsains ou les moins fertiles ? Tels les Yankees aux États-Unis ; tels tous les peuples conquérants et colonisateurs. Ainsi donc en histoire comme en géologie on peut remonter, par la toponymie, des temps les plus récents aux âges les plus lointains, établir aussi des *strates*, des formations bien nettes et successives : méthode récente et fructueuse.

En regardant *Gonesse* au loin, nous parlons du *pain de Gonesse*, petit pain de luxe vendu à Paris à certaines fêtes ou foires par privilège accordé, dit-on, par Philippe-Auguste qui y naquit en 1165 et que ses ennemis surnommaient quelquefois par dérision « Philippe de Gonesse ». — François Ier, pour répondre ironiquement à l'interminable énumération des titres de Charles-Quint, son rival, s'intitulait modestement « Seigneur de Vanves et de Gonesse ».

Et comme tout se répète sous le soleil, Alexandre III, l'honnête, simple et puissant tsar de toutes les Russies, ripostait naguère à un toast menaçant où un autre potentat avait parlé complaisamment de ses forces et de ses alliés puissants : « La Russie, elle aussi, a un allié fidèle... le Monténégro ! » Eh ! va donc, misérable orgueil ! Va, stupide et risible vanité humaine ! Enfants de la sottise, vous n'en imposez qu'à l'esprit des sots !

Un jour que j'expliquais ainsi la topographie et un peu l'histoire du coin de France vu d'Écouen, un de nos compagnons, montrant la Tour Eiffel au sud, dit : « Et Paris, Monsieur, d'où vient ce nom ? » — On n'avait, répondis-je, donné jusqu'ici que deux explications de ce vocable, l'une absurde, l'autre amusante.

Gralon, le puissant roi de la légende bretonne, avait pour capitale la grande ville d'*Is,* située à l'extrémité de l'Armorique. Un jour Is s'abîma dans les flots de l'Océan, punie pour les crimes de Gralon et de sa fille. Le souvenir de sa grandeur se conserva cependant, et Lutèce, étant devenue plus tard capitale à son tour, ne crut devoir mieux faire, par orgueil sans doute, que de changer son nom en celui de l'antique cité disparue : *Par-Is,* c'est-à-dire égal à Is. Voilà l'absurde. — Voici l'amusant. Rabelais a trouvé cette glose, par un côté, assez juste. « Parisien, dit l'un de ses personnages, vient du grec *parrhesi,* et signifie les gens gais, de bonne humeur, riant toujours. » Naturellement les habitants ont donné leur nom à la ville. Paris vient donc de Parisien : c'est le lieu où l'on est gai, où l'on rit volontiers.

Mais la science ne se paie plus de ces jeux de mots puérils ; et l'on peut, sans trop craindre de se tromper, hasarder aujourd'hui une explication rationnelle du mot Paris. Les Parisiens (*Parisii*) étaient un des 3 ou 400 peuples de la Gaule avant la conquête romaine, petit peuple qui se battit très vaillamment contre Labienus à Grenelle, et contre César à Alésia, où étaient 8 000 de ses guerriers. Or Zeuss dans sa *Grammatica celtica* définit Parisii, les vaillants. Sans contredire à cette définition qui s'applique à tous les Celtes, à tous les Gaulois [*Kelt, Gal,* dans Keltos (Celtes), Galli (Gaulois), formes grecque et latine du même nom de peuple, signifient tous deux, *bravoure, exploit*], on peut affirmer que Paris indique plutôt la nature, l'aspect du sol habité par les Parisii. Les premiers hommes qui se fixèrent là, il y a 25 siècles ou plus, furent frappés assurément des deux traits physiques dominants de la contrée : 1° Toutes les parties basses du Parisis actuel entre Marne, Oise et Seine étaient inondées, marécageuses, fond d'un lac alimenté par trois grandes rivières, et dont le lac d'Enghien n'est qu'un faible reste. Les terres basses entre les hauteurs de Cormeilles et de Montmorency sont encore parfois couvertes d'eau en hiver. Lutetia, *boue,* capitale des Parisii, rappellerait ce premier état de la plaine devenue enfin habitable [1] ; 2° Le mot *bar* (*barrae, barrum,* retranchement, palissade) veut dire aussi hau-

(1) Poete, *l'Enfance de Paris.* (A. Colin, édit. Paris, 1907).

teur, tête, mont, et vient sans doute d'un mot des dialectes aryens *bahr, barg,* élever. d'où dérivent le celtique *briga,* si fréquent dans les noms de villes gauloises ou liguriennes, et l'allemand *berg* dont le sens est identique : hauteur, colline, mont. Or, au-dessus de la plaine boueuse ou noyée, s'élevaient des hauteurs, des monts que l'action érosive des eaux a presque tous isolés les uns des autres. De là la quantité de *monts* de la région parisienne : *Mont-Valérien, Montparnasse, Montrouge, Montmartre* (peut-être Mercure), Buttes-Chaumont, Montorgueil, Montagne Sainte-Geneviève à Paris même ; — Montmorency, Montlignon, Montigny, Montfermeil, Montreuil, etc. dans le Parisis. Ces monts furent assurément les premiers points habités aux temps très lointains où vinrent nos premiers ancêtres, trouvant eau, bois, poissons et sécurité sur place ; et c'est sur l'un d'eux, le plus proche du fleuve, le moins menacé par lui, puis à sa base dans l'île dite de la Cité, au point où le passage était le plus facile aussi, que se fixa le plus ancien et le plus important noyau de population, celui qui devait donner naissance à Paris même. Les Parisiens furent donc d'abord et avant tout *les habitants des hauteurs.*

Deux faits corroborent cette manière de voir. Comment s'appellent les collines si belles qui surgissent au sud et au sud-est de Paris ? le *Hurepoix.* Et que veut dire ce mot, d'origine celtique aussi ? *Hure,* vallée resserrée ; *poix,* hauteur, mont ; c'est le mot puy, puech du Plateau Central. Le Hurepoix, c'est donc le pays des vallées étroites, resserrées entre des monts, des hauteurs brusques. Parcourez les vallées encaissées de l'Yvette, de l'Orge, etc. et de leurs affluents, et dites si ce vocable, trouvé il y a tant de siècles, n'est pas d'une vérité saisissante, et si ce n'est point à ce double caractère qu'est due l'agreste beauté, ou la grâce champêtre, si bien conservée encore, des vallées de Bièvres et de Buc, de Rochefort et de Gif, de Chevreuse et des Vaux-de-Cernay, du Val-Fleuri et du défilé splendide de Sèvres à Versailles par lequel s'est écoulé le lac de Saint-Cyr. Le Hurepoix était donc le pays des monts, mais non isolés ; des vallées, mais étroites parce que les eaux ruisselantes y étaient trop peu abondantes pour les élargir. Paris, qui avait un fleuve et de grandes rivières, eut des ducs et des rois ; le Hurepoix, qui n'avait que des ruisselets et des défilés, n'eut que des comtes et des sires. Voilà à quoi tient la fortune et la grandeur des peuples !

Comment encore s'appelle l'arc immense des collines et hauteurs (250 à 600^{m}) fermant à l'est le bassin de la Seine et allant d'Alésia à Sedan, voire à Compiègne ? — le *Barrois*, le pays de Bar ! Comptons les noms inscrits sous ce vocable dans ce long et assez large rebord : *Arc-en-Barrois*, pays de la famille paternelle de Jeanne d'Arc ; *Bar*-sur-Seine ; *Bar*-sur-Aube ; *Bar*-le-Duc qui occupe le centre de l'arc et domine — la vieille ville s'entend — le plus important défilé de cette chaîne de hauteurs ; *Bar* et *Barricourt* près de Buzancy ; *Pont-Bar*, *Pont-à-Bar* près de Sedan, ces quatre derniers situés sur la *Bar*, rivière coupée en deux par l'effet de la loi dite de la rivalité des cours d'eau, et dont la partie supérieure, aujourd'hui distincte, l'Aire, prend sa source au nord de Bar-le-Duc ; *Barezis* (*Barisiacum*, en 662) dans l'Aisne. Voilà bien le *pays des hauteurs*, semblables souvent d'aspect à celles du Parisis, boisées aussi et baignées à leur base par des étangs innombrables. Et comment se nomment les habitants de la Bar ? les *Barrossais*. — Et ceux de Bar-le-Duc ? les *Barissiens*. Le P et le B sont deux lettres équivalentes [1]. Concluez. Ainsi aux deux extrémités de la grande rivière de la Marne (la *Matrona*, la mère, sans doute parce qu'elle fut la route suivie par les Celtes venant de l'est et le centre principal de leur établissement), on trouve des hauteurs identiques, des noms semblables pour le pays et pour les habitants : *bar*, *par* ; — *Barrois*, *Barroset*, *Parisis* ; — *Barissiens*, *Parisiens*. Par les eaux, les bois, les hauteurs, pays de même aspect, de mêmes noms, de même âme vaillante ! Camulogène, le vieux chef héroïque qui donna sa vie dans la plaine de Vaugirard et Grenelle pour « bouter dehors » César et ses lé-

(1) La même atténuation ou substitution du P en B s'est produite aussi en Angleterre. Les Gaulois du Pays de Galles et du Cumberland si montagneux appelaient leur patrie *Prydain*, d'où est venu *Britania*. Bretons veut donc dire aussi hommes des hauteurs. A l'autre extrémité du monde celtique, on trouve les *Segobriges* qui, en 600 av. J.-C., accueillirent Euxène et ses compagnons et se mêlèrent à eux. Or leur nom a exactement le même sens ; *sego*, *segus* : force, victoire ; *brig*, forteresse. Ils étaient donc les forts de la montagne, ou les *habitants des collines fortifiées* (A. Lefèvre, *Les Gaulois*, p. 178). On se doutait depuis longtemps qu'il y avait certaines affinités entre les Marseillais et les Parisiens ; et l'on comprend mieux ainsi pourquoi les premiers sont fondés à dire que « Paris n'est qu'un petit Marseille ».

(Cl. Bregeault.)

Maison de Jeanne d'Arc à Domrémy (14 juin 1905). *Page 217.*

gions, est l'ancêtre historique de Jeanne d'Arc qui donna aussi la sienne, 1 400 ans plus tard, pour chasser l'étranger ; et qui, plus heureuse et plus grande, y réussit. L'enfant sublime et le vieillard glorieux étaient tous deux des Parisiens, des gens des hauteurs, des vaillants.

Ainsi s'accompagnent souvent de petits exercices amusants, instructifs nos excursions en plein air. Ces apparentes superfluités émoustillent la curiosité de nos compagnons, éveillent leur attention, provoquent la discussion... Ce qui est tout *justement* ce que nous voulions.

CARAVANES SCOLAIRES DE JEUNES FILLES

Il faut *réjouir* l'éducation des jeunes filles...
Mme DE MAINTENON.

VII

CARAVANES SCOLAIRES DE JEUNES FILLES

A toutes les mamans.

A Mesdames Berge, Bregeault, Desouche, Etlin, Faber, Fabry, Marjollin, Richard, Rogery, à Mlles Pluche, nos dévouées collaboratrices.

Laissez le joyeux écolier
Fouler gaîment sous le hallier
L'herbe en fleur à ses pieds offerte :
Le bonheur semble universel,
Et toute la beauté du Ciel
Eblouit sa paupière ouverte.

(Jean Mazeau). *Les mouches d'or.*

Des caravanes scolaires de jeunes filles ? — Oui. — En voilà une idée ! — Excellente. — Mais cela ne se voit sans doute nulle part ailleurs qu'en France ? — On en rencontre partout aujourd'hui. Suivez-moi un instant, je vous prie.

Nous voici à Stockholm (1893) dans le *Djurgarten,* presque aussi grand que notre Bois de Boulogne. Allons par les avenues, chemins ou sentiers ombragés de résineux, de bouleaux et de chênes plusieurs fois séculaires. Suivons les bords des larges bras du Mælar qui enserrent et le Jardin, et toutes les îles sur lesquelles la ville est bâtie. Il sera bien étonnant si nous ne rencontrons pas à un coude de la route, ou au fond d'une crique, ou au pied de rochers se mirant dans l'eau limpide, une blanche théorie de grandes et belles jeunes filles en promenade, cueillant des fleurs pour en faire des guirlandes ou des bouquets, ou chantant quelques vieux chants scandinaves aux notes lentes, profondes, impressionnantes. Pas plus que moi vous n'oublierez jamais la rencontre.

Nous voilà (1907), en août et septembre, à Saint-Sébastien. La haute société madrilène et espagnole est là presque tout entière, parce que la Cour est là, parce que l'on rôtit sur le plateau des Castilles, parce que la Navarre est splendide et l'Océan tout proche.

Prenez vers deux ou trois heures le funiculaire électrique qui va au sommet du mont *Ulia,* à 3 ou 4 kilomètres au nord de la ville. La montagne est aménagée en parc accidenté et fort agreste. Au coucher du soleil, quand l'inoubliable lumière d'Espagne prend ses teintes oranges et roses, la vue est magnifique, grandiose, sur l'Océan et sur les monts. Vous admirez presque en extase. Et voilà tout à coup votre attention distraite par 25 ou 30 gentilles *manolas* vives, rieuses, toutes blanches. Elles viennent de courir tous les sentiers, de gravir tous les belvédères, de regarder l'Océan bleu qui étonne et fait rêver, de respirer longtemps un air parfumé, salubre et frais, et elles vont, joyeuses, goûter et rire encore au restaurant installé au bord du plateau avant de redescendre en la grande ville toute neuve où elles trouveront peut-être plus de distractions mondaines, mais, pour sûr, moins de gaîté franche et de santé que sur l'Ulia. C'est une caravane qui passe suivie de quelques grand' mamans et de rares grands-papas.

En Allemagne, aux portes des villes grandes et petites, à 2 ou 3 kilomètres, vous trouvez presque toujours de vastes jardins très verdoyants, fleuris, coquets avec *restauration,* jeux, musique souvent, où, *chaque après-midi en été,* se rendent des groupes nombreux de jeunes filles aux toilettes simples, claires, blanches, crèmes. Elles causent, jouent, marchent, chantent, brodent parfois et reviennent le soir à pied ou en tram réconfortées, gaies, embellies par l'air vif de la campagne et les jeux de l'*aue,* c'est-à-dire du pré autour duquel on ne voit jamais rôder aucune figure suspecte. Elles ont pris en toute liberté, en toute sécurité leurs ébats. L'*aue*... mais c'était jadis chez nous le *mail,* le *pré* avec ses bosquets, ses arbres, ses fleurs et tous ses agréments. Il faudrait pour nos filles et nos femmes le faire revivre au plus tôt en chaque ville et bourg. Il n'y a qu'en France que l'on se préoccupe si peu de créer pour elles le jardin aéré, tranquille, agréable où elles pourraient se récréer et se reposer. Il est tel pays où l'on pendrait haut et court, séance tenante, le déclassé, l'efféminé, le fainéant ou le rôdeur dangereux qui viendrait troubler par ses gestes, ses propos ou sa seule présence des ébats si nécessaires à la mère et à ses petits, si bienfaisants dans le calme absolu de la campagne et la pleine quiétude de l'esprit.

(Cl. Cayla.)

Une caravane débarquant à Sèvres. Visite du Musée (1907). Cours Morland. *Page 221.*

(Cl. Cayla.)

Réunion générale. Bougival (18 juin 1908). C'est une caravane qui passe... *Page 222.*

(Cl. Leroy.)

Aux Vaux-de-Cernay : entrée du château (8 octobre 1908). *Page 226.*

(Cl. Leroy.)

A Val-Fleury : groupe familial chez Mme Franck-Puaux. *Page 227.*

*
* *

A mes chers Collègues MM. de Billy, Bregeault, Bouty, Cayla, Donau, Faber, Hugues, Laugier, Pellat, Sauvage, Seguin, Tignol.

Dans son programme presque idéal d'éducation, Rabelais n'a pas écrit un mot pour la jeune fille. Or l'on peut bien dire que Montaigne, ni Fénelon, ni Mme de Maintenon, ni Rousseau n'ont rien trouvé de bien original pour combler cette lacune au premier abord singulière. Tout petit enfant, Rabelais avait perdu sa mère et il ne connut jamais les inoubliables et douces caresses maternelles. Moine intermittent et vagabond, médecin et savant illustre, il ne vit, dans la vie de l'espèce, que la force et la science, apanages de l'homme. Il ne vit en la femme que ce que la dure société féodale et chrétienne du moyen âge y voyait : une ouvrière laborieuse aux champs plus encore qu'à la maison, une croyante exacte, un être docile, inférieur, presque une serve. Ce fut seulement à partir de la Renaissance que son rôle social grandit à la Cour d'abord, au salon et au théâtre ensuite, dans toutes les manifestations de notre vie contemporaine enfin, où sa place est de plus en plus considérable. Elle est devenue l'égale de l'homme presque en tout. Et voilà que depuis un demi-siècle son instruction, son éducation préoccupent autant les esprits que celles de l'homme, sans doute parce que depuis le xvie siècle, depuis cent ans surtout, sous l'influence du progrès scientifique, des voyages devenus faciles et fréquents, de la colonisation de mondes nouveaux et lointains, d'un bien-être grandissant et plus général, prévaut une nouvelle conception de la vie et du rôle de la femme dans tous les pays civilisés.

C'est un fait historique constant — une loi — que dans la marche en avant de l'humanité la préséance appartient à l'homme représentant la force, sans doute parce qu'il faut travailler, combattre et vaincre sans cesse pour ouvrir le chemin, pour écarter les obstacles de la route où marche ladite humanité. Les légendes, les religions, l'histoire établissent cette loi sans conteste. Par contre, quand il s'agit de bonté, de grâce ou de pitié, souvent de finesse, l'inverse se produit et la femme passe au premier plan. Le soldat, le marchand, le missionnaire, le colon, l'aventurier vont au loin dompter l'homme et le sol avant d'appeler la femme et de fonder une famille ; mais leur domination n'est assise, leur victoire certaine que si la femme les a suivis. D'après cette loi, il n'est donc pas étonnant que nos C. S. de jeunes filles soient nées 14 ans après les C. S. de garçons.

Ceux-ci, nouveaux Christophe Colombs, avaient gravi les monts, parcouru les sentiers, les vallons, les champs et les bois, visité les sites et les monuments de la région dont Paris est le centre radieux ; ils l'avaient réellement découverte cette banlieue incomparable,. et ils en parlaient dans leurs familles, à leurs mères, à leurs sœurs éveillant ainsi leur curiosité. Et peu à peu flotta dans l'air ambiant l'idée que les sœurs pourraient bien, elles aussi, comme leurs frères, aller au grand air chercher la santé, l'agrément et le savoir.

Il ne fallait qu'un incident, une bonne volonté agissante pour que l'idée prît corps et se réalisât. Dès 1883, Durier, dans sa conférence en Sorbonne sur les C. S., avait prévu cette éventualité qui devint réalité vingt-trois ans plus tard. Il faut du temps à une idée même simple pour germer et mûrir. Un quart de siècle ici. Avis aux impatients !

En mai 1906, M. Tignol, alpiniste intrépide, et voyageur aux terres d'Afrique et d'Asie, fit à la Direction Centrale cette communication dont, paraît-il, une maman l'avait chargé : « Vous conduisez nos fils en promenade tous les jeudis, dimanches, vacances petites et grandes, et pendant ce temps, nos filles, leurs sœurs, restent à la maison à s'ennuyer souvent. Le C. A. F. ne pourrait-il donc rien faire pour elles ? »

L'idée était hardie sinon nouvelle. La Direction Centrale pensa qu'elle n'était point irréalisable peut-être. On l'examina, on la discuta attentivement, bienveillamment aussi... « Nos jeunes filles ont autant de droit au grand air et à la santé que leurs frères ; elles en ont autant besoin », dit M. Pellat, professeur à la Sorbonne, si dévoué à notre œuvre scolaire et familiale. L'argument parut décisif et le principe de l'organisation fut voté à une grande majorité. Mais autre chose est de voter un principe, autre chose

Une halte en forêt : groupe familial (21 juin 1908). (*Cl. Cayla.*)

(*Cl. Bregeault.*)

Chez un membre du Club, à Savigny-sur-Orge (juin 1908). *Page 226.*

(Cl. Leroy.)
A Verrières (1907). Lycée Victor-Hugo. *Page 226.*

(Cl. Leroy.)
Promenade botanique à Gif (1908). M. Pellat, lycée Victor-Hugo. *Page 227.*

est de le réaliser pratiquement. Le monde est tout plein de principes généreux et... irréalisables :

Le moindre grain de mil ferait mieux son affaire.

Une Commission fut chargée de trouver le grain de mil. Composée de médecins, de magistrats, d'officiers, de professeurs, etc., elle s'adjoignit des directrices de Lycée et de Cours, des dames, des mamans dévouées, intelligentes, toutes gens ayant, en somme, qualité pour veiller à la sécurité, à la santé, au confortable des jeunes filles, pour leur procurer sans fatigue le *bon marché*, les plaisirs et les profits des voyages. J'eus l'honneur insigne d'être élu président de la Commission.

Moins d'un mois après le vote mentionné plus haut, *en juin 1906*, une première caravane de 36 jeunes filles, élèves du *Lycée Victor-Hugo*, était en route pour Chantilly sous la conduite de Mlle Kuss, directrice du Lycée, de Mlle Leblanc, de MM. Hugues et Leroy, secrétaire et président de la Commission (1). Ce fut un succès complet, magnifique. Deux autres Lycées, *Molière* et *Lamartine*, la *Maison d'éducation de Saint-Denis*, les cours *Maintenon, Morland,* etc., adhérèrent dès le début à l'œuvre si nouvelle des C. S. de jeunes filles.

Il n'est que le succès pour vous aider ; on vient tout de suite à la rescousse du vainqueur. Pour un peu, nous allions être débordés. Mais le succès stimule les esprits, échauffe les courages, fond les timidités, appelle les bonnes volontés ; il leur donne des ailes, et tue le ridicule que trop souvent en France on essaie de jeter sur les œuvres naissantes. Après deux mois d'existence toutes les difficultés du début étaient surmontées, sans doute parce que, fondées sur l'expérience, les règles sur lesquelles nous avions basé notre action étaient bonnes. Les voici d'ailleurs :

1° Nos caravanes ont lieu à la *belle saison*, d'avril à juillet, et en octobre, c'est-à-dire au moment où tout est en fleurs, où les moissons debout dorent les plaines, où les forêts resplendissent des teintes chaudes et superbes de l'automne ; quand la lumière tendre et fine

(1) Le Président du Club alpin, M. E. Caron, vint assister au départ de la caravane et souhaiter bon voyage aux touristes, et prospérité à l'œuvre naissante.

d'avril donne un air jeune, souriant à toute chose, quand juin éblouissant montre la vie puissante et belle partout épanouie, quand les jours accourcis et la voix profonde de l'automne portent à la mélancolie, à la réflexion ; en réalité quand tout rit, chante ou se recueille dans la nature. — En hiver, nous avons d'autres distractions, mais plus rares : visite de la Sorbonne, avec MM. Bouty et Pellat, des Musées, etc., ou encore conférences. Bons moyens de propagande pendant la saison morte.

2° Nos jeunes filles voyagent par Lycées, Écoles, Cours distincts sous la direction des directrices, des dames professeurs et surveillantes de bonne volonté. Nous n'intervenons, nous, que pour trois choses :

a) préparer le voyage, en assurer la réussite, c'est-à-dire écrire aux Compagnies, hôteliers, musées, etc., afin d'en obtenir des COMPARTIMENTS RÉSERVÉS et toutes les commodités matérielles possibles, et pour éviter aux dames et jeunes filles les ennuis de cette cuisine préparatoire si importante. Un voyage bien préparé est près d'à moitié réussi ;

b) accompagner la caravane pour lui éviter tout mécompte en cours de route, lui servir de porte-respect, chose parfois nécessaire, hélas ! éloigner d'elle tous désagréments. En voyage, il faut tout prévoir, même l'impossible ;

c) enfin donner toutes les explications utiles ou intéressantes, *apprendre à voir,* art difficile ; le tout afin de rendre le voyage fructueux et agréable.

3° Enfin nos promenades ont lieu dans les endroits les plus ombreux, les plus poétiques ou les plus célèbres des environs de Paris. L'attrait va ainsi de pair avec l'utile ; la poésie voisine avec la prose.

Il y a donc dans nos excursions du jeudi sécurité absolue pour les parents, économie, profit, plaisir et santé pour nos jeunes filles. Aussi les résultats ont été immédiats.

Si, en *seize ans,* il y a eu plus de 1 000 caravanes de jeunes gens, avec beaucoup plus de 30 000 scolaires tant à Paris qu'en province — ce qui compte —, nos C. S. J. F., bien plus récentes, ont réussi plus vite encore et non moins bien.

En *trois saisons,* 1906, 1907, 1908, plus de 50 caravanes avec près de 2 000 jeunes filles (3 000, si l'on y ajoute les réunions d'hiver à Paris), accompagnées de leurs directrices, professeurs, *parents,* sous la direction de *dames,* d'hommes éminents aussi expérimentés que dévoués, ont visité Chantilly, Pierrefonds, Compiègne, Fontainebleau, Chartres, Sèvres, Saint-Cloud, Marly et sa forêt, Saint-Germain et son musée, Verrières, Chevreuse, les Vaux-de-Cernay, Port-Royal, Val Fleury, Bougival, Juvisy, Savigny-sur-Orge, la Malmaison, la Vallée aux Loups, Écouen, Montmorency, Mortefontaine, Reims, etc. Parcs et collections privées se sont ouverts gracieusement devant elles, et partout nos jeunes filles ont pu, sans fatigue, voir les choses ou entendre les explications les plus instructives. Parfois elles ont fait de la botanique, parfois de la géologie élémentaire et pratique (c'était demandé), et avec quel plaisir, quelle attention ! C'était si vivant sous la simple, claire et savante parole de MM. Bouty, Pellat et Lecat ! — Elles ont vu fonctionner les puissants et délicats appareils des observatoires de Meudon et de Juvisy. Partout bien reçues, elles sont choyées aussi à l'occasion par des dames amies qui les accueillent à l'heure impatiemment attendue du goûter ; car marcher, respirer librement au grand air pur des champs donne un fameux appétit, et quatre heures sonnent alors aussi exactement aux estomacs jeunes qu'aux horloges des pâtissiers ou des boulangers des endroits visités.

Les Compagnies de chemins de fer ont rivalisé de bon vouloir avec le Club alpin. Nos excursions ont donc lieu dans les conditions morales et matérielles les plus parfaites.

*
* *

A toutes nos adhérentes de Paris.

L'une de ces excursions, le 18 juin 1908, eut même un caractère tout à fait original (1). D'abord, elle fut notre première *réunion générale* de jeunes filles ; des adhérentes de tous les groupes y prirent part. Ensuite, ce fut une « *Croisière en Seine* » de 12 heures (8 heures du matin à 7 heures 1/2 du soir) de Paris à Bougival, sur un bateau frété tout exprès, aménagé, orné, pourvu comme pour un long voyage, avec déjeuner à Marly sous des tonnelles de roses et de glycines, avec visite des ruines des anciens pavillons royaux,

(1) M. Berge, nommé Président du Club, inaugurant ce jour-là même son principat, vint nous saluer au quai des Tuileries. Des deux Vice-Présidents, l'un, M. Sauvage, navigua avec nous jusqu'au Point du Jour ; l'autre, M. P. Joanne, enchanta nos excursionnistes par ses monologues et sa bonne humeur. M. Chevillard, Secrétaire général du Club, M. de Billy, M. Richard, etc. comptaient parmi nos hôtes de marque.

causerie, promenade en forêt, retour au bateau par les coteaux « enchantés » disait déjà au XVIIe siècle Saint-Simon, de Louveciennes, lunch très gai à bord, musique, chants, chœurs, danses, jeux et... rires heureux. Douze heures de joie exquise à l'âge béni où l'on n'a point de soucis! quelle belle, quelle inoubliable journée!

Avoir cent cinquante personnes à bord (120 jeunes filles, 30 dames, parents ou chefs), et pas le plus petit à-coup; voir ainsi doucement la Seine si lente et si belle en ses larges détours, si active en son batelage prodigieux et grandissant(1), encadrée vers Saint-Denis d'usines géantes qui disent le dur labeur et le génie de l'homme, bordée de terrasses et de villas poétiques à Chatou, à Croissy, etc. ou de campagnes fécondes, dominée par les hardies et splendides collines de Meudon, de Saint-Cloud, de Bougival, etc. ; — laisser pour un jour chaque semaine les livres, les écritoires, les cours étroites, les petits soucis d'écolières en ville; — s'ébattre gaiement emmi les fleurs, les prés et les bosquets avec de charmantes compagnes d'éducation, de toilette et de goûts simples, naturels ; — rapporter de la santé, des souvenirs tout parfumés des bonnes senteurs des forêts, des vergers, des foins coupés, n'est-ce point là une fête, un voyage de rêve d'où toutes reviennent émerveillées?

Ces voyages qui ajoutent chaque année quinze à vingt jours de vie fortifiante aux grandes vacances de famille, un, deux, trois groupes les font chaque semaine ; et nous les continuerons jusqu'à ce qu'il y ait à Paris un jardin près de chaque maison, un parc autour de chaque école, une ceinture de fleurs et de verdure à la place des tristes remparts qui étouffent la cité; jusqu'à ce qu'il y ait des *écoles de plein air* installées dans les forêts, sur les collines si riantes du Parisis et du Hurepoix, où des *trains* et des *bateaux scolaires* conduiront nos enfants jeudis, dimanches et tous leurs autres jours de liberté. Ce sera la santé pour tous, le maintien ou le relèvement de l'énergie de la race, l'essor joyeux de la cité et de la patrie.

(1) 11 704 000 tonnes en 1906, 13 millions en 1907 ont chiffré le mouvement colossal du port de Paris, devenu le premier de France, et demain, si nous le voulons, l'un des premiers du monde. L'approfondissement de la Seine, la régularisation de son embouchure ont produit ce résultat et cet autre : la résurrection de Rouen qui, en 1907, a dépassé Le Havre avec 3 700 000 t. contre 3 500 000.

En forêt, le groupe familial (mai 1908). *Page 226.* (*Cl. Bregeault.*)

La croisière en Seine (18 juin 1908). *Page 228.* (*Cl. Parbaud.*)

(Cl. Bregeault.)

Devant l'observatoire Flammarion, à Juvisy (18 octobre 1906).
Cours Maintenon, Morland, Faber. *Page 227.*

Le groupe familial à Sèvres : sa première excursion. *Page 229.*

La province n'a pas tardé à imiter Paris. La très active *section du Canigou* (C. A. F.) a conduit, en 1907, en montagne dans le Roussillon, si lumineux et si pittoresque, *sept* caravanes très vivantes, très réussies de jeunes filles du cours secondaire ou de l'École normale de Perpignan. Voilà comment on prépare l'avenir. Devenues directrices d'écoles, ces jeunes normaliennes se souviendront des heures adorables et des charmes de la promenade scolaire, et elles conduiront leurs élèves voir la mer, la montagne, les champs, les bois, les sources, et goûter tout ce que la nature a de poétique, de tendre, pour des âmes d'enfants et d'adolescentes.

Dans la Haute-Savoie, une directrice, en 1908, a sollicité notre aide et nos conseils. Le mouvement gagne ; il grandira (1).

Mais il y a plus. On nous a écrit de province et de Paris. Des parents demandaient à joindre leurs jeunes filles aux caravanes organisées par les Lycées, Collèges et Cours. Chose impossible bien entendu. Pour résoudre cette difficile question, un *groupe familial* fut fondé à Paris en 1907, groupe vivant, nombreux qui, chaque jeudi, en 1908, a fait une excursion à laquelle les parents sont admis à titre individuel. Ceux-ci deviennent bientôt les propagandistes de nos caravanes. Voilà comment la bonne volonté, — j'allais dire le dévouement à la chose publique, — rend ingénieux et met des flammes au cœur.

* * *

A nos vaillants collègues de la Section du Canigou. — A M. G. Auriol, banquier, promoteur des C. S. J. F. dans le Roussillon.

Voyons un peu l'allure de nos caravanes et de nos chères touristes. Laissons à nos vaillants amis de Perpignan l'honneur de parler les premiers.

(1) « La Section de l'Isère a même réussi jadis à organiser une caravane de jeunes filles qui, conduites par la directrice de l'École primaire supérieure de Grenoble, Mlle Garnier, ont parcouru en sept jours les sites les plus intéressants de la Suisse et de la Haute-Savoie. » J. Nérot, *Annuaire de 1888*. C. A. F.

Une visite à Montbolo.

18 mars 1907.

... La toile se lève. Comme fond de décor, une magnifique chaîne de montagnes mêlant ses cimes neigeuses aux nuages et confondant leurs blancheurs. En avant, des collines couleur d'ombre, où le vert foncé des arbres s'éclaire pourtant des verts tendres des prairies et de l'ocre jaune des terrains ; en bas, une petite ville aux maisons claires, pimpantes, dominées par un fort, bordées par un torrent écumant dans les rochers.

Sur une pelouse, devant un castel tout rose, à la tour carrée rappelant celle de Saint-Jacques à Perpignan, des couples de jeunes gens et de jeunes filles, en pur costume catalan, dansant la *Cascaballada,* l'*Entrallissada* et autres pas roussillonnais. Les couleurs vives de leurs vêtements, la *barratina* rouge jettent une note éclatante dans le paysage.

Un peuple nombreux de villageois se presse sur les talus environnants, battant des mains aux exploits des danseurs. — Mais c'est un décor d'opéra-comique, direz-vous ? Eh non ! c'est tout simplement la scène qui se déroulait, dimanche dernier, dans un magnifique cadre alpestre, ou plutôt pyrénéen, chez les aimables châtelains de Montbolo. Et pourquoi cette fête offerte aux populations voisines ? C'est qu'en leur inépuisable bonté, M. et Mme Canal avaient voulu fêter le passage de la première caravane scolaire de jeunes filles organisée par la Section du Canigou du C. A. F.

Depuis longtemps, en effet, la Section désirait ne pas réserver pour les seuls jeunes gens le bénéfice de ces belles courses en montagne, de ces bonnes journées en plein air, dont les heureux effets ne sont plus aujourd'hui contestés.

Pourquoi les jeunes filles seraient-elles tenues à l'écart ? Suivant les inspirations et les exemples tout récents de la Direction Centrale de Paris, la Section fit à Perpignan des ouvertures discrètes ; elles furent favorablement accueillies par les autorités universitaires, par les familles ; et les hommes dévoués que l'on trouve toujours sur la brèche au Club alpin eurent vite fait de mettre sur pied une première excursion composée de la presque totalité des élèves de l'École normale d'institutrices. Leur éminente directrice, Mme Martin, veillait elle-même, avec les dames professeurs de l'École, sur la petite troupe où ne cessèrent de régner l'entrain, la gaîté de bon aloi, signe du *mens sana in corpore sano.*

Mais disons quelques mots de l'excursion, dont voici l'horaire et l'itinéraire :

Départ de Perpignan à 6 h. 50 du matin. On est 40, mais tout le long du parcours, d'anciennes élèves de l'École, aujourd'hui institutrices, rallient la caravane, et l'on est plus de 50 en arrivant à Arles-sur-Tech. — Mme la Directrice de l'École communale fait les honneurs de la ville, et, sous sa conduite, on visite la belle église Sainte-Marie, on admire le retable des saints Abdon et Sennen, les vieux reliquaires du XVe siècle, le sarcophage miraculeux, le cloître, ce bijou d'art gothique.

Puis on se remet en route, et, par le rude chemin de *Can Kirc,* on s'élève vers Montbolo. La longue file serpente par les lacets sinueux et courts qui accusent l'aspérité du terrain ; l'allure est sagement réglée, et des haltes courtes mais fréquentes permettent de reprendre haleine et d'admirer en même temps le panorama de la vallée du Tech qui se déploie progressivement, le cirque des montagnes qui, du roc de France au Castabona, par le Belmaix, le Mont Nègre, la Tour de Cabrens et la Serre de la Bague de Bourdeillal, enserre le Vallespir.

Vers midi, on arrive à une ferme et Montbolo est en vue ; mais la marche et l'air des hauteurs ont aiguisé l'appétit, et on fait halte une heure pour déjeuner. Les forces réparées, on reprend la marche vers le village par un sentier facile et descendant.

Arrivée à Montbolo, la caravane rencontre M. Canal, qui, suivi de nombreux invités, offre d'aller visiter son domaine et s'y rafraîchir. Par des tirés de chasse rivaux de ceux de Marly et de Fontainebleau, on arrive au Castel où les excursionnistes trouvent la splendide et généreuse réception dont nous avons parlé.

Joignant l'utile à l'agréable, une visite méthodique et détaillée du domaine et de la ferme révèle aux élèves tous les secrets d'une exploitation agricole bien entendue : plantation d'arbres fruitiers, truffières naturelles et artificielles, irrigations, élevage de toutes espèces, etc., y compris l'art d'envoyer chez le voisin la grêle imminente en faisant exploser dans le nuage menaçant une fusée paragrêle. M. Canal eut l'amabilité de souligner ses explications d'une expérience et d'envoyer à des hauteurs vertigineuses une de ces puissantes et sonores fusées... L'instructive visite se termine par une petite conférence dans l'usine électrique « bijou » que M. Canal a installée et alimentée à grand'peine par une chute d'eau suffisante toutefois pour éclairer le château et ses dépendances.

Après les danses, un buffet somptueusement servi donna aux excursionnistes les forces nécessaires pour achever leur itinéraire. On quitta à regret le site enchanteur où venaient de couler si rapides des heures exquises, ne trouvant pas de mots suffisamment expressifs pour remercier la marraine et le parrain qui avaient voulu si généreusement présider au baptême des caravanes scolaires de jeunes filles, et qui semblaient si heureux de faire tant d'heureux.

La descente sur Amélie fut un enchantement. Le jour s'éteignait vers les tours de Cabrens et la tour de Cos dans une symphonie de nuances claires et tendres, ravivant, dans son adieu, les splendeurs de la montagne et de la lumière, et se mettant en fête pour terminer cette belle journée qui ne restera pas, sans doute, sans lendemain (C. S. *Indépendant des Pyrénées-Orientales)*.

La Section du Canigou a poursuivi, en effet, son œuvre avec grand succès. Elle a même eu la chance de voir quelques-unes des jeunes touristes faire des comptes rendus agréables de leurs excursions. Voici quelques extraits de ces comptes rendus.

Força-Réal.

21 avril 1907.

Les cours secondaires de jeunes filles de Perpignan inaugurent aujourd'hui les *Caravanes Scolaires* organisées par la Section du Canigou du C. A. F.

(Cl. Puech.)

Une visite à Montbolo : l'Entrallissada (mars 1907). *Page 230.*

(Cl. de la Section du Canigou.)

Banyuls-sur-Mer : une caravane scolaire devant le sanatorium. *Page 233*

(Cl. de la Section du Canigou.)

Sur les flancs du Canigou : excursion à la tour de Madaloch (655m). Page 233.

(Cl. de la Section du Canigou.)

Dans la vallée d'Agly : un tunnel. Cours secondaires de jeunes filles (9 juin 1907). Page 235.

A 8 heures du matin, nous voici toutes sur le quai de la gare, portant fièrement, épinglée à nos corsages, la broche insigne du C. A. F. L'excursion est dirigée par MM. G. Auriol, P. Auriol et Corrieu, guides aimables et obligeants dont le zèle est infatigable. Nos professeurs, MM. Pichon et Mengel, viennent donner à la promenade un caractère scientifique.

En route!... le train s'ébranle. Il fait clair, il fait beau; on se sent léger; le long des talus, des coquelicots et des boutons d'or à foison; l'aubépine fleurit les haies; avril chante... Le train file: vignes et prairies se succèdent; des villages apparaissent au milieu des arbres: les Albères se dessinent plus nettement.

Un arrêt: voici Millas!... On descend... Ici chacun s'équipe — sac au dos, voile au chapeau — et en marche pour Força-Réal, sur la route unie, bordée d'oliviers! — « Les gentilles touristes! » dit un passant... La troupe s'engage dans un sentier, et l'ascension commence. Comme il fait bon respirer à pleins poumons cet air des montagnes tout chargé de parfums! A chaque pas des touffes odorantes de thym, de romarin; les chênes-verts au sombre feuillage se groupent sur la pente et les genévriers forment des massifs épineux. A travers les oliviers, on distingue une ferme blanche: le mas de la Garrigue. Non loin du mas, la Fontaine ferrugineuse. La bonne halte, ici, tout près de la source, sous des cerisiers qui montrent leurs premières feuilles!... Le signal du départ est donné. Força-Réal est tout là-haut, au sommet de la montagne aride. La pente devient plus raide. Les pieds glissent sur les pierres luisantes. « C'est du schiste, Mesdemoiselles... » Et voici MM. Mengel et Pichon qui donnent d'intéressants détails sur la géologie du pays, font connaître la flore de ce terrain. Ces fleurs de la montagne nous deviennent bientôt familières, et nous pouvons, au passage, dire à chacune son nom.

A midi nous arrivons à Força-Réal. C'est là un véritable enchantement! La plaine du Roussillon s'étend fertile et ensoleillée, avec de jolis villages au milieu des champs. Le Canigou dresse ses fiers sommets neigeux tout étincelants, et les jeunes Catalanes fredonnent, presque recueillies, le vieil air national:

Montanyas regaladas
Son las del Canigó
Que tot l'estiu floreixen
Primavera y tardó.

Mais les groupes se forment; on a grand'faim. Vite à table! Comme on est bien dans le creux des roches schisteuses! Et quel appétit!... Après le déjeuner, c'est la visite à la chapelle, petite, sombre, avec, sur les murs, ses ex-voto naïfs. Nous sommes curieuses de connaître les *goigs* de Notre-Dame de Força-Réal. Quelques voix s'élèvent: c'est un chant triste, une mélodie très douce et très lente qui traduit la mélancolie du paysage tranquille et lumineux. Nous restons encore à nous reposer au bon soleil, laissant nos yeux s'emplir d'horizons clairs.

Mais déjà l'air devient plus vif; il faut songer au retour. Et c'est alors, à la descente, tout le long du chemin une folle cueillette de brins odorants; on voudrait emporter tous les parfums de la montagne.

A Millas, dans un beau jardin où de très vieux arbres sont vêtus de lierre, MM. P. et G. Auriol nous offrent l'hospitalité la plus délicate et la plus fleurie, car nous en rapportons chacune des muguets et des roses à brassées. Nous avons aussi, maintenant, dans l'âme toute une floraison de joyeux souvenirs, et longtemps encore nous verrons la petite chapelle au sommet de la montagne, le sentier que le thym parfume, et le jardin fleuri de Millas.

J.-L. V.

(*Cours secondaires des Jeunes Filles.*)

AUTRE EXCURSION.

Grottes de Sirach. — Taurinya. — St-Michel.

9 juin 1907.

Les vraies excursionnistes ne se laissent pas arrêter par la température. C'est pourquoi, bravant la chaleur, 28 élèves-maîtresses de l'École Normale et leurs professeurs, sous la conduite des membres du Club alpin, MM. Soullier, Assens, Chiffre, Cros, Molas, Testory, prenaient le train de 5h,30 du matin. Mais, avouons-le, elles avaient peu de mérite à se montrer intrépides, car le but de l'excursion était le village de Taurinya et les vertes pentes du Canigou, lieux, on le sait, réputés par leur fraîcheur. Le temps, d'ailleurs, était favorable: un ciel légèrement nuageux allait tout à l'heure rendre encore plus facile et plus agréable notre marche, tandis qu'un vent léger faisait rouler en ondes les champs de blé presque mûr.

Le train nous emporte rapidement; l'on traverse les beaux jardins d'Ille; de temps en temps passe devant nos yeux, tel qu'un éclair, un parterre orné d'œillets parfumés, de dauphinelles aux couleurs variées, de géraniums éclatants. Par intervalles, le Tet se montre au loin sous les arbres. Quel contraste entre le maigre filet d'eau qui, à Perpignan, coule paisible dans un lit de sable presque trop large et cette rivière bouillonnante aux rives accidentées qui se hâte vers la plaine! Il est 7h,35, le train stoppe : c'est Ria. On descend. M. le Dr Cros, M. Boixo, qui nous attendaient, se joignent à nous.

On se dirige gaiement vers les grottes de Sirach par un chemin montant et rocailleux. Après avoir traversé le pittoresque village du même nom, nous arrivons à l'entrée de la grotte. C'est un simple trou noir, à ras du sol, d'environ un mètre de haut. On allume les bougies, et bravement en rampant sur la terre humide, on s'enfonce dans le souterrain. Le clapotement de l'eau qui, goutte à goutte, tombe sur le sol, nous accompagne. Bientôt les voûtes s'élèvent, l'on peut regarder autour de soi ; on constate avec curiosité la présence de quelques stalactites. Sur un sol tantôt humide et glissant, tantôt rocailleux, nous continuons à cheminer, en suivant M. Boixo qui nous guide dans ce labyrinthe. Nous sommes sans inquiétude, car M. Boixo, qui, le premier, a découvert cette grotte, en connaît les moindres recoins. Nous atteignons l'extrémité du souterrain ; à nos pieds, creusée dans le roc, s'ouvre une ouverture béante qui communique avec une nouvelle galerie. Là se borne notre exploration. Cependant, avant de retourner sur nos pas, la surprise d'un spectacle merveilleux nous était réservée : chaque rocher s'éclaire, les voûtes et les parois se colorent de vapeurs roses et prennent un aspect féerique que M. Testory se hâte de fixer avant que les lueurs fugitives des feux de Bengale aient disparu.

Si grand qu'ait été le charme de cette visite souterraine, c'est pourtant avec une secrète satisfaction que nous revoyons les clartés du jour. Aussitôt on se met en route pour Taurinya. Nous suivons un étroit sentier qui longe le canal de Boère ; la riante vallée de la « Riberette » s'étend à notre gauche. Nous nous arrêtons pour admirer au passage les fleurs aux couleurs variées qui bordent le chemin : églantines aux pétales roses et délicats, grandes marguerites des prés d'une éclatante blancheur, ancolies violettes et orchis tachetés si étranges. M. Assens, dont l'amabilité est inépuisable, nous dit les noms de ces fleurs qui, bientôt, chargent nos bras d'énormes bouquets. Tantôt le chemin est bordé d'aulnes, de cerisiers aux fruits rouges, et nous marchons sous une voûte de feuillage ; tantôt les arbres s'écartent, et nous côtoyons un frais ravin, sur les bords duquel croissent de magnifiques fougères de plus d'un mètre de haut.

Mais voilà la fontaine de « Flagells » auprès de laquelle nous devons déjeuner. Le site enchante nos regards : nous sommes sous bois, auprès d'un torrent aux eaux fraîches et bruyantes. Le déjeuner achevé, nous sommes impatientes de visiter les gorges de Taurinya, dont on nous a parlé. Ce n'est que ruisseaux, cascades bondissantes, fraîcheur et verdure. Nous voici au col de Balatg, au pied des pics « Pradells » et « Mousquit » ; c'est une énorme brèche creusée par le torrent qui bondit au fond d'un précipice, disparaissant presque à nos yeux.

Après avoir escaladé les rochers fleuris de genêts, on redescend sur Taurinya. Il est deux heures et demie : nous sommes devant les ruines de l'abbaye de Saint-Michel de Cuxa. Le portail seul est encore debout :

des lions et des dragons finement sculptés surmontent un cadran solaire, sur lequel on aperçoit, à demi effacée, l'image d'un moine en prières. L'église a été transformée en grenier à foin, le clocher subsiste seul presque intact. On se repose sur un banc moussu : autour de nous des murailles croulantes, des débris de sculptures et d'ogives, restes d'un passé glorieux. L'on ne peut se défendre d'une certaine émotion en contemplant ces lieux aujourd'hui dévastés, où régnaient autrefois tant d'animation et de vie. Mais l'heure interrompt notre rêverie ; lentement et comme à regret, nous nous acheminons vers Prades, terme de l'excursion. La charmante petite ville est en fête : les rues sont jonchées de fleurs ; les promeneurs ont leurs plus beaux atours. On jette un coup d'œil rapide sur la fontaine en marbre rouge qui orne la place de la République, on admire l'église, vieux monument roman du xe siècle, et l'on se dirige vers la gare. Bientôt le train nous ramène à Perpignan. Cette promenade, la dernière de l'année scolaire, laissera à toutes les excursionnistes un souvenir inoubliable. Les Normaliennes expriment toute leur reconnaissance à Messieurs les Membres du Club alpin, et souhaitent recommencer l'année prochaine ces belles excursions qui leur font mieux connaître et mieux aimer encore leur cher Roussillon.

V. S...

(Élève de 1re année de l'École normale d'institutrices.)

(*Bulletin de la section du Canigou C. A. F.*, 30 septembre 1907.)

Ces deux lettres — un peu courtes d'haleine peut-être, mais d'impression si franche et si fraîche ! — disent très clairement combien les voyages ou promenades plaisent aux jeunes filles, et combien aussi elles aiment la lumière, les eaux, les beaux paysages, les fleurs et le bon accueil.

On peut conclure, en outre, des dires mêmes des touristes, que les historiens et les naturalistes (géologues, botanistes et physiciens) semblent les plus qualifiés pour rendre les excursions instructives. Tout le monde d'ailleurs peut les rendre fort intéressantes. Avis aux hommes de bonne volonté !

Celle-ci ne fait jamais défaut chez les jeunes filles de nos écoles. Quel que soit l'état de l'atmosphère, pluie ou vent, elles viennent toutes, très exactes à l'heure et à la gare indiquées pour le départ. Elles se sont promis tant de joie du voyage ! Ce serait une bien grosse déception pour elles s'il n'avait point lieu, ou si elles n'y pouvaient prendre part. Premier bénéfice moral : l'exactitude,

(Cl. de la Section du Canigou

Banyuls-sur-Mer : repos sur les rochers après la visite du Laboratoire de zoologie maritime Arago. *Page 236.*

Au bord de la Méditerranée : Collioure. *Page 236.* *(Cl. de la Section du Canigou.)*

cette forme de la politesse. Autre bénéfice : leur présence rend le voyage certain et accroît la gaîté de leurs compagnes. Est-il donc défendu de songer au plaisir d'autrui ?

> Cette verrière a vu dames et hauts barons
> Étincelants d'azur, d'or, de flamme et de nacre,
> Incliner, sous la dextre auguste qui consacre,
> L'orgueil de leurs cimiers et de leurs chaperons.
>
> (De Hérédia, *les Trophées.*)

*
* *

A Mlle Kuss.
Au Lycée Victor-Hugo.

Et en route, direz-vous, comment se comportent ces petites Parisiennes ? — Très bien. — Tant que l'on est en gare, à Paris, tant que l'on n'est point sorti de la ville et de ses faubourgs, la petite troupe si gentille est plutôt silencieuse. On est sous les yeux de tout le monde, dans le feu et l'émotion du départ d'une grande gare un peu ahurissante elle-même. On se tait ou on salue simplement les amies arrivant. Mais aussitôt que l'on a gagné la campagne, que l'air et la lumière sont devenus plus vifs et plus limpides, que les arbres, les plantes, les fleurs ont remplacé pour les yeux les tristes maisons noires ou grises, l'air si lourd de la ville, la contrainte disparaît. Il semble qu'une chape de plomb et d'ennui pesant sur l'esprit, les yeux, la langue d'êtres jeunes et vifs vient d'être enlevée. On regarde, on cause, on rit très gentiment sans cris, ni gestes violents. La vie est retrouvée : c'est charmant.

Un jour (octobre 1906) à la gare Montparnasse, au départ pour Chartres d'une caravane dont j'étais à la fois le guide et le chef, devant le wagon retenu pour la caravane et où déjà plus de 40 touristes étaient installées, je causais familièrement sur le quai avec deux papas, notables Parisiens, qui avaient accompagné leurs fillettes jusque-là. Dans le wagon nul bruit, point de babil. L'un de ces deux messieurs, regardant par les baies vitrées du wagon les voyageuses immobiles, me dit : « Elles n'ont pas l'air gaies. — Mais elles sont contentes, répliquai-je ; et dans vingt minutes leur contentement sera très apparent... Si vous avez loisir, prenez un [illegible] et retour et venez avec nous. Avant que nous soyons [illegible]ailles, la métamorphose sera complète ; vous verrez s'ouvrir les ailes diaprées des papillons. » Nous n'avions pas, en effet, atteint Meudon que l'on causait à l'aise ; et, qu'à Ville-d'Avray, on eût pu croire que tous les oiseaux des bocages voisins gazouillaient délicieusement dans notre wagon. Le soir, au retour, le père trouva certainement à sa fille des joues plus colorées, un regard moins atone et une allure plus vivante qu'au départ. Il dut avoir aussi ce jour-là un bonsoir plus sonore de son enfant.

C'est qu'elle avait respiré à pleins poumons pendant un jour entier un bon air ozoné qu'on ne trouve plus à Paris, vu des œuvres d'art merveilleuses, entendu des explications curieuses et ri de bon cœur avec ses compagnes.

Elle avait salué la statue de Marceau, héros si pur et si noble à qui Byron, dans *Child Harold,* a rendu un si éclatant témoignage ; elle avait regardé avec autant d'étonnement que de plaisir les vieilles maisons des rues étroites, tortueuses et un peu raides de la vieille ville dévalant vers l'Eure, et souri ou réfléchi aussi en lisant sur les plaques indicatrices des rues leurs noms si simples, si évocateurs de la vie même de la cité aux siècles déjà lointains du moyen âge. Par exemple : 1° sur le *plateau,* dans le voisinage de la cathédrale, rues : du *Bois-Merrain,* rappelant les forêts de chênes aujourd'hui abattues, l'industrie de la tonnellerie et le commerce des vins ; des *Petits-Blés,* des *Grenets,* du *Marché-aux-chevaux, Percheronne,* aux *Moutons,* au *Lait,* de la *Volaille,* des *Bouchers,* qui disent la grande et antique richesse agricole de la Beauce dont Chartres était le plus grand entrepôt ; 2° au *bord de l'Eure,* au bas des escarpements et de l'éperon portant si fièrement Notre-Dame, qu'il faut voir de là pour en saisir toute la colossale grandeur, rues de la *Foulerie,* de la *Tannerie,* etc., trempant, comme en une Venise beauceronne, leurs pieds et leurs toits dans l'eau lente et un peu trouble de la rivière, rues si pittoresques en leur vétusté, disant, elles, que Chartres a été ville d'industrie active jadis quand les pèlerins et les rois accouraient de toute l'Europe chrétienne aux fêtes de sa prodigieuse basilique et de sa Vierge noire.

(*Cl. Mlle Cahen.*)

Dans la cour du collège de jeunes filles, Chartres (octobre 1907) : après le déjeuner. *Page 239.*

(*Cl. Mlle Lameyra.*)

Chartres : face nord de la cathédrale. Lycée Molière (1907). *Page 239.*

(Cl. Leroy.)

A Chartres : cathédrale, portail sud. Cours Maintenon (1908). *Page 239.*

(Cl. Mlles Cahen et Lameyra.)

Chartres : le retour, en attendant le train (1907). *Page 239.*

Du pont qui précède extérieurement la très curieuse porte féodale de Saint-Guillaume, — la seule encore existante des sept portes anciennes de la ville, — elle s'était retournée, la petite touriste curieuse, et, par la haute baie de la porte rébarbative, elle avait cru voir réapparaître subitement à ses yeux étonnés une rue du XIIe ou du XIIIe siècle.

A Saint-Pierre, les émaux de Léonard Limozin — ils sont douze, les plus grands et parmi les plus beaux connus — l'avaient ravie. Et ravie bien plus encore les splendeurs de la cathédrale avec son peuple de statues, ses 100 rosaces, ses 125 fenêtres ogivales aux vitraux fantastiques d'où coulent des torrents d'émeraude, d'or fondu, de bleu céleste, de rubis liquides mêlés ensemble quand le soleil darde ses rayons sur les façades sud et ouest de l'édifice ; avec ses nefs et leurs piliers géants ; avec sa crypte et le puits des Saints-Forts, source sacrée qui fut probablement le centre du druidisme en Gaule ; avec les deux clochers (106 et 115m) hardis, aériens et légers qui donnent à l'édifice tant de noblesse et d'élégance à la fois, et du haut desquels on voit, un peu à l'est, le petit village de *Brétigny-lès-Chartres* où Edouard III, épouvanté par l'orage qui faillit noyer son armée déjà atteinte d'une sorte de peste causée par ses excès et ses bombances, promit, en invoquant la Vierge de Chartres, de signer la paix, et nous imposa (1360) le désastreux traité de Brétigny (1).

Avoir vu cela, avoir reçu l'hospitalité du déjeuner au gentil Collège de Jeunes Filles de Chartres, s'être reposée sous les ombrages de son jardin... et n'en point parler ?... c'eût été miracle ! Toutes en parlèrent, qu'elles fussent du Cours Maintenon, du Lycée Victor-Hugo ou du Lycée Molière ; elles en parlèrent si bien que l'écho en alla très vite jusqu'au cœur de la Sorbonne dans le cabinet du Recteur, M. Liard, qui nous envoya ses « félicitations et ses remerciements ». Encouragement aussi précieux qu'inattendu montrant que nous avons des amis et qu'ils s'intéressent à notre action et à nos prouesses. Faire 88 kilomètres à l'aller, autant au retour, visiter en détail une ville intéressante, rester debout pendant plusieurs heures, et le lendemain, alertes et gaies, être exactes

(1) On confond généralement ce hameau chartrain avec Brétigny-sur-Orge, près Paris.

toutes aux cours du Lycée, cela est bien une prouesse, et cela montre à l'évidence que de telles courses valent mieux que beaucoup de verres de quinquina, ou autant que les soins d'un bon médecin pour donner des forces et garder la santé.

*
* *

Au Groupe familial.

· Nos jeunes filles marchent, en effet, très bien. 8 à 10 kilomètres ne les effraient ni ne les fatiguent.

M. Bregeault, le bon ouvrier de notre Groupe familial, l'un de ceux qui, parmi nous, ont donné le plus d'eux-mêmes aux C. S. depuis 5 ou 6 ans, plusieurs dames et moi, dirigeons, en juin 1908, une promenade du Groupe familial de *Garches à Chatou,* par les étangs de Saint-Cucufa, par la *Jonchère* où l'on voit, site rare autour de Paris, une centaine ou deux de châtaigniers énormes âgés de trois ou quatre cents ans chacun, par la *Celle-Saint-Cloud,* antique domaine de la célèbre abbaye de Saint-Germain au temps de Charlemagne et des invasions normandes, ce qui nous fournit le texte d'une causerie sur le polyptique d'Irminon et la vie réelle de nos pères il y a 1100 ans: habitations, cultures, redevances, conditions sociales, vie morale.

Nous quittons à peine les chemins paisibles et verdoyants de la forêt ; nous faisons le pain chez un pâtissier de Bougival, et nous remontons par la voie des piétons la rive droite de la Seine en devisant le long du fleuve, en regardant les hautes collines boisées de la rive gauche, les parcs et villas fleuris et discrets de Bougival, Croissy et Chatou si célèbres jadis. Nous avons fait 9 kilomètres environ. « 9 kilomètres ! s'exclame une maman ; mais je ne suis pas fatiguée du tout ; jamais je n'aurais cru que je pouvais faire 9 kilomètres à pied ! et je crois, ma foi, que j'en ferais bien encore 9 autres ! »

L'agrément de la promenade, la beauté extraordinaire des sites parcourus avaient empêché de sentir la fatigue, occupé l'atten-

(Cl. Bregeault.)

Au bord de l'étang de Saint-Cucufa (1908). *Page 240.*

(Cl. Cayla.)

Le Buisson-Verrières : groupe familial (1908). *Page 243.*

(*Cl. Leroy.*)

Dampierre : le groupe familial, après le déjeuner en attendant les voitures (8 octobre 1908). *Page 244.*

tion, ébloui les yeux et ravi les touristes à tel point que l'une de nos petites compagnes vint me dire en regardant le cirque de la Celle-Saint-Cloud et le vallon de Bougival des hauteurs de la Jonchère : « Comme c'est beau ! Je le dirai chez nous. Il faudra que papa vienne, je l'amènerai là. » Un bon petit cœur que cette enfant-là !

*
* *

A Mme Roubinowitch.
Au Lycée Lamartine.

Neuf kilomètres et plus, nous les fîmes aussi avec 51 élèves du Lycée Lamartine, en 1907, dans une excursion d'une journée à Chevreuse et à Dampierre.

On suivit, ce jour-là, de Saint-Remy à Dampierre, plus souvent les chemins de traverse — ou de *couture* comme on dit à la campagne — et les sentiers que la route. C'était plus doux aux pieds, moins banal aussi. Voyez-vous une longue file de jeunes Parisiennes, en robes claires et gaies, allant librement à travers champs et étudiant *de visu* les cultures de blé, d'avoine, d'orge encore en herbe et qu'elles apprennent à distinguer, de seigle déjà en épis, de lin d'un vert si tendre, de légumes de toute sorte, de fraises dont la vallée de Chevreuse est le vrai royaume, de fleurs diaprant des plus vives couleurs les coteaux voisins ou les jardins, etc. etc. et mettant leur note de jeunesse aimable dans ce décor printanier ? Elles traversent la riviérette de Chevreuse, la gentille Yvette, sur une passerelle en bois, ce qui est presque émouvant, et bien mieux, certes, que de la franchir sur le large pont de pierre édifié trois cents mètres plus bas, bon seulement, ce vilain pont, pour les voitures, pour les autos, les bicyclettes et autres piétons sans âme. Elles escaladent gaiement la haute falaise qui abrite la ville de Chevreuse ; à mi-hauteur, elles se reposent sur une pelouse bien verte et de vieux bancs en bois placés là à leur intention sans doute — elles ont l'air de n'en pas douter — et regardent, du vieux château qui fit fête à Philippe-le-Bel et à une impératrice de Byzance, le panorama étendu et fort beau de la vallée de Chevreuse.

En approchant de Dampierre, elles admirent à loisir les rochers gréseux aux formes pittoresques, heurtées ou arrondies, sculptées bizarrement par le temps et la pluie, troupeaux de mastodontes couchés à l'ombre des grands arbres de la forêt qui vêt le haut talus bordant la route à droite. Pour bien montrer qu'elles n'ont point peur de ces sphynx muets aux figures rébarbatives, devant lesquels leurs plus lointains ancêtres eussent tremblé d'effroi, elles tournent autour, palpent de leurs petites mains leurs bosses énormes, s'asseyent familièrement sur leurs croupes, leurs têtes ou leurs flancs, rient de leurs difformités ; mais les monstres pacifiques et débonnaires ne se fâchent point de ces familiarités, ne s'éveillent pas au bruit de tous ces rires argentins, ou de ces moqueuses espiègleries.

Arrivées à la hauteur du parc dont les massifs superbes haussent d'une puissante courtine végétale le mur d'enceinte et limitent, à gauche, la route devenue une longue allée de verdure, elles prêtent l'oreille à un divin concert. Les petits oiseaux pullulent encore dans ces grands bois enclos de murs où rien ne vient les troubler, où le ruisseau les désaltère, où les champs voisins les nourrissent de leurs graines et de leurs insectes. Cachés dans les branches, ils chantent à perdre haleine, égrenant des notes très pures, filant des gammes sonores, brodant de discrètes mélodies, mêlant et roulant le tout en une symphonie triomphale que répercutent tous les échos de la forêt. Quelle musique ! quel chœur !

Cela distrait l'esprit, soutient le pas en le rythmant par une sorte de cadence naturelle, et donne à notre gentille caravane une allure toute gracieuse.

C'est ainsi, sans fatigue, que nous entrons à Dampierre étonné d'une invasion si charmante, et où nous attend, à l'*hôtel Saint-Pierre,* l'accueil le plus aimable ; puis, sous une grande tonnelle fleurie, en face de la forêt chantante et du château historique qu'elle encadre, un vrai déjeuner de demoiselles, léger, varié, sain, avec de la crème bien fraîche et des fraises nouvelles. Ces deux derniers mets eurent un très grand succès. On rit, on causa de bon cœur en déjeunant — oh ! sans éclat — en enfants charmantes, heureuses de respirer, dans un milieu si paisible et si beau, un air si pur et si doux.

Cette joie ne fut peut-être pas beaucoup accrue, mais elle ne fut certes point diminuée non plus par un tout petit speech que fit le Président à la fin du déjeuner et à la demande même de Mme Roubinowitch. Pendant cinq minutes, ou un peu plus, il fut question de la beauté et de l'intérêt de l'itinéraire suivi : *Cachan* rappela la lettre d'adieu si poignante et la mort si tragique de C. Desmoulins et de Lucile immolés par Robespierre. *Arcueil (arculi,* les arches) montra les restes du vieil aqueduc romain qui, il y a vingt siècles, amenait les eaux de Rungis aux Thermes de Lutèce, évoqua les noms glorieux de Laplace et de Berthollet. *Bourg-la-Reine, Fontenay-aux-Roses, Sceaux (Cellæ,* les maisonnettes) éveillèrent le souvenir de tant de fêtes et d'entrevues royales, réjouirent les yeux par tant de jolies résidences cachées dans les arbres et les fleurs où errent l'ombre de Florian, où Félibres et Rosatis viennent tenir leurs réunions annuelles. *Antony, Massy, Verrières (verdrariæ,* les verreries), *Palaiseau (palatiolum,* petit palais), tous si vieux, évoquèrent les villas et les temps mérovingiens. *Lozères, Orsay, Bures* [les maisonnettes, les huttes (?)], annoncèrent par leurs sites agrestes, très variés et, en certains endroits, par la présence des sapins et la raideur des pentes, presque septentrionaux ou alpestres, plus souvent riants et gais, la très belle vallée de l'Yvette ou de Chevreuse. Cela était dit pour inviter nos touristes à bien regarder au retour les sites entrevus à l'aller. Pour les inciter à la gratitude envers les humbles qui travaillent à notre nourriture et à notre plaisir, on posa un problème tout à fait de circonstance. On s'était régalé de fraises ; on avait vu en cours de route les vaillantes jeunes filles des jardiniers et des cultivateurs faire la cueillette de ce fruit parfumé, savoureux, et, sur sa tige menue, beau comme un rubis tremblant, et l'on dit : « Étant donné qu'une cueilleuse de fraises peut en récolter 60 à 90 kilogrammes par jour, combien de fois sa main agile est-elle allée du fraisier au panier à supposer qu'elle ne cueillît qu'une fraise à la fois ? Quel chemin a fait cette main, en un jour, à supposer qu'il y eût trente centimètres du fraisier au bord du panier ? » On promit de faire le problème le lendemain à la maison quand on aurait établi avec des balances le poids moyen d'une fraise.

Il y eut bien aussi, à l'adresse des jeunes touristes parisiennes qui venaient tous les jeudis avec nous, un petit mot d'éloge où l'on entendit les mots vaillance... bonne humeur... simplicité... tenue parfaite. Et l'on applaudit très fort l'orateur; puis on alla se promener pendant trois heures et plus, cueillir des fleurs, s'asseoir à l'ombre, jouer et rire. Le retour eut lieu, de Dampierre à Saint-Remy, en deux longues berlines très confortables tirées par de beaux chevaux et conduites très sûrement par les cochers de la maison Follain. Et ce fut encore une grande joie que ce retour, car rien n'est plus agréable aux femmes et aux jeunes filles que d'aller en voiture. Toutes rentrèrent donc à Paris ravies et souriantes.

Le temps avait été pluvieux toute la nuit précédente, et un instant j'avais cru le voyage bien compromis; j'en fis la remarque à Madame la Directrice en la quittant : « Oh, Monsieur! me dit-elle, elles avaient tant parlé de leur voyage, elles s'en étaient promis tant d'agrément, qu'il eût fallu qu'il tombât des hallebardes pour qu'elles ne vinssent point!» Voilà qui en dit long sur l'esprit de nos enfants, et surtout de nos jeunes filles.

Nous avons refait ce beau voyage de la vallée de Chevreuse, mais en agrandissant le programme, — et forcément en voiture à l'aller comme au retour, — le 8 octobre 1908, par un temps éblouissant. Nous pûmes voir ainsi, avec 40 touristes du Groupe familial (27 jeunes filles, 10 mamans, 3 chefs), Port-Royal, son calme et agreste vallon, Dampierre, les Vaux-de-Cernay, les Cascades si belles, le château lui-même, dont une main, aussi puissante que jeune et gracieuse, nous avait ouvert les portes. Et le voyage fut, dans la lumière radieuse de l'automne de 1908, un continuel enchantement.

L'été et l'automne de cette même année nous ont été particulièrement favorables d'ailleurs. La forêt de Marly et la Malmaison (Dr Cayla), celle de Mortefontaine (C[t] Hugues), celle de Montmorency (M. Lecat) — assistés tous trois de MM. Bregeault et Leroy — n'ont plus de secrets pour nous, et notre Groupe familial est en pleine prospérité. Il compte aujourd'hui près de cent adhérentes.

*
* *

Il y a des différences notables entre l'organisation, l'allure et la

(Cl. Bregeault et Leroy.)
La Vallée aux Loups : maison de Chateaubriand (5 avril 1908). *Page 241.*

A Port-Royal (8 octobre 1908). *Page 244.* (Cl. Leroy.)

(Cl. Leroy.

En descendant à Louveciennes, la marche (juin 1908). *Page 245.*

(Cl. Bregeaut.

Une avant-garde à Pierrefonds (20 juin 1907). Cours Maintenon. *Page 245.*

direction d'une caravane de jeunes gens et celles d'une promenade de jeunes filles. D'abord avec des jeunes gens, le chef doit être plutôt le dernier pendant la marche. Töpffer en a fait judicieusement la remarque. Pourquoi ? — C'est que l'itinéraire de la journée étant, le matin au départ, bien indiqué à tous sur les cartes emportées, avec les haltes et l'étape, il n'y a, sauf pour le cas de passage un peu difficile en montagne, qu'à lâcher la main et laisser la bride à peu près libre à l'avant-garde surtout. Elle va pour ainsi dire à la découverte, explore, rectifie au cas rare où elle a pris une fausse direction et au besoin se rabat sur le gros de l'armée. C'est tout profit pour ces éclaireurs. Hardis, ils deviennent avisés, prudents, adroits ; ils acquièrent de l'expérience. Quant au chef, il est la suprême ressource en cas d'erreur ; il décide alors, et son autorité devient aussi solide qu'incontestée. Il ne lui faut laisser *derrière lui* ni éclopés, ni malades, ni traînards ; cela lui évite toute inquiétude à l'étape ; et ainsi la journée du lendemain n'est jamais compromise.

Avec des jeunes filles, il en va tout autrement. Le chef doit être en tête par prudence et en porte-respect d'abord, — puis pour montrer le chemin, pour modérer l'allure toujours très vive de celles qui prennent la tête, sûr d'ailleurs que personne ne voudra rester en arrière. Les jeunes filles marchent très vite, en général, et à pas un peu menus ; elles courent comme des perdrix ; elles arriveraient à l'essoufflement, peut-être aux palpitations si on ne les forçait à une progression régulière ou à des repos assez fréquents.

Avec leurs guêtres serrées aux mollets, leurs vêtements plus étriqués au corps, leurs bras en mouvement et leurs bâtons ferrés ou non, les jeunes gens, allant par monts et par vaux, gravissant ou dévalant les collines comme s'ils voulaient assaillir un ennemi invisible, gesticulant, courant, sautant, ont l'air de MM. Fauchelevent, Tranchelevent, Mangelevent. On dirait qu'ils sont tout bras et tout jambes, tels de grands « faucheux » bien maigres sur les andains, en juin. Leurs sœurs, au contraire, munies d'ombrelles, pareilles, en leurs vêtements gais et amples, à de petits flocons blancs ou roses flottant dans le ciel et poussés par un vent invisible, ou à quelques-uns de ces délicats arbustes japonais dont le pied, le corps et les branches disparaissent sous les fleurs et les feuilles, leurs sœurs, dis-je, semblent, tout en se déplaçant très vite, ne pas même se mouvoir. Elles ont de la grâce dans la marche et de l'aisance dans le mouvement.

*
* *

A Mme PARIS, à Mlle MORLAND,
à Mme FABER, à Mme MOROT,
Directrices de Cours.

Tous nos groupes ont demandé à visiter Chantilly. Tous y sont allés. Fontainebleau, Chartres, etc. ont eu même honneur, même succès. Ces noms célèbres éveillent évidemment en de jeunes esprits cultivés une curiosité bien naturelle. On leur a parlé de ces résidences fameuses où se sont décidées ou accomplies tant de choses dont l'écho retentit toujours, dont le souvenir, parfum délicat, voltige encore autour de nous. Nous sommes donc allés cinq fois déjà à Chantilly. Promenade aussi facile qu'agréable et instructive. Le train met à peine une heure. A la sortie de la gare, au lieu d'aller au château par la vaste pelouse bordée par les tribunes des courses, chose qui ne dit heureusement rien du tout à des âmes neuves et candides, nous inclinons à droite et suivons une allée parallèle au champ de courses. De beaux arbres, des charmilles grêles et flexibles bordent ce chemin réservé aux piétons, et où l'on peut goûter, sans crainte, l'ombre et le frais ; car nos pères savaient admirablement choisir les essences (charmes, hêtres, bouleaux, etc.), dont le feuillage tamise la lumière, en atténue l'éclat fatigant pour les yeux, sans rien produire d'opaque ni de trop frais, brise le vent tout en laissant circuler l'air devenu caressant : c'est un délice que ce chemin si bien fait pour la promenade et la conversation.

Suivre l'allée a cet autre avantage précieux, en vous révélant brusquement le château, le parc et les pièces d'eau inaperçus en cours de route, de donner à votre impression plus de fraîcheur et de vivacité. On a ainsi sous les yeux en un moment, d'une façon saisissante, trois des éléments essentiels de la beauté des paysages : la forêt, manteau ample et soyeux ; l'eau, miroir fluide et souriant ; le château reconstruit, merveille de l'art animant le tableau, y

Le groupe familial à Chantilly. *Page 246.*

(*Cl. Cayla.*)

(Cl. Bregeault.)

Étangs de Saint-Pierre, forêt de Compiègne. Cours Maintenon (20 juin 1907).
Page 246.

(Cl. Leroy.)

La gare de Fontainebleau : au retour. Lycée Molière. Page 248.

mettant la note humaine, lui donnant toute sa valeur par son association intime avec les deux autres éléments. L'Escurial est sinistre parce qu'il manque d'eau et de verdure. Et l'on pourrait très bien mesurer et comparer les divers degrés de grâce, de beauté, de grandeur de nos anciennes résidences royales ou seigneuriales, Fontainebleau, Versailles, Blois, etc. etc. à l'abondance, à la rareté, à l'heureux mélange de la lumière, de l'eau et de la végétation florale ou forestière. Les Tuileries seraient bien plus admirées si elles étaient plus dégagées et plus fleuries sur leurs quatre faces. Versailles aurait une grandeur moins sèche, moins artificielle, si plus d'eau ruisselait dans ses avenues, ses jardins et ses parcs.

A Chantilly, nous fîmes visite au parc de Sylvie, si discret, dont le nom rappelle le pauvre « Théophile », très médiocre poète, et aussi la générosité, les malheurs de sa protectrice, la dernière duchesse de Montmorency ; au *chêne de Condé* planté, dit-on, par le prince lui-même, chêne si haut et si puissant aujourd'hui que les bras de quatre de nos visiteuses suffisent à peine à embrasser son énorme fût. Quelques curieuses approchent même du tronc leur oreille pour savoir sans doute si l'arbre ne rend point d'oracles, ou s'il ne répète pas quelques-unes des conversations du vainqueur de Rocroy avec Bossuet, Boileau ou d'autres amis, conversations dont la vivacité faisait dire à Despréaux : « Je ne discuterai plus avec M. le Prince, il prend la raison comme les hommes, à la gorge. »

Nous écoutâmes le bruit de « ces eaux qui ne se taisaient ni le jour ni la nuit » et qui émerveillaient Bossuet, et nous regardâmes les longues perspectives des avenues bordées de hautes et claires charmilles. Tout cela laissa pourtant un peu de vague, d'imprécis, d'indéfini dans les esprits.

La visite du château, au contraire, mit nos jeunes filles plus à leur aise ; elles retrouvaient là des choses plus familières pour ainsi dire. La chapelle, la bibliothèque si riche, faite à souhait pour le travail et la méditation, le musée de peinture et d'art où il n'y a pas une œuvre médiocre, les enchantèrent. Mais ce qui plus que tout les ravit — et ce trait est bien féminin — ce furent les splendides étoffes, aux nuances si variées et si délicates :

tapisseries, soieries, dentelles, etc. — couleur du temps et du rêve —, qui recouvrent les murs, les meubles, les lits, etc. des appartements ; ce furent les émaux, les porcelaines, les bijoux exquis, parfaits des vitrines. Là, nul besoin de faire appel à l'attention : les yeux brillent ; le plaisir est intense. Des jeunes gens passeraient assez indifférents, ou plus vite, près de ces merveilles ; ils s'arrêteraient plus longtemps dans le salon de la chasse ou dans la bibliothèque : ce sont des hommes. Une jeune fille s'intéresse à d'autres détails, justement à ceux qui mettent de la grâce et de l'intimité dans une maison, fût-elle princière ou royale. Peut-être aussi écoute-t-elle avec plus de plaisir et d'attention les anecdotes, les détails sur la vie, les actions des anciens maîtres de céans, sur les œuvres d'art accumulées en leurs demeures.

Il lui arrive même de les solliciter. J'avais promis au courant d'une de ces visites — c'était avec des jeunes filles de la Légion d'honneur de Saint-Denis — de raconter un peu plus tard et un peu plus loin une petite anecdote concernant deux endroits : celui où nous étions, un de ceux où nous allions. Une heure après nous longions par un joli chemin sinueux la pièce d'eau qui vient finir près de la maison de Sylvie. On venait de faire joyeusement le pain, c'est-à-dire de goûter en plein air. Je devisais avec M. Pellat et ne songeais plus à ma promesse. Nous allions, admirant la grâce réelle du site. Et tout d'un coup arrêt. La route, resserrée entre la colline boisée et l'étang, était barrée complètement par un groupe compact de touristes à l'air malicieux. Impossible d'avancer. Je m'informe ; on sourit ; une petite voix s'élève qui dit : « Et l'anecdote ? — Ah ! c'est vrai ; je l'avais oubliée ; d'ailleurs elle est bien courte. » Aussitôt une autre petite voix de s'écrier sur un ton comiquement plaintif : « Oh ! non, Monsieur ; qu'elle soit longue... bien longue ! » Et tout le monde de rire. Je m'exécute et l'on se remet lentement en route. Je demande à l'une des Dames pourquoi l'on voulait tant que l'anecdote fût longue. « Pour allonger le plaisir de la promenade et retarder, si possible, le moment de la rentrée. Elles sont enchantées d'être ici. »

On avait fait des bouquets : on était en avril. Je m'enquiers du sort réservé à ces fleurs modestes et tremblantes : « C'est pour nos Maîtresses et pour nos camarades qui n'ont pas pu venir à la

(*Cl. Leroy.*)

Dans la forêt de Fontainebleau, après le déjeuner (octobre 1907). Cours Maintenon.
Page 249.

(*Cl. Leroy.*

A Fontainebleau (mai 1908). Lycée Molière. *Page 250.*

(Cl. Leroy.)

A l'hôtel d'Armagnac à Fontainebleau, après le déjeuner. *Page 250.*

(Cl. Cayla.)

Meudon : promenade géologique et botanique. M. Lecat (23 mai 1907). *Page 251.*

promenade. » C'est charmant, n'est-ce pas ? J'approuve en saluant ; vous en auriez fait autant.

*
* *

A Mlle Stoude.
Au Lycée Molière.

Tout en savourant ce repas
Je regardais à chaque pas
Les pétales que le vent sème
A l'entour des rameaux tremblants,
S'effeuiller de nos pommiers blancs
Comme ma tartine à la crème (1).

Fontainebleau est un charmant but de promenade scolaire. Il y a la forêt ; il y a le château surtout, cette maison des siècles, digne d'être « la demeure éternelle des rois » disait Napoléon. Nous y allons volontiers, avec nos jeunes filles car la Compagnie P.-L.-M. est bien la plus aimable et la plus accommodante des « voiturières ».

Au lieu de suivre à l'arrivée la longue et banale route qui va de la gare à la ville, un peu banale elle-même, nous inclinons tout de suite à gauche en côtoyant le très haut viaduc du chemin de fer, et nous gagnons, sans embarras, *Avon,* village assez pittoresque possédant une vieille petite église assez intéressante où dorment le grand naturaliste Daubenton, moins styliste et plus savant que Buffon, et le mathématicien Bezout. Nombre de pierres tombales portent des inscriptions laudatives en l'honneur de courtisans, de favoris ou de serviteurs des rois, importants d'un jour, enviés jadis, inconnus aujourd'hui. Par une petite porte située tout près de là, nous entrons dans le parc, laissant à droite le grand canal qui le partage en deux, restant dans les taillis et sous les futaies, nous reposant dans les clairières avant d'arriver au second et au troisième étages d'eau, générateurs de vie et de beauté pour le château, les pelouses et les premiers plans de la forêt.

La première excursion d'été, vrai tour de force, course express, eut lieu, avec le *Groupe familial,* en 1907, de 12 h. 15 à 6 h. 30, sous la direction de M. le Ct Hugues.

La deuxième, avec le *Cours Maintenon,* dura une journée, en

(1) Jean Mazeau, *Les mouches d'or.* (Lemerre, édit.)

octobre 1907. Le temps était pluvieux, désagréable à Paris ; il fut tiède et délicieux à Fontainebleau. Le déjeuner emporté fut expédié gaiement en forêt par les touristes dont pas une n'avait voulu adhérer à la proposition de le prendre à l'hôtel. Mais aussi quelle salle de festin ! Pour sièges l'herbe et la mousse épaisse d'une pelouse sur lesquelles on pouvait s'asseoir à sa guise en étalant devant soi du pain, un peu de viande, des fruits et beaucoup de sucreries ; pour dôme un ciel bleu opalin très doux s'appuyant sur la cime mouvante de hêtres, de trembles, de frênes géants, etc. dont les branches et le feuillage déjà teintés des chaudes colorations d'automne formaient des murs vivants et des draperies naturelles incomparables. Les fortes et saines senteurs de la forêt mourante, le vol rapide, inquiet des dernières hirondelles attardées par leur deuxième couvée pour laquelle elles happent papillons, mouches et autres infiniment petits en train de danser leurs brèves heures dans l'air aromatique, la solitude devenue bruyante et gaie par les rires et le babil des excursionnistes, tout cela composait les éléments d'un tableau réconfortant et point banal. La visite du château, ce jour-là, causa peut-être plus d'admiration mais certainement beaucoup moins de plaisir que le déjeuner en plein air où l'on avait bu de la santé à grands traits.

La troisième excursion, mai 1908, amena 50 élèves du Lycée Molière, par cette voie gracieuse du viaduc, d'Avon, du parc et des terrasses étagées devant et au-dessous du château, autour de la petite fontaine jaillissante, déesse à la voix faible et un peu triste, qui a donné son nom à la forêt, au château, à la ville : *Fontaine belleau,* ou *bléau, bliau,* comme on disait au temps de Saint-Louis : la Fontaine *bleue* ou à la *belle eau.* Cela dut, en effet, en ces temps lointains, frapper d'autant plus l'attention que la forêt, avec ses grès et ses sables, manque un peu trop du précieux liquide.

Comme le temps était incertain, voire menaçant, on déjeuna cette fois-là, et très bien, à l'*hôtel d'Armagnac* dans une belle salle claire, on écrivit ensuite force cartes postales à ses amies ; et, après une averse qui ne dura que juste le temps de déjeuner, on alla voir longuement le château et ses prodigieuses merveilles d'art Renaissance, Empire, etc. Ce fut un régal, un autre régal.

Nous sortîmes par l'escalier singulier, en fer à cheval, qui donne sur la *Cour du Cheval Blanc.* On me demanda par laquelle des deux branches descendit en 1814 Napoléon vaincu et partant pour l'île d'Elbe. J'indiquai celle de droite. Toutes alors prirent le même chemin que l' « homme du destin ». En bas, je leur lus en trois minutes les adieux à la garde si brefs et si émouvants de celui qui avait bouleversé et dominé l'Europe entière, et qui, un instant maître du monde, s'en allait régner sur un royaume bon tout au plus pour Sancho Pança. Cette demi-page, où de Vaulabelle relate un des événements les plus poignants de la vie de Napoléon, les plus dramatiques aussi de l'histoire du monde, lue en cet endroit, après une telle visite, fut écoutée dans un silence absolu, non exempt d'émotion. C'est que la vie de l'humanité ne compte pas beaucoup de minutes d'une grandeur aussi tragique que celle-là.

Dans nos trois courses à Fontainebleau, nous revînmes par les terrasses, par la partie du parc qui conduit aux treilles produisant le fameux chasselas dit de Fontainebleau. Chaque fois l'on fit le pain — l'émotion creuse aussi l'estomac — à l'un des restaurants voisins de la gare pour être plus à portée du train. Pour des jeunes filles, le pain, ce sont surtout tartines, brioches, tablettes de chocolat, petits gâteaux, sucreries, limonade, oranges, etc. Si elles courent comme des perdrix, elles mangent et boivent comme des abeilles ou des oiseaux : il leur faut du miel et de l'ambroisie.

*
* *

Ainsi vont nos promenades dont il n'est tracé ici qu'un crayon imparfait et un récit bien incomplet. Là, à Montmorency, ou à Gif, ou ailleurs, c'est de la botanique avec M. Pellat. — Là, à Issy, à Bellevue, etc., de la géologie avec M. Lecat. — Là, de l'astronomie, à Juvisy, à Meudon chez MM. Flammarion et Deslandes, avec le Dr Cayla, etc. — Là, en Sorbonne, dans l'amphithéâtre de physique, les éblouissements de la photographie des couleurs gracieusement offerts par la Maison Lumière de Lyon et rendus intelligibles à un auditoire charmant et attentif de trois cents jeunes filles, en 1907 et en 1908, par nos savants amis

MM. Bouty et Pellat ; ou encore, dans le Grand Amphithéâtre, où plus de trois mille auditeurs se pressaient, ce soir-là, pour entendre la parole colorée de M. Schrader disant les beautés de la montagne. — Là, en des salles choisies — comme l'Athénée Saint-Germain ou les Salons du Club alpin, — et en hiver, — comme le 10 février 1909, — 500 dames et jeunes filles, venant goûter les plaisirs de la musique, des monologues, de petites pièces exquises mêlés aux sages conseils d'un médecin aimable qu'elles écoutent volontiers, qui les dirige souvent en excursion, et qui préside l'habile et si active Commission de nos fêtes scolaires de jeunes filles, Commission formée de Mme Marjollin, de M. le C^t^ Hugues — qui en est l'âme — de M. Seguin. Là, à Chartres, à Fontainebleau, à Chantilly, à Versailles, à Compiègne, à Écouen, etc., de l'histoire, de l'archéologie avec MM. Bregeault, Hugues et Leroy. Là, des palais et des cathédrales incomparables.

Ici des parcs, des pièces d'eau, des serres, des pelouses et des parterres adorables, des massifs d'arbres séculaires comme à la Vallée aux Loups qui abrita les rêves de Chateaubriand et vit naître Cymodocée; comme à Mortefontaine, aux Vaux-de-Cernay libéralement ouverts à nos touristes par leurs aimables propriétaires ; ou, comme à Verrières, chez MM. de Vilmorin, 50 à 60 hectares de fleurs aux mille et mille nuances, et la plus complète, la plus utile collection d'arbres, de céréales, de légumes, de fruits, etc., réunie jusqu'ici par un particulier. Partout enfin, en compagnie des dames et des hommes éminents dévoués, dont les noms, faible hommage rendu à leur mérite, sont cités en tête de ces pages trop brèves, — partout, la campagne avec ses moissons, ses vergers, ses jardins, ses forêts, sa tranquille et immuable grandeur, sa presque éternelle beauté ! Partout l'art et la science mêlés ! Partout la Nature, si bonne mère, toujours prête à

Verser des jours heureux sur des âmes en fleurs.

Meudon. Excursion géologique : une montée un peu rude. Lycée Victor-Hugo. *Page 251.*

(*Cl. Cayla.*)

Verrières : chez MM. de Vilmorin, groupe familial. *Page 252.*

APPENDICE

LES DEUX COMMISSIONS DES CARAVANES

A tout seigneur tout honneur.

I

La *Commission des Caravanes scolaires de garçons* date de 1885. Elle compta d'abord *quatre* membres : MM. *Durier*, Guyard, abbé Barral, Cayla (de Rollin). — Dans les années suivantes, elle s'adjoignit : MM. Demanche, en 1888 ; — Braeunig, en 1890 ; — Leroy et Richard, en 1891 ; — le colonel Prudent, en 1892 ; — de Jarnac, Grisier, Rosenzweig, en 1893 ; — Jenn et Malloizel, en 1894 et 1895 ; — Budzinski, Kochersperger, Riquet et Rogery, en 1896 ; — Bouty et Pellat, en 1897 ; — Bregeault, en 1899 ; — Haudié, en 1900 ; — Dr Cayla, Morel, en 1902 ; — colonel Bourgeois, Dr Reinburg, Lemercier, Tournade, en 1903. — Depuis, MM. Brouchot, Pringué, Fabre, Loyer, Barrère, Gœlzer, Dr Dainville, Magnier, Lehmann, Robert, Séguin, Menau, Veyssier, etc., y sont entrés également.

Elle perdit Cayla en 1890, l'abbé Barral en 1893, Jenn en 1907. — Durier cessa d'en faire partie en 1894. M. Richard en devint Président en 1897. — En 1891, Durier organisa les *excursions dominicales* des Membres du Club alpin de la Section de Paris, dont les programmes, l'esprit et l'organisation servirent un peu de modèles aux Caravanes Scolaires renaissantes. — Composée à peu près exclusivement de professeurs jusqu'en 1899, la Commission appela dans son sein des *pères de famille* à partir de 1899. Cette heureuse innovation, d'abord combattue, élargit l'esprit de l'œuvre et lui donna immédiatement un essor victorieux. Gloire donc à MM. Bregeault, Dr Cayla, Morel, Bourgeois, Reinburg, Lemercier, Tournade, Brouchot, Pringué, Fabre, Loyer, Barrère, Dainville, Seguin ! (*Annuaires du Club*).

La Commission comprend aujourd'hui :

1° Un Bureau.

Président : M. L. Richard, ✻, professeur au Lycée Charlemagne.

Vice-Présidents : M. E. Bouty, O ✻, Membre de l'Institut, professeur à la Faculté des Sciences de l'Université de Paris ; M. G. Rogery, I ✿, professeur au Lycée Buffon.

Trésorier : M. Fabre, A ✿, Chef de bureau au Ministère des Finances.

Secrétaire général : M. W. Hugues, ✻, Chef de bataillon en retraite.

Secrétaire : M. G. Seguin.

2° Des Membres de la Commission.

MM. J. Bregeault, ✻, Conseiller à la Cour d'Appel de Paris ; P. Brouchot, ✻, Substitut du Procureur général, à Paris ; A. Budzynski, I ✿, Directeur de l'École Polonaise; Dr A. Cayla, ✻, Médecin de Galignani; A. de Jarnac, A ✿, Secrétaire Général honoraire du Club Alpin Français; C. Kochersperger, A ✿, professeur au Lycée Charlemagne; L. Leroy, I ✿, professeur au Lycée Janson-de-Sailly; G. Loyer, Inspecteur de l'Exploitation des Chemins de fer du P. L. M.; H. Pellat, ✻, professeur à la Faculté des Sciences de l'Université de Paris; G. Pringué, Conseiller à la Cour d'Appel de Paris.

3° Des Chefs d'Excursions.

MM. H. Barrère, A ✿, Éditeur géographe; H. Bernard, I ✿, professeur au Lycée Carnot; Dr E. François-Dainville, Médecin de l'Hôpital départemental de la Seine; E. Gœlzer, professeur au Lycée Buffon; L. Lehmann, professeur à l'École Alsacienne; L. Magnier, I ✿, professeur au Lycée Janson-de-Sailly; A. Marcille, I ✿, professeur au Lycée Montaigne; F. Meneau, I ✿, professeur au Lycée Carnot; G. Muller, A ✿, professeur au Lycée Louis-le-Grand.

4° Des Chefs adjoints.

MM. M. Adler; P. Truche.

5° Des Commissaires.

Honoraires.

MM. Hanoteau, Pierre; Lévi, Henri; Robert, Paul; Vuibert, Paul.

1re Classe.

MM. Brouchot, Jean; Cayla, Alfred; Déprez, Louis; Gaté, Charles; Gœlzer, André; Lévy, André; Lœb, Paul; Loyer, Jean; Marlé, René; Marty, Georges; Mouton, Edmond; Weiss, Édouard.

2e Classe.

MM. de Brauer, Edme; Brunsvick, Jean; Fieffé, Louis; Franck, Louis; Gouguenheim, Pierre; Le Roy, Raymond; Lubin, Pierre; Meneau, Jean; Perdrau, Jean; Plateau, Marcel; Sartral, Robert; Weiss, Henri.

3e Classe.

Amphoux, Olivier; de Brauer, François-Xavier; Chassagny, Robert; Dequéker, Henri; Hanoteau, André; Jérome, Étienne; Laudenbach, Henri; Laurent, Pierre; Marlé, Robert; Meneau, Louis; Pichon, René; Robelin, Marcel; Saint-Marc, Pierre; Salomon, Étienne; Tribillac, Daniel; Wolff, Charles.

Dans une conférence faite, le 28 décembre 1905, dans le grand amphithéâtre de la Sorbonne, sous la présidence de M. Martin-Bienvenu, ministre de l'Instruction publique, M. Bregeault, devenu l'un de nos chefs les plus actifs et les plus dévoués, appréciait ainsi l'œuvre et les chefs :

« ... La Commission des Caravanes scolaires a pour mission de préparer et de diriger sur le terrain, par roulement de ses membres et des chefs volontaires qu'elle admet à les seconder, des promenades, excursions et voyages pour les élèves des lycées et collèges. Le président de cette Commission, M. Richard, professeur au Lycée Charlemagne, est l'homme adéquat à l'institution, le chef idéal, le Töpffer français..., c'est peu dire, car Töpffer ne voyageait qu'avec ses élèves et pendant les grandes vacances ; M. Richard, lui, accepte tout le monde et marche toute l'année : petites excursions et grands voyages, plaines et montagnes, partout il entraîne sa bande joyeuse... A côté de lui, nous voyons deux savants... MM. Bouty et Pellat, professeurs à la Faculté des sciences qui ne dédaignent point de quitter leurs laboratoires et d'interrompre leurs découvertes, pour conduire la jeunesse qu'ils aiment vers la santé et vers la joie ; — M. Leroy, professeur à Janson, un ouvrier de la première heure, un combattant de l'âge héroïque qui a entraîné ses soldats jusqu'en Algérie, un historien, un archéologue, un géographe qui nous charme sans cesse... ; — M. Rogery, de Buffon, l'infatigable lieutenant de M. Richard, qui ne se repose jamais, même la nuit ;... et tant d'autres dont l'énumération m'entraînerait trop loin. Je ne puis oublier M. Braeunig, sous-directeur de l'École alsacienne, l'un des initiateurs de la Renaissance de nos Caravanes qui nous a apporté... ses maîtres, devenus nos dévoués collaborateurs, et ses élèves... Mais notre Commission compte aussi des membres *laïques* : d'abord son vice-président, M. de Jarnac, qu'on a si justement appelé « le moteur silencieux » le grand ressort caché et toujours agissant de notre organisme... Puis deux excellents et aimables médecins, — ceci va rassurer les mères de famille, — MM. les Drs Cayla et Tolédano qui nous donnent tous les instants que leur laissent leurs malades... Enfin, des magistrats, comme mon collègue et ami M. Brouchot et moi, venus un jour en pères de famille amenant leurs fils, puis revenus et ne se lassant pas de revenir pour leur propre plaisir et le plus grand bien de leur santé. »

Ce que M. Bregeault ne dit pas, c'est que M. Brouchot et lui, et ceux qui depuis ont suivi leur exemple, dont les noms sont dits plus haut, sont devenus des chefs d'excursions, voire de voyages, excellents, parfaits, en compagnie desquels le plaisir de la route est singulièrement accru. Il est à souhaiter que beaucoup d'autres savants, d'ingénieurs, d'officiers, de hauts magistrats, de pères de famille entrent dans la voie ouverte ou suivie par eux ; ils y trouveront les mêmes joies et les mêmes satisfactions.

II

La *Commission des Caravanes Scolaires de jeunes filles* date de 1906.
Elle est ainsi composée :

1° Bureau.

Président : M. L. Leroy, professeur.
Vice-Présidents : M. le Dr Cayla ; M. de Billy, Conseiller référendaire à la Cour des Comptes.
Secrétaire-Trésorier : M. J. Bregeault, Conseiller à la Cour d'Appel.

2° Membres de la Commission.

MM. Bouty, Membre de l'Institut, professeur à la Faculté des Sciences; colonel Donau; Faber, Sous-Chef de bureau au Ministère de l'Agriculture; commandant Hugues; Pellat, Professeur à la Faculté des Sciences; Sauvage, Ingénieur en Chef des Mines; Tignol, Explorateur, de la Direction centrale du C. A. F.

3° Commissaires du Groupe familial.

Mlles Lefrançois, Marjollin, Vuibert; — Bregeault, Fieffé, Stalla.

La Commission a obtenu le concours dévoué de nombreuses Dames. Elles prennent part à ses délibérations, et, ce qui est mieux encore, aux promenades du jeudi et du samedi; savoir:

Mmes Kuss, Roubinowitch, Stoude, directrices de Lycées, et Mmes Flobert, Amieux, Leblanc, professeurs de Lycées;

Mmes Paris, Morland, Faber, Marot, directrices de Cours;

Mmes Berge, Bregeault, Etlin, Marjollin, Richard, — Mlles Pluche, membres du Club alpin;

Mmes Fabry, Boutet, Desouches, Rogery, etc., mères de famille.

Un règlement soigneusement étudié et adopté par la Commission, approuvé par la Direction Centrale, sert de statut à notre « Groupe familial ». Il est envoyé à toute personne qui en fait la demande.

LES PROGRAMMES

A titre de documents et d'indications utiles nous reproduisons ici trois exemplaires de nos programmes de voyages et d'excursions scolaires. On y verra toutes les formes de notre action : voyages de longue durée, excursions d'une journée, d'une demi-journée, réunion générale annuelle pour les garçons et les jeunes filles (Groupe familial).

EXCURSION SCOLAIRE DANS LE JURA VAUDOIS

ORGANISÉE PAR LA SECTION DE PARIS DU CLUB ALPIN FRANÇAIS

du 4 juin au soir au 8 juin au matin 1892 (Vacances de Pentecôte).

4 Juin. — Rendez-vous gare de Lyon à 7 h. 20 du soir. Départ à 7 h. 40 (2e classe) pour Saint-Laurent-du-Jura (changement de train à Andelot).

5 Juin. — 6 h. 10 arrivée à Saint-Laurent. Petit déjeuner. A pied de Saint-Laurent à Morez (12 kilom.) par le col de la *Savine*. Arrêt à Morez. Déjeuner. Départ à 11 heures et demie en voiture pour la Cure par les Rousses. A pied de la Cure à Saint-Cergues (3 heures et demie de marche par le sommet de la

(Cl. Bregeault.)

Devant l'observatoire de Meudon (novembre 1906). Lycée Molière. *Page 251.*

(Cl. Bregeault.)

Chez un membre du Club, à Savigny-sur-Orge (juin 1908). *Page 226.*

(Cl. Cayla.)

Un déjeuner à Marly (1908) : un des trois groupes. *Page 227.*

(*Cl. de la Section du Canigou.*)

Excursion à la tour de Madaloch (665 m) dans les Albères. Vue d'ensemble. *Page 233.*

Dôle (panorama du lac de Genève et des Alpes). Dîner et coucher à Saint-Cergues.

6 Juin. — A pied de Saint-Cergues à la Cure (10 kilom.). Déjeuner à la Cure. En chars de la Cure au Brassus. Course facultative (14 kilom.) au col de Marchairu (vue sur les Alpes). Dîner et coucher au Brassus.

7 Juin. — Du Brassus au Sentier (3 kilom.). Traversée du lac de Joux en bateau à vapeur. Déjeuner au Pont. Ascension de la Dent du Vaulion. Descente sur Vallorbe (3 heures de marche). Dîner à Vallorbe. Départ de Vallorbe à 6 h. 8. Arrivée à Paris à 5 h. 35 (2e classe à partir de Pontarlier).

L'excursion sera dirigée par M. Leroy, *professeur au lycée Janson-de-Sailly, délégué de la section de Dôle du Club Alpin près la Direction Centrale.*

Le montant de la souscription est fixé à 52 francs.

Chaque adhérent est invité à verser cette somme, au siège du Club, avant le 1er juin au soir (dernier délai).

Renseignements divers.

MM. les adhérents qui auraient le désir, le 5 Juin, à Morez, d'assister au service religieux soit à l'Eglise soit au Temple protestant disposeraient du temps nécessaire.

Les lettres (courrier du Dimanche de Paris) seront reçues au Brassus (Vaud) (poste restante). Celles expédiées le lundi devront être adressées à l'hôtel de la Truite, au Pont (Vaud).

Les télégrammes pourront parvenir à la caravane : 1° le Dimanche à St-Cergues (hôtel Auberson) ; 2° le lundi au Brassus (poste restante) ; 3° le mardi avant midi au Pont (hôtel de la Truite).

Il est recommandé à MM. les adhérents d'emporter une chemise de flanelle, des vêtements de demi-saison, un pardessus, un parapluie ou un manteau de caoutchouc, de fortes chaussures (déjà portées). Un havresac ou un sac-musette devra contenir les objets de toilette indispensables, et si possible une paire de chaussures légères de rechange.

Pour prendre part à cette excursion, comme à toutes celles organisées par la section de Paris, les élèves des lycées, collèges, etc... devront être présentés par un membre du club ou par l'un de leurs professeurs.

LE VICE-PRÉSIDENT DU CLUB
Président de la Commission des Caravanes
C. Durier.

LE SECRÉTAIRE GÉNÉRAL
A. de Jarnac.

*
* *

EXCURSIONS ET VOYAGES

ORGANISÉS POUR LES ÉLÈVES DES LYCÉES ET COLLÈGES

Année scolaire 1905-1906 (8e série).

Dimanche 29 Avril. — Chefs : MM. Bregeault et le Dr Tolédano (*commissaire Hanoteau*). Gare Luxembourg, 1 h. 10. — Longjumeau. Saulx.

Hauteurs de Villejust. Hauts-Casseaux. Lozère. Fort de Palaiseau. Massy-Palaiseau, 6 h. 9. Luxembourg, 6 h. 41. 14 kil. Prix : 1 fr. 35.

Jeudi 3 Mai. — Chefs : MM. Leroy et Gœlzer. Gare Saint-Lazare (en bas, à droite) 1 h. 40. La Frette. Hauteurs de Cormeilles. Sannois, 5 h. 40. Gare Saint-Lazare, 6 h. 13. 12 kil. à pied. Prix : 1 fr.

Dimanche 6 Mai. — Chefs : MM. Richard et Budzynski (*commissaire Robert*). Gare de Lyon, 1 h. 35. Combs-la-ville. Forêt. Ris, 6 h. 1. Gare de Lyon, 6 h. 43. 13 kil. à pied. Prix : 1 fr. 15.

Jeudi 10 Mai. — Chefs : MM. le Dr Tolédano et de Jarnac. Pont Saint-Michel, 1 h. 40. Juvisy. Draveil. Bois du Petit Sénart. Pont de Ris. Bords de la Seine. Juvisy, 5 h. 39. Pont Saint-Michel, 6 h. 4. 12 kil. à pied. Prix : 1 fr. 40.

Dimanche 13 Mai. — *1re excursion.* Chefs : MM. Richard, Bregeault et Leroy (*commissaire Truche*). Gare du Nord, 7 h. 45. Orrouy. Ruines de Champlieu. Théâtre Romain. *Récitation de Poésies. Déjeuner tiré des sacs.* Forêt de Compiègne (S.-O.). Postes de Hourvari et du Vivier Corax. Compiègne. Dîner hôtel de Flandre. Gare du Nord, 10 h. 10. 22 kil. à pied. Prix : 7 fr. 50.

Inscriptions avant le Samedi 12 Mai, midi.

2e excursion. Chefs : MM. Brouchot et Seguin (*commissaire Marty*). Gare du Luxembourg, 1 h. 10. Bièvres. Montéclin. Les Metz. Bois des Gonards et de Porchefontaine. Viroflay (R. G.), 6 h. 10. Gare Montparnasse, 6 h. 42. 13 kil. à pied. Prix : 1 fr. 40.

Jeudi 17 Mai. — Chefs : MM. Jenn et de Jarnac. Gare du Nord (façade) 1 h. 30. *Freinville.* Bords du Canal. Bois St-Denis. Villeparisis, 5 h. 36. Gare du Nord, 6 h. 29. 13 kil. à pied. Prix : 1 fr. 50.

Dimanche 20 Mai. — *Excursion annuelle de Printemps.*

1er groupe (bleu). — MM. Richard et Bouty. Gare du Nord, 9 h. 45. *Mériel.* Forêt de l'Isle-Adam. *Déjeuner tiré des sacs.* Chauvry. Vallon du Four. St-Leu, 5 h. 25. Gare du Nord, 5 h. 50. 15 kil. à pied. Prix : 1 fr. 60.

2e groupe (rouge). — MM. Leroy et Dr Cayla. — Gare du Nord, midi 30. Domon. *Vallon du Four.* Bessancourt, 6 h. 3. Gare du Nord, 6 h. 50. 14 kil. à pied. Prix : 1 fr. 50.

3e groupe (jaune). — MM. Bregeault et Brouchot. — Gare du Nord, 1 h. 45. St-Leu. *Vallon du Four.* Bouffémont, 5 h. 44. Gare du Nord, 6 h. 28. 13 kil. à pied. Prix : 1 fr. 40.

4e groupe (vert). — MM. le Dr Tolédano et le Dr Dainville. — St-Leu. *Vallon du Four.* St-Leu, 5 h. 16. Gare du Nord, 5 h. 50. 9 kil. à pied. Prix : 1 fr. 50.

A 3 h. 1/2, route de St-Leu à Chauvry, à la descente du vallon du Four arrêt sous les pins pour entendre une conférence de M. Jenn sur *les souvenirs historiques de la forêt de Montmorency.* Présentation des nouveaux commissaires.

Jeudi 24 Mai (*Congé de l'Ascension*). — Chefs : MM. Leroy et Bregeault (*Commissaire Vuibert*). Gare des Invalides, 8 h. 20 du matin. — *Montfort-l'Amaury.* Visite de l'Eglise et du Cloître. Forêt de Rambouillet. *Déjeuner tiré des sacs.* Le Perray, 5 h. 57. Gare Montparnasse, 7 h. 18 kil. à pied. Prix : 2 fr. 50.

Dimanche 27 Mai. — *1re excursion.* — Chefs : MM. le Dr Cayla et Rogery (*Commissaire Truche*). Pont St-Michel, 9 heures. St-Michel. Tour de Montlhéry. Bois de Linas. Domaine de St-Eutrope. Réception par M. Anglade, membre du Club alpin. Arpajon, 4 h. 4. Pont Saint-Michel, 6 h. 4. 15 kil. à pied. Prix : 2 fr. 30.

Tout jeune homme qui désire être invité à participer aux excursions et voyages doit donner son nom et son adresse au Siège du Club. Il doit de plus prouver par un mot d'attestation qu'il est autorisé par ses parents.

Le port du bouton-insigne est exigé par les Compagnies de chemin de fer.

La Direction du Club Alpin et les chefs d'excursions déclinent toute responsabilité, au sujet des accidents qui, malgré toutes les précautions prises, pourraient survenir par suite d'imprudences commises par les jeunes gens qui leur sont confiés.

Le programme de la deuxième excursion du 27 mai sera publié ultérieurement.

* * *

EXCURSIONS ET VOYAGES

ORGANISÉS POUR LES JEUNES FILLES DU GROUPE FAMILIAL

3e année, 1908 (2e série).

Jeudi 9 Juillet. — Chefs : M. Bregeault et Mme Marjollin. Rendez-vous, gare des Invalides, à 1 h. 1/2. *Versailles.* Promenade dans le Parc. Visite de l'Ecole d'Horticulture (ancien potager du Roi). Retour, Gare des Invalides, à 6 h. 12. Prix : 1 fr. 25.

Jeudi 8 Octobre. — Chefs : MM. Leroy et Trapet et Mme Etlin. Gare du Luxembourg, à 8 h. *Saint-Rémy-lès-Chevreuse.* Vallon de Saint-Lambert. *Port Royal.* Visites des ruines de l'Abbaye et causerie par M. Leroy. Déjeuner à Dampierre. *Les Vaux-de-Cernay,* château et cascades. Gare du Luxembourg, à 5 h. 54. Prix : 6 fr. 50.

N. B. — Le trajet aura lieu en break, à l'exception de la promenade à pied dans les Vaux. Les inscriptions devront être envoyées *au plus tard* le 2 octobre.

Jeudi 15 Octobre. — Chefs : M. le Commandant Hugues et Mme Berge. Gare du Nord, à 11 h. 1/2. *Survilliers.* En voiture à Mortefontaine. Visite du beau parc de Mortefontaine. Etangs de Vallières et de l'Epine. Retour à Survilliers en voiture. Gare du Nord, à 5 h. 54. Prix : 3 fr. 50.

N B. — *On devra déjeuner avant le départ ou pendant le trajet en chemin de fer avec vivres emportés.*

Jeudi 22 Octobre. — Chefs : M. le Dr Cayla et Mlle Frédérique Pluche. Gare Saint-Lazare, à midi 45. *Vaucresson.* La Celle Saint-Cloud. *La Malmaison.* Visite du château et causerie historique. Rueil. Gare Saint-Lazare, à 6 h. 10. 10 kilom. à pied. Prix : 1 fr. 25.

Jeudi 29 Octobre. — Chefs : MM. Leroy et Pellat et Mme Marjollin. Gare du Nord, à 1 heure 1/2. *Montmorency.* Excursion botanique et géologique dans la forêt. St-Gratien. Lac d'Enghien. Gare du Nord, à 5 h. 50. Prix : 1 fr. 50.

Dimanche 8 Novembre. — Chefs : M. le Colonel DONAU, M. le Commandant HUGUES, Mlles Thérèse et Marguerite PLUCHE. Rendez-vous, Porte de Vincennes, entre les gares Ceinture et Métro. Départ à 2 h. à pied pour *Vincennes*. Visite du château et du donjon sous la direction et avec causerie de M. DAUPHIN-MEUNIER. Retour par le bois à la Porte de Picpus (Porte Dorée) où aura lieu la dislocation. *Excursion gratuite (Les parents des adhérentes sont spécialement invités à les accompagner).*

Avis importants.

I. — Les adhérentes devront se munir de la broche-insigne.

II. — Elles sont instamment priées d'envoyer leur adhésion à chaque course, huit jours avant la date fixée, à M. Bregeault, Secrétaire de la Commission, 18 rue Cassette (6e), afin que les compartiments puissent être réservés dans les trains à la caravane.

III. — Les adhérentes peuvent se procurer au siège du Club, moyennant 2 fr. pièce, des épreuves photographiques collées 18 × 24 représentant des groupes de la croisière du 18 Juin 1908.

L'illustration de l'ouvrage est due, pour la plus grande partie, à des collègues et amis dévoués, MM. Bregeault et Cayla, — à nos anciens élèves et compagnons de voyage, MM. Bougault, Labille, Sauvage, Sifferlen, à Mlles Lameyra et Cahen, — aux riches collections d'art d'un archéologue bienveillant, M. Martin-Sabon, — à la Section du Canigou pour les clichés de MM. Testory et Puech, — à MM. Parbaud et Neurdein, photographes, — enfin à quelques amis particuliers. Que tous reçoivent ici pour leur aimable concours nos remerciements et l'assurance de notre entière gratitude.

TABLE DES MATIÈRES

I

Des caravanes.

II

Une caravane scolaire dans le Jura Vaudois.

III

Saint-Leu-d'Esserent. — Le bois de Boulogne.

IV

Réunions générales.

V

Une caravane scolaire en Algérie et en Tunisie.

En Tunisie.

VI

Petites excursions.

VII

Caravanes scolaires de jeunes filles.

Appendice.

CHARTRES. — IMPRIMERIE DURAND, RUE FULBERT.

Annuaire de la Jeunesse, par H. VUIBERT (19e année). — Beau vol. 18/12cm de 1143 pages; 3 fr. 50; cartonné toile, titre doré. 4 fr. 50

En publiant ce manuel d'éducation et d'instruction, l'auteur s'est proposé un triple objet : 1° faire connaître toutes les ressources offertes à ceux qui veulent s'instruire, à quelque degré d'instruction qu'ils désirent s'élever ; 2° montrer comment l'instruction doit être dirigée quand on a en vue une carrière déterminée ou, simplement, quand on appartient à telle ou telle catégorie sociale ; 3° indiquer les conditions d'accès des différentes carrières, les avantages et les inconvénients de chacune d'elles.

Les Microbes (*Ouvrage couronné par l'Académie française*), par le Dr P.-G. CHARPENTIER, chef de laboratoire à l'Institut Pasteur. — Vol. 31/21cm, illustré de 275 gravures et d'une planche hors texte en couleurs, broché. . . . . 10 fr. »

Cartonné toile, fers spéciaux, tranches dorées. . . . . 14 fr. »

Relié amateur, dos et coins maroquin, tête dorée. . . . . . 18 fr. »

Dans la même collection :

L'Océanographie, par le Dr J. RICHARD.

La Navigation sous-marine, par G.-L. PESCE.

L'Indo-Chine française **(Souvenirs).** (*Ouvrage couronné par l'Académie française*), 2e édition, par Paul DOUMER.

La Navigation aérienne (*Ouvrage couronné par l'Académie française*), 2e édition, par J. LECORNU.

Les Entrailles de la Terre (*Ouvrage couronné par l'Académie française*), 3e édition, par E. CAUSTIER.

L'Or (*Ouvrage couronné par l'Académie française*), 2e édition, par H. HAUSER.

A travers l'Électricité, 4e édition, par G. DARY.

En Amérique latine, par Henri TUROT. — Vol. 28/19cm, orné de 142 magnifiques gravures photographiques. . . . . 8 fr. »

Au Japon : Choses vues, par Clive HOLLAND. Traduit de l'anglais, par M. LUGNÉ-PHILIPON. — Vol. 25/18cm, illustré de 48 splendides planches photographiques. . . . . 4 fr. »

Le Partage de l'Océanie, par H. RUSSIER. — Vol. 25/16cm de XI-370 pages, illustré de 95 photographies, 12 cartons et schémas dans le texte et une grande carte hors texte de l'Océanie. . . . . . 7 fr. 50

Notes sur le Laos, par L. DE REINACH. — Vol. 25/16cm. 4 fr. »

Guide du Voyageur dans les pays de langue allemande, par MOUSSARD et SCHUEHMACHER. — Vol. 18/12cm de 224 pages, avec 2 cartes hors texte, br. 2 fr. 50; relié toile. . . 3 fr. »

Ce manuel, d'un genre tout à fait nouveau, est destiné à combler une véritable lacune dans la littérature de voyage ; il s'adresse particulièrement aux personnes qui veulent s'instruire, pénétrer la vie intime des peuples étrangers et en étudier les mœurs et les institutions.

Les renseignements sur la douane, la poste, la monnaie, le change seront utiles à tous ; les touristes apprécieront particulièrement le chapitre des sports.

L'Éducation physique raisonnée, par G. HÉBERT, lieutenant de vaisseau, avec une préface de G. DEMENY. — Vol. 25/16cm, illustré de 111 gravures ou photographies. . . . . 3 fr. »

Développer harmonieusement les diverses parties du corps et assurer le fonctionnement régulier de nos organes, tel est le but auquel M. Hébert nous permet d'arriver par une méthode à la portée de tous. On obtiendra ces effets sans recourir à des appareils coûteux et compliqués qui présentent souvent des inconvénients ou des dangers : on les demandera à des séries de mouvements simples, faciles à apprendre et à exécuter partout, sans aucun accessoire.

Guide pratique d'Éducation physique, par G. HÉBERT. — Vol. 22/14cm, illustré de plus de 300 photographies. (*Sous presse.*)

M. HÉBERT a réuni dans ce volume tous les exercices capables de concourir au développement physique, de faire des hommes forts et bien portants ; il y a ajouté les notions pratiques sans lesquelles on n'est pas un *débrouillard.* Celui qui aura suivi cet enseignement pourra non seulement exécuter certaines performances, mais il saura se défendre, nager, transporter un malade, escalader un mur.

La Vie et la Santé, par E. CAUSTIER, professeur au lycée Saint-Louis, lauréat de l'Institut. — Vol. 19/13cm illustré. Broché 3 fr. 50 ; relié cuir rouge souple. . . . . 5 fr. »

Cet ouvrage constitue, pour la famille, un manuel que jeunes et grands pourront feuilleter souvent avec fruit : toutes les notions biologiques sur lesquelles s'appuie l'hygiène moderne y sont exposées simplement, à côté des données scientifiques indispensables à l'homme pour assurer son alimentation, augmenter son bien-être et tirer le meilleur parti des productions naturelles. C'est là un livre de lecture intéressante qui comporte de précieux enseignements pratiques.

Hygiène et Économie domestique, à l'usage des élèves des *lycées de jeunes filles,* par E. CAUSTIER et Mme MOREAU-BÉRILLON, agrégée, professeur au lycée de Reims. — Vol. 18/12cm de 208 pages, illustré de 96 gravures, cart. toile. . . . . 2 fr. »

Recueil de Danses Gymnastiques, par G. DEMENY et A. SANDOZ. — Vol. 18/12cm, avec descriptions, figures et musique. Broché, 2 fr. ; cartonné toile. . . . . 2 fr. 50

Les danses gymnastiques créent une saine fatigue : les jeunes filles y apportent un entrain que la gymnastique est loin de leur inspirer à un si haut degré. Elles peuvent donc être adoptées sans crainte d'aucune sorte ; le seul souci de donner à l'éducation physique féminine une forme agréable qui, suscitant le maximum d'effort, fasse tourner l'effort au profit des qualités esthétiques de bon aloi, a inspiré MM. Demeny et Sandoz.

Coupe et Assemblage par le Moulage (*Méthode Berge*). — Vol. 23/15cm orné de 129 belles photographies. . . . 3 fr. 50

Vient de paraître :

Nos Tout Petits, par Mme A. MOLL-WEISS, directrice de l'École des Mères, avec une préface de M. G. COMPAYRÉ, membre de l'Institut. — Vol. 20/13cm de 148 pages, illustré de 70 figures et de 14 planches hors texte, br. 2 fr. ; relié toile, titre or. . . . . 3 fr. 25

Le Dessin de paysage, *étudié d'après nature,* par H. Guiot, peintre, professeur au lycée et aux écoles normales de Chaumont, et J. Pillet, professeur à l'école des Beaux-Arts. — Un album oblong (18/28cm), avec 60 colonnes de texte, 36 figures théoriques, 80 motifs divers et 33 grandes planches d'ensemble, 6e édition :

Cartonné. . . . . 3 fr. »
Relié amateur. 6 fr. »

Notions de Perspective *appliquées aux croquis rapides de vues d'après nature,* par N. Demarquet-Crauk, professeur à l'École spéciale militaire de Saint-Cyr. — Vol. 18/12cm cart. toile souple, format de poche, avec de nombreux et intéressants croquis d'applications pittoresques. 2 fr. »

..... Nous nous sommes limité dans ce petit ouvrage aux règles qui sont d'une application facile et surtout rapide. Ce sont celles qu'on enseigne aux futurs officiers. On les habitue à relever très rapidement les grandes lignes d'un paysage ; on veut qu'ils puissent au besoin, plus tard, faire un de ces croquis à l'appui d'un rapport.

Lecture et emploi de la Carte d'État-major, par P. Grésillon, capitaine d'artillerie. — Vol. 18/12cm, avec figures et 3 planches hors texte et un tableau des signes et abréviations pour la lecture de la carte au 80 000e. . . . . 1 fr. 50

Laissant de côté les questions trop abstraites, ce livre donne à tout lecteur possédant seulement les premiers éléments du calcul et de la géométrie le moyen de se servir pratiquement, sur le terrain, de la carte d'état-major. De nombreux exercices avec leur solution, à faire soit sur la carte jointe à l'ouvrage, soit sur la carte de l'endroit où se trouve le lecteur, en rendent l'étude à la fois attrayante et pratique.

Les Fleurs expliquées. *Étude sommaire de 100 Plantes* très communes partout, par H. Coupin. — Vol. 22/14cm, orné de 387 jolies gravures. . . . . 1 fr. 50

Cet ouvrage, qui s'adresse surtout aux jeunes gens, filles et garçons, expose d'une manière remarquablement attrayante et scientifique la manière de « disséquer » les fleurs les plus communes, de les étudier, d'en connaître l'architecture si variée ; rien n'est plus apte à faire aimer la Botanique et à permettre de l'apprendre sans la moindre fatigue.

Les Graines expliquées. *Exercices d'observation sur les semences les plus communes et leurs germinations,* par H. Coupin. — Vol. 22/14cm avec de nombreuses figures.. . . . . 1 fr. 25

Les Cerfs-volants, par J. Lecornu, ingénieur, membre de la Société de navigation aérienne. — Vol. 22/14cm illustré de 160 gravures, titre rouge et noir.. 3 fr. 50

Les Cinq Langues Journal d'enseignement des langues vivantes (allemand, anglais, espagnol, français et italien). — Revue bimensuelle illustrée, paraissant par nos de 48 p. 25/16cm. Abonnement : France, 8 fr. ; étranger, 10 fr. (On s'abonne aussi à une langue, à deux langues, etc. ; demander le tarif spécial.)

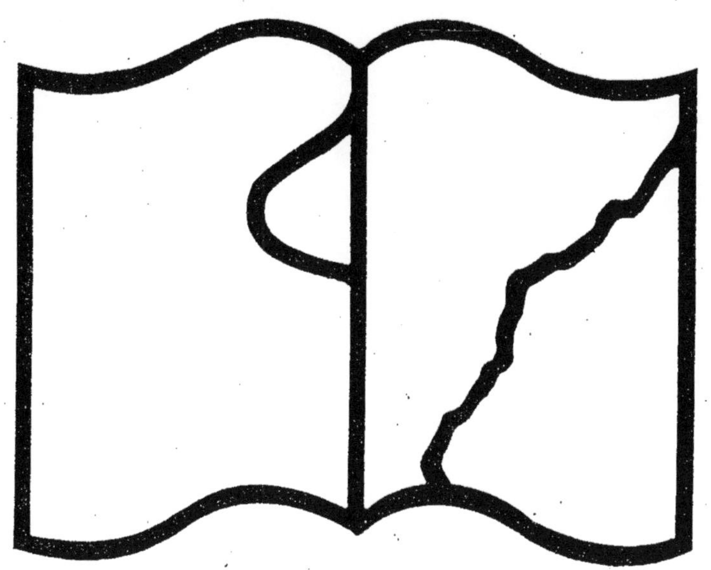

Texte détérioré — reliure défectueuse

NF Z 43-120-11

www.ingramcontent.com/pod-product-compliance
Ingram Content Group UK Ltd.
Pitfield, Milton Keynes, MK11 3LW, UK
UKHW020157250726
13967UKWH00003B/1105

9 782012 924215